化学工业出版社“十四五”普通高等教育规划教材

日用化学品化学

张正宇　主　编
郑春玲　刘　檀　副主编

化学工业出版社
·北京·

内容简介

《日用化学品化学》以表面活性剂为理论核心，从表面活性剂的结构-性能关系出发，详细阐述了阴离子、阳离子、两性及非离子表面活性剂的分类、作用机制及应用场景，并结合亲水亲油平衡值（HLB）等核心参数，构建了从理论到实践的逻辑链条。同时，针对化妆品、香精香料、家用洗涤剂、其他日化产品等，深入解析了配方设计原则、生产工艺优化及质量控制要点。本书突出科学性与实用性，兼顾传统工艺与绿色合成技术的前沿进展。

《日用化学品化学》可供高等理工院校轻化工程、应用化学、化妆品科学与工程等相关专业学生使用，同时可供相关从业人员参考。

图书在版编目（CIP）数据

日用化学品化学 / 张正宇主编 ；郑春玲，刘檀副主编. — 北京 ：化学工业出版社，2025. 9. —（化学工业出版社“十四五”普通高等教育规划教材）. — ISBN 978-7-122-49077-3

Ⅰ. TQ072

中国国家版本馆 CIP 数据核字第 20251EC586 号

责任编辑：刘志茹
责任校对：宋 玮　　装帧设计：韩 飞

出版发行：化学工业出版社
（北京市东城区青年湖南街 13 号　邮政编码 100011）
印　　装：河北鑫兆源印刷有限公司
787mm×1092mm　1/16　印张 12¼　字数 300 千字
2025 年 11 月北京第 1 版第 1 次印刷

购书咨询：010-64518888　　售后服务：010-64518899
网　　址：http://www.cip.com.cn
凡购买本书，如有缺损质量问题，本社销售中心负责调换。

定　　价：42.00 元

前言

日用化学品作为与人类生活密切相关的重要物质，涵盖了洗涤剂、化妆品、日用卫生用品等诸多品类，其发展水平直接反映了科技进步水平与社会生活质量。本教材以表面活性剂为理论核心，以日用化学品生产工艺为主线，系统整合了基础理论、配方设计、生产技术及设备原理等内容，旨在为高等院校轻化工程、应用化学、化妆品科学与工程等相关专业学生，以及行业从业人员提供兼具科学性与实用性的知识体系。

表面活性剂作为日用化学品的“灵魂”成分，其两亲结构赋予了乳化、增溶、洗涤等关键性能。教材从表面活性剂的结构-性能关系出发，详细阐述了阴离子、阳离子、两性及非离子表面活性剂的分类、作用机制及应用场景，并结合亲水亲油平衡值（HLB）等核心参数，构建了从理论到实践的逻辑链条。同时，针对化妆品、香精香料、家用洗涤剂等典型产品，深入解析了配方设计原则、生产工艺优化及质量控制要点，兼顾传统工艺与绿色合成技术的前沿进展。

在编写过程中，我们力求兼顾理论深度与工程实践，既包含表面活性剂溶液性质、胶束形成机理等基础内容，也涵盖乳化搅拌设备、粉体粉碎技术等生产装备的原理与应用。此外，教材特别强调安全性与环保理念，融入了香料安全性评价、绿色表面活性剂开发等现代行业需求，以助力读者全面了解日用化学品知识。

感谢参与本书资料整理与内容校核的同仁，期待本教材能为日用化学品领域的人才培养与技术创新提供有益参考。因学识所限，书中难免存在疏漏之处，恳请广大读者指正。

编者

2025 年 5 月

目 录

第1章 绪 论 1

1.1 日用化学工业的范围及发展趋势 …… 1
1.1.1 洗涤用品的发展历程 …… 1
1.1.2 化妆品工业的发展 …… 3
1.1.3 香料香精及日化产品 …… 3
1.1.4 行业发展趋势 …… 3
1.2 日用化学品的重要性 …… 3
1.2.1 日用化学品在化学工业中的地位 …… 3
1.2.2 我国日用化学工业的基本状况 …… 4
1.3 我国日用化学品的发展趋势及规划 …… 5

第2章 表面活性剂的结构与性能 6

2.1 概述 …… 6
2.2 表面活性剂分类 …… 6
2.2.1 阴离子表面活性剂 …… 7
2.2.2 阳离子表面活性剂 …… 19
2.2.3 两性表面活性剂 …… 24
2.2.4 非离子表面活性剂 …… 28
2.2.5 特殊类型表面活性剂 …… 38
2.3 表面活性剂溶液的性质 …… 43
2.3.1 表面活性剂水溶液的特性 …… 43
2.3.2 表面活性剂的溶解度与温度的关系 …… 46
2.3.3 表面活性剂非水溶液的特性 …… 47
2.3.4 表面活性剂的润湿作用 …… 48
2.3.5 表面活性剂的乳化作用 …… 49
2.3.6 表面活性剂的增溶作用 …… 50
2.3.7 表面活性剂的洗涤功能 …… 53
2.3.8 表面活性剂的亲水亲油平衡值 …… 54

第3章 家用洗涤产品 56

3.1 洗涤剂的基本概念 …… 56
3.2 家用洗涤产品的主要原料 …… 56

3.2.1　表面活性剂 …… 56
3.2.2　洗涤助剂 …… 58
3.3　生产配方及制造方法 …… 61
3.3.1　配方原则 …… 61
3.3.2　配方实例及方法 …… 63

第4章　口腔卫生用品 67

4.1　牙膏的主要原料及配方 …… 67
4.1.1　主要原料 …… 67
4.1.2　牙膏类型及配方 …… 68
4.2　含漱液的主要原料及配方 …… 76
4.3　口香糖的主要原料及配方 …… 81

第5章　化妆品原料学 83

5.1　化妆品简介 …… 83
5.2　化妆品与生理学 …… 83
5.2.1　皮肤及毛发的结构与功能 …… 83
5.2.2　皮肤的类型、pH 值 …… 89
5.2.3　皮肤的老化与保健 …… 91
5.3　化妆品的主要原料 …… 92
5.3.1　油质原料 …… 92
5.3.2　粉质原料 …… 106
5.3.3　胶质原料 …… 109
5.3.4　溶剂原料 …… 114
5.3.5　保湿剂 …… 116
5.3.6　其他辅助原料 …… 118

第6章　化妆品工艺学 123

6.1　化妆品的增溶与乳化 …… 123
6.1.1　增溶作用 …… 123
6.1.2　乳化作用 …… 124
6.2　化妆品的配方设计与生产工艺 …… 126
6.2.1　膏霜类化妆品 …… 126
6.2.2　香水类化妆品 …… 131

第 7 章　香料与香精 141

7.1　概述 141
7.1.1　基本概念 141
7.1.2　香的原理 142
7.1.3　香料分类 143
7.1.4　香精配方的组成 144
7.1.5　香料的评价和安全性 145
7.2　香料与香精的生产 147
7.2.1　天然香料的生产 147
7.2.2　合成香料 151
7.2.3　香精 153
7.3　实用香精配方 156

第 8 章　其他日用化学品 161

8.1　鞋油 161
8.1.1　溶剂性鞋油 161
8.1.2　乳化型鞋油 162
8.1.3　液体鞋油 162
8.2　皮革用日化产品 163
8.3　家具上光剂 164
8.4　除臭剂 164
8.5　空气清新剂 165
8.6　玻璃防雾剂 166
8.7　干洗剂 166
8.8　杀虫剂 166

第 9 章　日用化学品主要生产设备 169

9.1　液体和乳液产品主要生产设备 169
9.1.1　搅拌釜 169
9.1.2　搅拌器 169
9.1.3　均质乳化搅拌设备 173
9.2　粉类制品主要生产设备 174
9.2.1　粉碎设备 174
9.2.2　筛分设备 177
9.2.3　混合设备 179

9.3 膏霜类制品主要生产设备 181
9.3.1 捏和设备 181
9.3.2 三辊研磨机 182
9.3.3 真空脱气设备 182
9.4 灭菌和灌装用主要生产设备 183
9.4.1 灭菌设备 183
9.4.2 罐装设备 184
9.5 日用化学品生产设备举例 185
9.5.1 洗涤用品生产设备举例 185
9.5.2 化妆品生产设备举例 186
9.5.3 口腔卫生用品生产设备举例 186
参考文献 187

第1章 绪论

1.1 日用化学工业的范围及发展趋势

日用化学工业是指生产人们在日常生活中所需化学品的工业。作为一个既具有悠久历史又持续发展的行业，其产品范围随着科技进步和消费需求的变化而不断扩展。从最初的肥皂制造，到如今涵盖洗涤用品、化妆品、香料香精及日用卫生用品等多个领域，日用化学工业已经成为现代生活中不可或缺的重要组成部分。

1.1.1 洗涤用品的发展历程

（1）肥皂的时代及其局限性

肥皂作为人类最早使用的日用化学品之一，其历史可以追溯到公元前 2800 年的古巴比伦时期。肥皂分子具有独特的亲水亲油两性结构，这使得它在软水中洗涤棉织物时表现出优异的去污性能。然而，随着使用范围的扩大，肥皂在实际应用中的缺陷逐渐显现出来。

首先，肥皂在硬水中的洗涤效果大打折扣。日常使用的河水、井水、泉水中通常含有钙盐和镁盐等矿物质。当肥皂遇到这些离子时，会优先与之反应生成不溶于水的钙皂和镁皂。这些沉淀物不仅会消耗大量肥皂，还会牢固地附着在衣物纤维上，不仅降低洗涤效果，还会影响衣物的使用寿命。

其次，肥皂对使用环境的适应性较差。在酸性溶液中，肥皂会分解成脂肪酸和盐，完全丧失洗涤功能。而在高盐度水中，肥皂会出现不溶解现象，这使得它在某些工业领域（如纺织工业）的应用受到限制。

第三，肥皂容易发生水解反应。水解产生的酸性肥皂和游离碱会对织物造成损害，游离碱会影响丝毛织物的色彩，而酸性肥皂则容易黏附在织物上难以去除。

（2）合成洗涤剂的崛起

鉴于肥皂的种种缺陷，20 世纪以来，科研人员开始致力于开发性能更优异的洗涤产品。脂肪酸缩合物（如油酰甲基牛磺酸盐）、烷基磺酸盐、烷基硫酸盐等一系列新型表面活性剂相继问世。虽然首个合成洗涤剂产品在 19 世纪 20 年代就已问世，但直到第一次世界大战期间才开始进入市场。二战前，合成洗涤剂的产量一直维持在较低水平。

第二次世界大战后，合成洗涤剂工业迎来快速发展期。数据显示，1945 年美国合成洗涤剂的销售量仅为 9 万吨，到 1949 年就增长至 36 万吨。1953 年，美国合成洗涤剂产量首次超过肥皂，标志着洗涤用品行业进入新纪元。1967 年，全球合成洗涤剂总产量超越肥皂，成为洗涤用品市场的主导产品。

20世纪60年代初期，以四聚丙烯烷基苯磺酸钠为主要活性成分的合成洗涤剂因其优异的洗涤效率、稳定的原料供应和良好的成本控制，成为全球最重要的洗涤消费品。然而，随着使用量的增加，环境问题开始显现：河流中泡沫量激增，甚至家庭用水中也出现类似现象。研究发现，这是由于烷基苯的支链结构阻碍了微生物的降解作用。为此，德国、美国、英国等国家相继出台禁令，限制支链烷基苯的使用。

(3) 技术革新与环保转型

环保法规的日益严格推动了洗涤剂技术的革新。以正构烷烃为原料的直链烷基苯(LAB)生产工艺迅速发展，并形成了多条成熟的技术路线。

20世纪60年代，以煤油馏分中C_{11}～C_{15}正构烷烃为原料，通过氯化和缩合工艺生产直链烷基苯的技术已经得到广泛应用。同期，利用石蜡裂解所得α-烯烃与苯缩合制备烷基苯的工艺也成功开发。进入70年代后，美国UOP公司开发的催化脱氢工艺实现工业化，该技术在生产效率、副产物控制和环保性能等方面都具有显著优势，至今仍是主流生产工艺。

与此同时，磺化技术也取得重大突破。70年代意大利开发的三氧化硫膜式连续磺化技术大幅提升了生产效率，为各类阴离子表面活性剂的生产提供了关键技术装备。此外，脂肪醇硫酸钠、烷基磺酸钠等传统阴离子表面活性剂的应用得到拓展，而采用α-烯烃直接磺化工艺制备的新型烯基磺酸盐，因其优异的去污力、泡沫性能和生物降解性，一度被视为替代烷基苯磺酸钠的理想选择。

非离子表面活性剂的发展同样引人注目。早在第二次世界大战前，德国I. G. Farben公司就开发出Igepal、Leonil等产品并在纺织工业中广泛应用。50年代后，通过环氧乙烷与脂肪酸、脂肪醇等原料的加成反应制备的非离子表面活性剂开始进入民用市场。其快速发展主要得益于三个因素：环保法规对烷基苯磺酸钠的限制、洗衣机普及带来的液体洗涤剂需求增长，以及石油化工产业提供的充足环氧乙烷原料。

(4) 助剂体系的演进

助剂技术的发展是推动洗涤剂性能提升的关键因素。三聚磷酸钠因其出色的软化水能力、携污能力和抗沉淀性能，一度成为洗涤剂配方中不可或缺的助剂。然而70年代初，欧美国家陆续出现水体富营养化问题，藻类大量繁殖导致鱼类死亡，研究证实这与洗涤剂中磷酸盐的过量使用有关。为此，各国相继立法限制磷酸盐含量，促使行业寻找替代方案。

在探索过程中，NTA(次氮基三醋酸)曾作为过渡替代品使用，但因安全性问题很快被禁用。直到1976年，沸石作为新型助剂被成功开发并实现工业化生产。与此同时，酶制剂的应用也取得重要进展。虽然酶在洗涤剂中的使用历史可以追溯到更早时期，但在1971年美国FDA确认其安全性后，耐碱性蛋白酶的开发成功推动了酶制剂的广泛应用。

(5) 产品多元化与功能化发展

随着核心技术的突破，洗涤剂产品呈现出多元化发展趋势。在产品形态方面，除了传统的粉状重垢型洗涤剂外，液体洗涤剂和浓缩型产品快速发展。在功能定位上，针对不同需求的专用产品不断涌现，包括适用于丝毛织物的轻垢型洗涤剂、厨房专用的餐具果蔬清洁剂，以及工业领域的各种专业清洗剂。

进入80年代后，两次石油危机促使行业更加重视可再生原料的开发。同时，消费者对产品的要求也从单纯的去污功能扩展到安全性、专业性和多功能性。磺化、乙氧基化等关键工艺技术的持续改进，为产品创新提供了有力支撑。表面活性剂体系趋向多元化，阳离子和两性离子表面活性剂的应用比例提升，多种表面活性剂的复配技术受到重视。助剂体系进一步完善，沸石与聚合物的组合使用提高了综合性能。酶制剂从单一的蛋白酶发展为包含淀粉酶、脂肪酶、纤维素酶等的复合体系。此外，漂白剂、荧光增白剂、柔软剂等功能性添加剂的广泛应用，使现代洗涤剂具备了去污、柔顺、漂白、除菌等复合功能。

1.1.2 化妆品工业的发展

化妆品是指通过涂抹、喷洒等方式施用于人体表面，以达到清洁、保护、美化等目的的产品。随着生活水平的提高，化妆品已从奢侈品转变为日常生活必需品。现代化妆品主要分为三大类：护肤品，包括洁面产品、保湿霜、防晒产品等，主要功能是保护皮肤健康；美容化妆品，如粉底、口红、眼影等彩妆产品，主要用于修饰外貌；发用化妆品，包括洗发水、护发素、染发剂等头发护理产品。

1.1.3 香料香精及日化产品

香料香精虽然不直接作为终端消费品，但在提升日化产品使用体验方面发挥着重要作用。从简单的香精调配到复杂的香料合成，中国香料工业已经形成了完整的产业体系。香料香精广泛应用于香水、护肤品、洗涤剂等产品中，既能掩盖原料气味，又能提升使用愉悦感。

此外，牙膏等口腔护理产品、消毒杀菌等日用卫生用品也随着消费升级不断发展创新，成为日用化学工业的重要组成部分。

1.1.4 行业发展趋势

绿色可持续发展：开发可生物降解的表面活性剂，推广浓缩配方；功能精细化：针对特定需求开发专用产品；技术创新：生物技术、纳米技术等跨学科融合；智能制造：自动化、数字化生产技术的应用。

当前，日用化学工业正朝着更安全、更环保、更高效的方向发展，通过持续创新来满足消费者日益增长的美好生活需要。

1.2 日用化学品的重要性

1.2.1 日用化学品在化学工业中的地位

日用化学工业作为化学工业的重要分支，其市场规模和产业地位随着消费升级而持续提升。从全球范围来看，日用化学品行业呈现出规模庞大、增长稳定、区域差异明显的特点。

（1）全球市场格局与发展态势

根据欧莱雅集团的市场研究报告显示，2002～2011 年全球化妆品市场保持了 3.82％的复合增长率。截至 2011 年，全球化妆品市场规模已达到 1530 亿欧元，2012 年进一步增长至1600亿欧元。从区域分布来看，亚太地区以31%的市场份额位居首位，西欧和北美分别以24%和20%的占比紧随其后，拉美、东欧以及中东非洲市场合计占比约25%。这种区域分布格局既反映了成熟市场的稳定需求，也体现了新兴市场的增长潜力。

在市场集中度方面，国际日化巨头占据主导地位。2012年，欧莱雅集团实现营业收入225亿欧元，雅芳和雅诗兰黛分别达到107亿美元和97亿美元。这些跨国企业通过全球化布局和品牌矩阵战略，持续巩固市场领导地位。

（2）中国市场的崛起与特征

中国日化行业的发展尤为引人注目。国家统计局数据显示，2012年中国化妆品制造业完成工业总产值876.37亿元，同比增长11.35%；实现利润总额64.12亿元，利润率达到7.45%。从整体市场规模来看，2011年中国日化市场容量约为1800亿元（包含化妆品、个人清洁用品、洗涤及家居护理用品），2012年突破2000亿元大关，成为仅次于美国的全球第二大市场。

从细分领域看，中国化妆品市场表现尤为突出。2011年市场规模达到1075亿元（占全球6.8%），2012年超过1200亿元。2006～2011年间，化妆品市场复合增长率高达15.8%，远高于全球平均水平。其中，护肤品和彩妆产品分别保持10.6%和8.8%的年均增速，展现出强劲的发展动力。

（3）消费特征与发展潜力

中国市场的消费特征呈现出明显的“量质齐升”态势。资生堂研究数据显示，中国核心化妆品使用人口从2005年的2200万快速增长至2010年的1亿，2020年达到4亿规模。但与此同时，2011年中国人均化妆品消费额仅为12美元，与美国（114美元）、日本（244美元）等成熟市场相比仍有巨大差距，这也预示着广阔的增长空间。

欧睿Euromonitor数据显示，2012～2016年中国日化行业销售额复合增长率保持在9.0%，2016年整体市场容量达到3120亿元。其中化妆品市场突破1800亿元，继续领跑全球增长。在市场集中度方面，2011年前四大企业合计占比36.6%，前八大企业达到47.5%，呈现逐步提升的态势。

这种发展态势表明，中国日化行业正处于规模扩张与结构优化并重的发展阶段。一方面，消费升级带动市场规模持续扩大；另一方面，行业集中度提升推动竞争格局优化，为高质量发展奠定基础。

1.2.2 我国日用化学工业的基本状况

（1）行业总体概况

我国日用化学工业已形成完整的产业体系，洗涤用品和化妆品是两大主要品类，2000年时两者产量合计占比超过70%。虽然我国化妆品市场增速全球第一，洗涤用品产量全球第二，但人均消费水平仍显著低于发达国家。具体表现为：化妆品全国人均消费仅25元，为发达国家的1/7～1/3；洗涤用品人均消费量为世界平均水平的1/3，显示巨大市场潜力。

（2）市场竞争格局

随着改革开放的深入，宝洁、联合利华等国际巨头通过合资建厂进入中国市场。数据显示：化妆品领域外资品牌市占率达80%，累计引资超3亿美元；洗涤用品领域合资产品在商超渠道占比近80%。外资进入虽加剧竞争，但也带来先进技术和管理经验，推动行业整体升级。

（3）主要细分领域发展

① 洗涤用品：从肥皂生产发展到合成洗涤剂，1985年产量超越肥皂。2023年全球市场规模突破3000亿美元，中国占14%。浓缩化产品和洗衣凝珠等新品快速增长，2019年来浓缩化率提升超1倍，洗衣凝珠增速达75%。

② 化妆品：规模从1990年45亿元增至2000年335亿元。8家企业入选2022年国家级绿色工厂，生物技术应用比例达18%。

③ 口腔护理用品：从1922年首支管装牙膏发展到完整产品体系。漱口水2017～2021年复合增长45.69%，2021年规模25亿元；电动牙刷同期达90亿元。国产品牌通过创新提升竞争力。

④ 香料香精：从进口调配到自主创新，应用领域拓展至日化、食品、医药等。生物合成技术逐步替代传统工艺。

1.3 我国日用化学品的发展趋势及规划

（1）科技创新驱动发展

日用化学工业要实现高质量发展，必须坚持科技创新引领。当前行业正朝着绿色化、生物技术融合方向发展。在绿色化转型方面，环保产品需求快速增长，无磷/低磷洗涤剂市场渗透率持续提升，生物酶制剂应用不断扩大，2018～2022年复合增长率达12.5%。同时，中医药理论的现代化应用也取得显著成效，如云南白药牙膏等成功案例。在生物技术融合方面，酶催化工艺逐步替代传统化学合成，生产效率提升30%以上；微生物发酵技术实现产业化，使氨基酸类表面活性剂成本降低25%。2022年，生物基原料在日化产品中占比已达18%，展现出强劲的发展势头。

（2）市场竞争格局演变

我国日化市场已进入国际化竞争阶段。国际日化巨头如宝洁、联合利华等研发投入占比维持在5%～8%的高水平，2022年全球十大日化品牌市占率达42%，数字化营销投入年均增长15%。面对激烈的国际竞争，本土企业需要通过以下路径实现突破。首先，加大研发投入，将占比从1.5%提升至3%；其次，开发具有中国特色的产品，如中草药化妆品；第三，加快质量标准与国际接轨，ISO认证企业数量年增20%，绿色工厂占比达15%（2022年）。这些举措将有效提升本土企业的市场竞争力。

（3）发展战略与未来展望

为促进日化行业高质量发展，需要建立完善的技术创新体系，重点突破生物合成技术、绿色工艺和智能配方系统等关键技术。同时要加强品牌建设，通过文化赋能挖掘传统中医药价值，推动数字化转型使线上渠道占比提升至40%，并优先开拓东南亚市场。在人才培养方面，要着力解决研发类人才（年需求增长12%）和数字化运营人才（年需求增长25%）的缺口问题，实现校企联合培养计划覆盖率达60%。预计到2025年年末，生物技术应用产品占比将超过25%，行业集中度（CR5）提升至35%，出口额保持8%～10%的年均增长，推动我国日化产业迈向全球价值链中高端。

第2章 表面活性剂的结构与性能

2.1 概述

表面活性剂是这样一类物质，在溶剂中加入很少量时即能显著降低其表面张力，改变体系界面状态，从而产生润湿或反润湿、乳化或破乳、分散或凝集、起泡或消泡、增溶等一系列作用，以满足实际应用的要求。表面活性剂分子的两亲特点表现为极性基团可溶解于水相中，而疏水基团则具有从水中逃逸的趋势。这种特点使得表面活性剂分子易于在水溶液表面或者油/水界面处定向排列为头基朝向水相，尾链插入其他相（油或空气）的单分子膜结构。这一定向吸附的特性，是表面活性剂众多表面活性特点的来源。

表面活性剂分子的两亲性不仅表现为在界面上的定向排列，在溶液内部同样会出现特别的聚集行为。当表面活性剂分子在水溶液中的浓度超过某一特定浓度，吸附在界面处的分子达到饱和，表面活性剂分子会在溶液内部通过碳氢链的疏水作用缔合成胶团，形成胶团溶液，这一浓度称为临界胶束浓度（*cmc*）。这种特殊的性质使得胶团溶液具备了令一些不溶或难溶于水中的物质加溶在胶团中，从而增加溶解度的特殊功能。胶束是表面活性剂在水溶液中浓度达到临界胶束浓度后出现的主要聚集形态。由于碳氢链的疏水作用，在体相中的表面活性剂分子由尾链缔结在一起，极性基团朝向水相，组合成有序的结构。胶束的大小和形态与表面活性剂的浓度有关。类似地在油溶液中，表面活性剂分子形成反胶束，极性基团的相互作用是促使它们聚集在一起的主要原因，此时疏水链则成为反胶束的外层。

表面活性剂除具有很高的表面活性外，还具有工业生产中所要求的一些特性，如润湿、乳化、增溶、起泡、消泡和洗涤等直接作用，及平滑、抗静电、匀染与固色、润滑、防锈、疏水、杀菌和凝集等间接作用。

表面活性剂用途广泛，涉及许多方面。从合成洗涤剂、化妆品、食品工业，乃至纺织工业、皮革工业、橡胶工业、塑料工业、土木建筑业、涂料、油墨工业、金属加工业、石油和燃料工业、采矿业、煤炭工业、造纸工业、农林业以及医疗卫生、环境保护等部门都广泛使用表面活性剂。此外，表面活性剂还广泛应用于科学研究中。

2.2 表面活性剂分类

从结构看，所有的表面活性剂都是由极性的亲水基和非极性的亲油基两部分组成。亲水基与水分子作用，使表面活性剂分子引入水；而亲油基与水分子相排斥，与非极性或弱极性溶剂分子作用，使表面活性剂分子引入油（溶剂）。表面活性剂分子的亲油基一般是由烃基构成的，而亲水基则由各种极性基团组成，种类繁多，因此，表面活性剂在性质上的差异，除与烃基的大小和形状有关外，主要与亲水基团的类型有关。

亲水基团在种类和结构上的改变远比亲油基团的改变对表面活性剂性质的影响要大，所以，表面活性剂一般以亲水基团的结构为依据来分类。按亲水基是否荷电将表面活性剂分为离子型和非离子型两大类。离子型表面活性剂的分子在水中能电离，形成带正电荷、带负电荷或者同时既带正电荷又带负电荷的离子。带正电荷的称为阳离子表面活性剂；带负电荷的称为阴离子表面活性剂。同时具有正电荷又有负电荷的则称为两性表面活性剂。非离子型表面活性剂分子在水中不电离，呈电中性。

表面活性剂的分子量一般为几百至几千，而分子量超过 1 万（如聚乙烯醇、聚丙烯酸钠）则称为高分子表面活性剂，具有更强的成膜性和分散稳定性。表面活性剂有的是从天然物质提取制得的，有的是化学合成制备的，前者称为天然表面活性剂；此外，还有在疏水基上氢为氟取代的碳氟类表面活性剂，聚硅氧烷类的硅氧烷类表面活性剂，含钛的特种金属表面活性剂，以及冠醚类表面活性剂。这些表面活性剂均有其独特的性能，故统称为特种表面活性剂。

2.2.1　阴离子表面活性剂

阴离子表面活性剂的历史最久。18 世纪兴起的制皂业所生产的肥皂即为阴离子表面活性剂，属高级脂肪酸盐。此外，有代表性的阴离子表面活性剂还有磺酸盐、硫酸酯盐、*N*-酰基氨基酸盐、磷酸酯盐等。

阴离子表面活性剂在低温下较难溶解，随温度升高溶解度加大，溶解度达到极限时会析出表面活性剂的水合物。但是，水溶液加热至一定温度时，表面活性剂分子发生缔合，溶解度会急剧增大。

阴离子表面活性剂亲水基团的种类有局限，而疏水基团可以由多种结构构成，故种类很多。阴离子表面活性剂一般具有良好的渗透、润湿、乳化、分散、增溶、起泡、抗静电和润滑等性能，用作洗涤剂具有良好的去污能力。

2.2.1.1　高级脂肪酸盐

高级脂肪酸盐是使用最多的阴离子表面活性剂，包括肥皂、多羧酸皂、松香皂、*N*-酰基氨基羧酸盐和脂肪醇聚氧乙烯醚羧酸盐等。

（1）肥皂

肥皂的主要成分可以用 RCOOM 表示，式中 R 为烃基，其碳数在 8～22 之间，M 为 Na^+、K^+、NH_4^+，一般为 Na^+。肥皂是以天然动、植物油脂与碱的水溶液加热起皂化反应制得的，皂化所用的碱可以是氢氧化钠、氢氧化钾。用氢氧化钠皂化油脂得到的肥皂称为钠皂，而用氢氧化钾进行皂化得到的肥皂叫作钾皂。钠皂质地较钾皂硬，铵皂最软。脂肪酸的碳链越长，饱和度越大，凝固点越高，用其制成的肥皂越硬。例如，用硬脂酸、月桂酸和油酸制成的三种肥皂，以硬脂酸皂最硬，月桂酸皂次之。硬脂酸钠是具有脂肪气味的白色粉末，易溶于热水和热乙醇中，常用作化妆品的乳化剂。硬脂酸的钾盐和铵盐亦用于此目的。

月桂酸钾（$C_{11}H_{23}COOK$）是淡黄色浆状物，易溶于水，起泡性强（适用于pH 8～10体系），常用于液体皂（添加量3%～5%）和香波（1%～3%），兼作O/W型乳化剂。

制皂业要消耗大量的动、植物油脂。为节约食用油，目前人们以石蜡为原料合成脂肪酸，部分地代替了天然油脂。在催化剂存在下，石蜡经加热氧化即得合成脂肪酸：

$$2RCH_3+3O_2 \xrightarrow[\text{加热}]{KMnO_4} 2RCOOH+2H_2O$$

以合成脂肪酸制成的肥皂，质量不及天然油脂皂。近年来人们对其生产工艺做了不少改进，产品质量有显著提高，产量逐年增加。油酸用三乙醇胺中和制得油酸三乙醇胺盐：

$$CH_3(CH_2)_7CH{=}CH(CH_2)_7COOH+N(CH_2CH_2OH)_3 \longrightarrow$$
$$CH_3(CH_2)_7CH{=}CH(CH_2)_7COOH\cdot N(CH_2CH_2OH)_3$$

油酸三乙醇胺皂为浅黄色浆状物，溶于水，易氧化变质，常用作乳化剂。挥发性胺的脂肪酸盐常用于上光剂中，胺盐水解生成的自由胺挥发后，表面涂层中留拒水物质，能提高表面的抗水性。

（2）多羧酸皂

除简单的脂肪酸皂外，在某些特殊应用中还使用以多羧酸制成的肥皂，如：

$$C_nH_{2n+1}\text{—}CH(CH_2COONa)COONa \quad 如 \quad NaOOCCH(CH(CH_3)C_9H_{19})\text{—}CH_2COONa$$

（n=12～16）

这类二羧酸皂具有良好的润湿性能，主要用于配制润湿剂、润滑剂、防锈剂等。

（3）松香皂

松香皂由松香酸用碱中和制得，其结构式为：

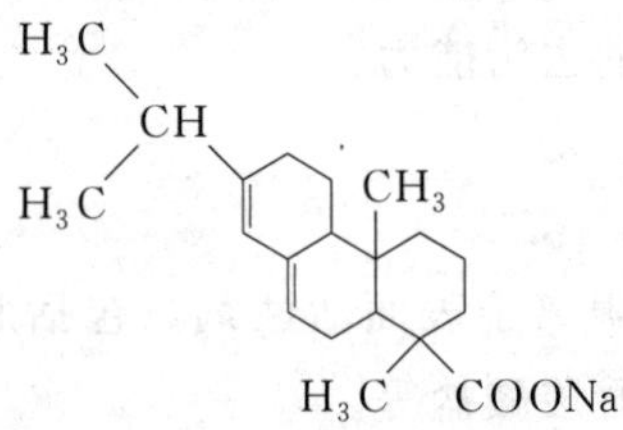

松香皂易溶于水，无洗涤作用，但具有良好的乳化、发泡和润湿能力，多用于洗涤用肥皂的生产中，可提高洗涤效果。

（4）*N*-酰基氨基酸盐

与脂肪酸盐比较，*N*-酰基氨基酸盐是由在烷基和羧基之间插入了—CONHCHR′—基（R′为氨基酸的侧链）构成的，其性质随氨基酸的侧链不同而发生变化。当插入氨基时，羧酸的酸性增大，于是其脂肪酸钠水溶液由弱碱性变为中性。其碱土金属盐的溶解度增高，在硬水中具有良好的发泡性能，与蛋白质有良好的亲和性。当用作洗涤剂时，皮肤有滑润感。胺键具有形成分子间强氢键的性质，在水溶液中分子间发生缔合时，会显著影响聚集状态。

（5）脂肪醇聚氧乙烯醚羧酸盐

脂肪醇聚氧乙烯醚羧酸盐的化学式为 $\mathrm{RO(CH_2CH_2O)_nCH_2COONa}$（R 为 $C_{12}\sim C_{18}$ 烷基，$n=2\sim5$），由脂肪醇聚氧乙烯醚与氯乙酸钠反应制得。式中，R 可以是月桂基、肉豆蔻基、棕榈基、油烯基或硬脂基，其水溶性随聚氧乙烯链增加而增大。这类表面活性剂具有良好的润湿、乳化、分散性能。脂肪醇聚氧乙烯醚羧酸钠可采用脂肪醇聚氧乙烯醚与氯乙酸钠，或与丙烯酸酯反应制得：

$$\mathrm{RO(CH_2CH_2O)_nH+ClCH_2COONa \longrightarrow RO(CH_2CH_2O)_nCH_2COONa}$$

$$\mathrm{RO(CH_2CH_2O)_nH+CH_2{=}CHCOOR' \xrightarrow{NaOH} RO(CH_2CH_2O)_nCH_2CH_2COONa}$$

（6）环烷酸钠

环烷酸钠的结构式如下：

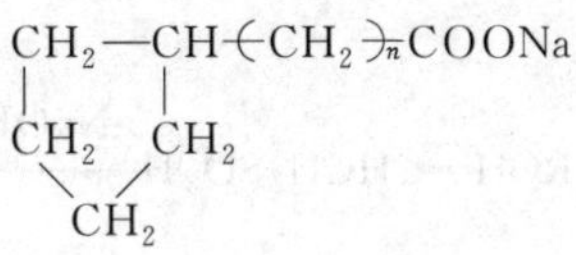

式中，n 可以为 0。

环烷酸钠为白色糊状物，溶于水，具有良好的乳化、发泡性能，并有消毒作用，可用作乳化剂和洗涤剂。由环烷基石油的重油和轻油馏分等用氢氧化钠溶液处理而制得。

2.2.1.2　磺酸盐

磺酸盐的化学通式为 $\mathrm{R{-}SO_3Na}$，碳链中的碳数在 8～20 之间。这类表面活性剂易溶于水，有良好的发泡作用，主要用于生产洗涤剂。磺酸盐在酸性溶液中不发生水解，可以放心使用。

（1）烷基苯磺酸钠

烷基苯磺酸钠具有良好的乳化、起泡和洗涤性能，在硬水中不与钙、镁离子形成沉淀，耐酸、碱，耐氧化，抗吸湿性强。烷基苯磺酸钠有直链烷基苯磺酸钠和支链烷基苯磺酸钠之分。直链烷基苯磺酸钠中主要产品是直链十二烷基苯磺酸钠。支链十二烷基苯磺酸钠在洗涤、起泡性能方面与直链十二烷基苯磺酸钠几乎没有什么不同，但其生物降解性能较差，故称为硬性烷基苯磺酸钠。

（2）烷基萘磺酸盐

烷基萘磺酸盐的代表性产品为二异丙基萘磺酸钠和二丁基萘磺酸钠。前者的国外商品名称为 Nekal A；后者的国外商品名称为 Nekal BX（国内称为拉开粉 BX）。烷基萘磺酸盐易溶于水，对强酸、强碱稳定，具有良好的润湿、渗透性能，也有乳化、分散和增溶性能；发泡性能差，且泡沫不稳定。

二异丙基萘磺酸钠为白色粉末，极易溶于水，具有优良的润湿、分散和渗透性能和乳化能力，主要用作润湿剂、分散剂和乳液聚合用乳化剂。

二丁基萘磺酸钠易溶于水，具有优良的渗透、润湿、乳化、扩散性能，主要用作渗透剂和润湿剂，也可用作橡胶工业用乳化剂和软化剂，以及乳液聚合用的乳化剂。

烷基萘磺酸钠的烷基数目若增至 3 个，则具有极优的渗透性能，而达到 4 个时渗透力反而下降。烷基链长短对产品性能影响最为显著，碳原子数为 3～4 个时润湿作用最好，碳原子数在 5 个以上时润湿性能下降，洗涤作用增大。

（3）烷基磺酸钠

烷基磺酸钠与直链烷基苯磺酸钠相似，但对硬水更为稳定，生物降解性更好，在碱性、中性和弱酸性介质中较为稳定，具有良好的润湿、乳化、分散和洗涤性能。

（4）α-烯基磺酸钠

α-烯基磺酸钠在较宽的 pH 值范围内处于稳定状态，生物降解性好，对皮肤刺激性小，具有优良的洗涤性能，在硬水中洗涤能力不降低，起泡性能好，泡沫细腻。α-烯基磺酸钠是由 α-烯烃经磺化后，用氢氧化钠进行处理而制得，产物是烯基磺酸钠和羟烷基磺酸钠，反应如下：

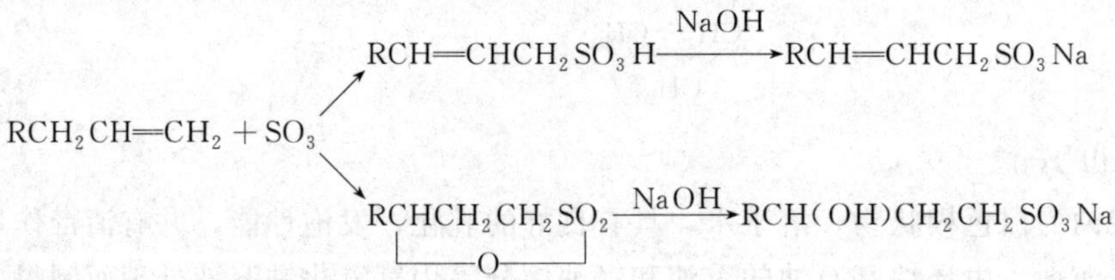

α-烯基磺酸钠广泛用于生产液体洗涤剂、洗发香波、泡沫浴剂，用于配制粉状洗涤剂，易吸水结块。其不足是 α-烯基磺酸钠可自动氧化，尚需改进。

（5）α-磺基脂肪酸酯

α-磺基脂肪酸酯具有良好的表面活性。短链醇的酯磺酸钠具有良好的洗涤性能；长链醇的酯磺酸钠具有良好的润湿性能，洗涤性能则下降；如果磺酸盐基位于烃链的端位，则具有良好的钙皂分散性能。由于酯键受邻位磺酸钠基的影响，α-磺基脂肪酸酯的水解稳定性得到提高，即使在 80℃和 pH 值为 3～9.5 范围内，其水解速率也很低。α-磺基脂肪酸酯是由脂肪酸酯与三氧化硫反应后，以氢氧化钠水溶液进行中和而制得：

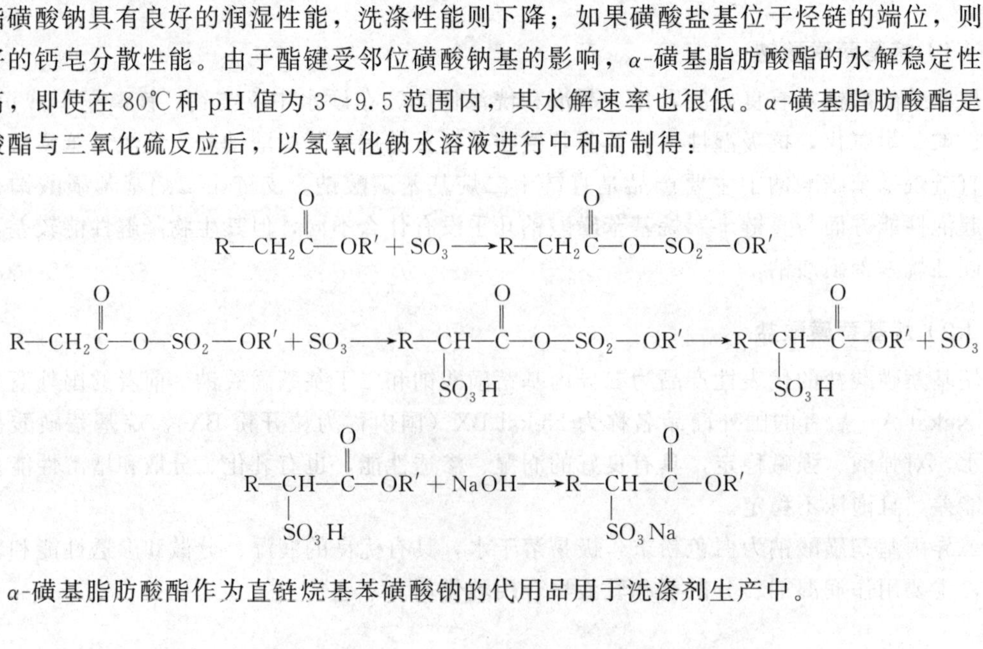

α-磺基脂肪酸酯作为直链烷基苯磺酸钠的代用品用于洗涤剂生产中。

（6）内磺基脂肪酸酯

饱和脂肪酸甲酯经光磺氧化反应可生成磺基位于内部的产物（即 ψ-酯磺酸），然后以氢氧化钠溶液中和，即得内磺基脂肪酸酯（ψ-酯磺酸钠）：

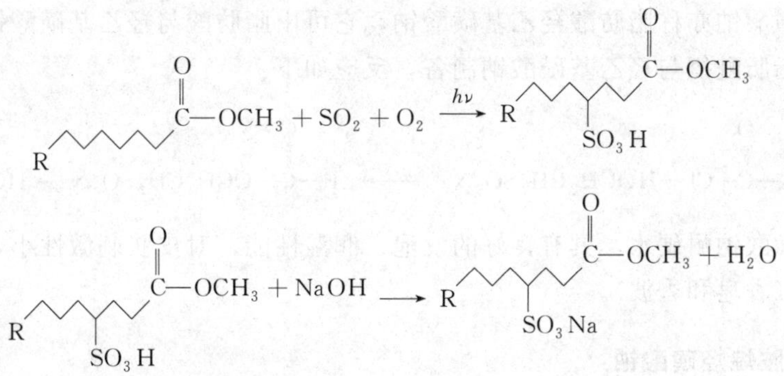

由于酯官能团的诱导效应，饱和脂肪酸甲酯不会生成 α-磺基酸式酯，只能从 γ-碳原子处引入磺基。

ψ-酯磺酸钠具有与仲烷基磺酸钠相似的性质；与 α-磺基脂肪酸酯相比，其表面活性相似，而有更好的起泡性、更大的水溶性及更好的耐硬水性，但洗涤性能和耐水解性能较差。

（7）烷基磺基琥珀酸钠

烷基磺基琥珀酸钠，按琥珀酸两个羧基上酯化程度的不同，可分为二烷基磺基琥珀酸钠和单烷基磺基琥珀酸钠。酯化可采用脂肪醇、脂肪醇聚氧乙烯醚或脂肪酰烷醇胺等。二烷基磺基琥珀酸钠的代表物为二辛基磺基琥珀酸钠。其制法为顺丁烯二酸酐（也可使用顺丁烯二酸或富马酸）用过量的辛醇（通常使用异辛醇）进行酯化，然后用亚硫酸氢钠进行磺化而制得，反应如下：

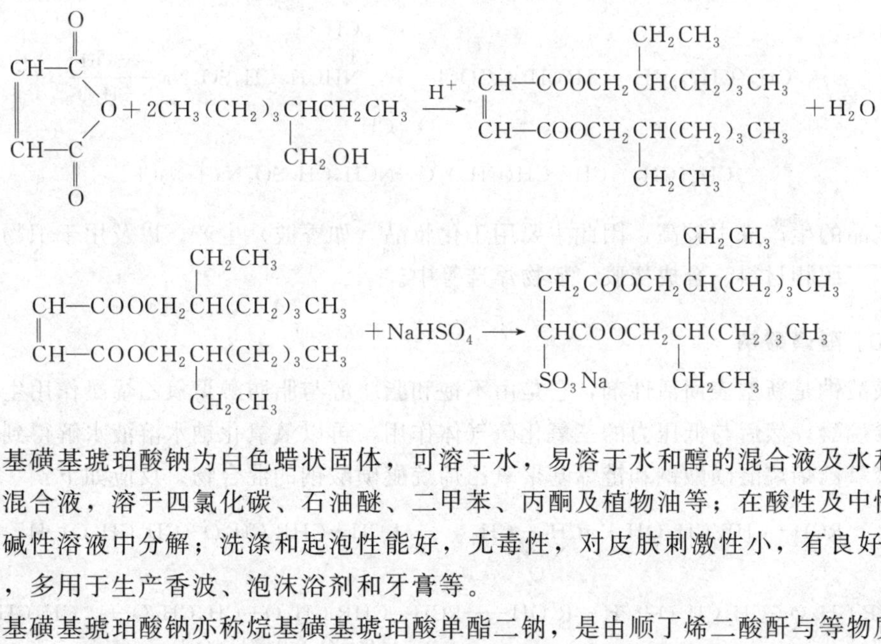

二辛基磺基琥珀酸钠为白色蜡状固体，可溶于水，易溶于水和醇的混合液及水和其他有机溶剂的混合液，溶于四氯化碳、石油醚、二甲苯、丙酮及植物油等；在酸性及中性溶液中稳定，在碱性溶液中分解；洗涤和起泡性能好，无毒性，对皮肤刺激性小，有良好的润湿、渗透性能，多用于生产香波、泡沫浴剂和牙膏等。

单烷基磺基琥珀酸钠亦称烷基磺基琥珀酸单酯二钠，是由顺丁烯二酸酐与等物质的量的脂肪醇在有酸性催化剂和无溶剂的条件下进行酯化生成顺丁烯二酸单酯，然后以亚硫酸氢钠进行磺化，再用碱中和而制得。

烷基磺基琥珀酸单酯二钠具有良好的洗涤、起泡性能和钙皂分散能力。

（8）酰基氧烷磺酸钠

酰基氧烷磺酸钠亦称脂肪酸羟乙基磺酸钠，它可由脂肪酸与羟乙基磺酸钠反应制得，在工业上主要用脂肪酰氯与羟乙基磺酸钠制备，反应如下：

$$R-\overset{\overset{\large O}{\|}}{C}-Cl + HOCH_2CH_2SO_3Na \longrightarrow R-\overset{\overset{\large O}{\|}}{C}-OCH_2CH_2SO_3Na + HCl$$

酰基氧烷磺酸钠耐硬水，具有良好的发泡、润湿性能，对皮肤刺激性小，可用于生产化妆品和清洁剂（香皂和香波）。

（9）酰甲胺烷烃磺酸钠

酰甲胺烷烃磺酸钠中最具代表性的产品为 *N*,*N*-油酰基甲基牛磺酸钠（*N*-油酰基-*N*-甲基牛磺酸钠），它具有一般合成阴离子表面活性剂的特点，又有天然油脂肥皂的特征，其化学结构式为：

$$CH_3(CH_2)_7CH{=\!=}CH(CH_2)_7\overset{\overset{\large O}{\|}}{C}-\overset{\overset{\large CH_3}{|}}{N}-CH_2CH_2SO_3Na$$

从结构式可看出，油酰基为亲水性碳链，而 C—N—C 键又比较稳定，所以该产品易溶于水，且在酸性、碱性、硬水、金属盐及氧化剂等溶液中均比较稳定，具有优良的乳化、分散、渗透、起泡和洗涤性能，并且对皮肤温和。皮肤、头发用其洗涤后滑爽、滋润；毛织品、化纤织物用其洗涤后柔软有光泽，手感好。

N,*N*-油酰基甲基牛磺酸钠是由油酰氯与 *N*-甲基牛磺酸钠反应制得，反应如下：

$$CH_3(CH_2)_7CH{=\!=}CH(CH_2)_7COCl \; + \; \overset{\overset{\large CH_3}{|}}{N}HCH_2CH_2SO_3Na \xrightarrow[-H_2O]{NaOH}$$

$$CH_3(CH_2)_7CH{=\!=}CH(CH_2)_7\overset{\overset{\large O}{\|}}{C}-\overset{\overset{\large CH_3}{|}}{N}CH_2CH_2SO_3Na + NaCl$$

该产品的生产成本较高，因此主要用于化妆品（如香波）生产，以及用于织物印染和电镀，也用于照相材料、合成橡胶、矿物浮选等中。

（10）醚磺酸钠

醚磺酸钠是新型表面活性剂，它是由不饱和脂肪醇与脂肪醇聚氧乙烯醚作用生成链烯基聚氧乙烯烷醚，然后与低压力的三氧化硫气体作用，再以氢氧化钠水溶液水解得到，产品为羟烷基聚氧乙烯烷醚磺酸钠和链烯基聚氧乙烯烷醚磺酸钠的混合物。反应如下：

$$RCH{=\!=}CHR'CH_2OH + n\,\underset{\diagdown\,O\,\diagup}{CH_2{-}CH_2} \longrightarrow RCH{=\!=}CHR'CH_2O{\leftarrow}CH_2CH_2O{\rightarrow}_nH$$

$$RCH{=\!=}CHR'CH_2O{\leftarrow}CH_2CH_2O{\rightarrow}_nH + R'OH \longrightarrow RCH{=\!=}CHR'CH_2O{\leftarrow}CH_2CH_2O{\rightarrow}_{n-1}CH_2CH_2R'' + H_2O$$

$$RCH{=\!=}CHR'CH_2O{\leftarrow}CH_2CH_2O{\rightarrow}_{n-1}CH_2CH_2R'' \xrightarrow{\text{磺化}(SO_3),\text{水解}(NaOH)}$$

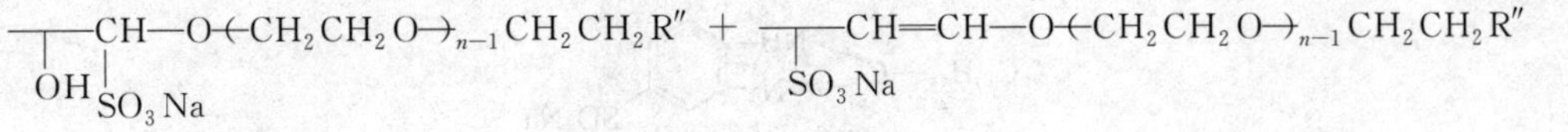

该表面活性剂的性能与烷基的链长和链烯基聚氧乙烯基的聚氧乙烯链的链长有关。

（11）木质素磺酸钠

木质素磺酸钠是在木质素分子的 α-碳原子上引入磺酸基而形成的，其结构式如下：

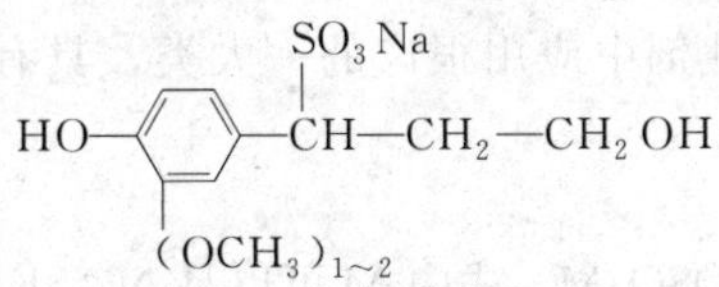

木质素磺酸钠是由亚硫酸盐法造纸的纸浆废液经沉淀、过滤、酸化、除灰、脱色、磺化等处理而制得。

木质素磺酸钠为棕色粉末，溶于水，具有优良的分散性能，主要用于配制石油钻井泥浆，它可控制泥浆的流动性；也用作混凝土的减水剂、加气剂，以提高混凝土的易和性、流动性和强度。精制后的木质素磺酸钠可用作分散染料和还原染料的分散剂，以及纺织印染用匀染剂，也可用作水煤浆的分散剂、稳定剂。

（12）石油磺酸盐

石油磺酸盐一般由石油精制的副产品而制得。石油馏分用强烈磺化剂精制去杂质时，容易生成硫酸酯和磺酸等混合物，中和后便得到石油磺酸盐。目前，石油磺酸盐是由沸点高于 260℃、含有 5% ～30%芳烃和其他可磺化烃的石油原料经磺化而制取。石油磺酸盐是各种磺酸盐的混合物，主要成分为复杂的烷基苯磺酸盐和烷基萘磺酸盐，其次则为脂肪烃的磺酸盐和环烃的磺酸盐及其氧化物等。石油磺酸盐大都为油溶性的，常用于切削油和农药中作为乳化剂，在矿物浮选中用作泡沫剂，在燃料油中用作分散剂，分子量大的石油磺酸盐用作金属防锈油中的防蚀剂，大量的石油磺酸钠用于石油采收，特别是三次采油，以提高采收率。

（13）其他

磺酸盐型阴离子表面活性剂还有亚甲基双萘磺酸钠和十七烷基苯并咪唑磺酸钠。亚甲基双萘磺酸钠的化学结构式如下：

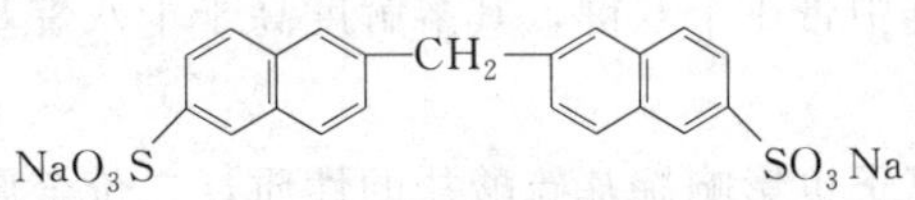

该产品为米棕色粉末，易溶于硬水，具有良好的扩散性能和保护胶体作用，耐酸、碱和无机盐。亚甲基双萘磺酸钠用精萘和混酸进行磺化后再水解，然后加入甲醛进行缩合，再以液碱中和而制得。该产品主要用作染色助剂、橡胶稳定剂和制革的助鞣剂，也用于造纸工业。

十七烷基苯并咪唑磺酸钠的化学结构式如下：

该产品可溶于水，具有良好的分散、洗涤性能。可用作匀染助剂、柔软剂和洗涤剂。

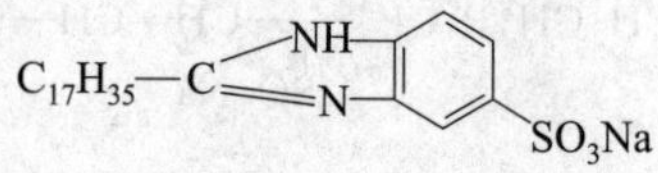

2.2.1.3 硫酸酯盐

分子中阴离子官能团为硫酸根的表面活性剂为硫酸酯盐型阴离子表面活性剂。硫酸酯盐表面活性剂可分为烷基硫酸盐、脂肪醇聚氧乙烯醚硫酸盐、甘油脂肪酸酯硫酸盐、硫酸化蓖麻酸钠、环烷硫酸钠、脂肪酰氨烷基硫酸钠等。

硫酸酯盐是阴离子表面活性剂中应用很广的一大类，具有良好的表面活性。

（1）烷基硫酸盐

烷基硫酸盐的化学通式为 $ROSO_3M$，式中 M 可以是 Na、K、NH_4、$NH(CH_2CH_2OH)_3$，R 中的碳原子数为 8~18。这类表面活性剂具有良好的起泡能力和洗涤性能，在硬水中稳定，其水溶液呈中性或微碱性，故主要用于洗涤剂中。

烷基硫酸盐是以脂肪醇经硫酸化后，以碱中和而制得。工业上脂肪醇可由油脂或脂肪酸酯通过氢化分解得到，也可由乙烯出发通过齐格勒反应制得，硫酸化剂可采用硫酸、氯磺酸、氨基磺酸、三氧化硫等。制备烷基硫酸盐的反应如下：

$$ROH + H_2SO_4 \longrightarrow ROSO_3H$$

$$ROH + ClSO_3H \longrightarrow ROSO_3H + HCl$$

$$ROH + SO_3 \longrightarrow ROSO_3H$$

$$ROSO_3H + NaOH \longrightarrow ROSO_3Na$$

$$ROH + H_2NSO_3H \longrightarrow ROSO_3NH_4$$

目前，工业上主要采用脂肪醇与三氧化硫和空气的混合气体在特殊的反应器内进行硫酸化来制备。

烷基硫酸盐的性质受烷基的链长、支化度影响。实验证明，C_{12}～C_{14} 的烷基硫酸盐溶解度高，C_{12}～C_{16} 的烷基硫酸盐降低表面张力的能力较强，其中以 C_{14}～C_{15} 的最强；C_{12} 的烷基硫酸盐润湿性最好；C_{13}～C_{16} 的烷基硫酸盐洗涤性能优良，与 α-烯基磺酸盐相近；C_{14}～C_{15} 的烷基硫酸盐起泡性能好，接近于 C_{14}～C_{16} 的 α-烯基磺酸盐。

十二烷基硫酸钠（$C_{12}H_{25}OSO_3Na$）是烷基硫酸盐的典型代表，亦称月桂醇硫酸酯钠，为白色粉末，有特征气味，易溶于水，起泡力强，泡沫丰满、洁白、细密，还有优良的乳化性能和洗涤能力。十八烷基硫酸钠溶解度较低，起泡力较差，在温度较高时才有较好的洗涤能力。油烯基硫酸钠的烃链中带 1 个双键，其溶解度高于十八烷基硫酸钠，在低温下也有很好的洗涤性能。

脂肪醇硫酸酯的成盐离子也影响烷基硫酸盐的性质，二价金属盐的溶解度按如下次序递降：$Mn^{2+} > Cu^{2+} > Co^{2+} > Mg^{2+} > Pb^{2+} > Sr^{2+}$。二价金属盐的溶解度较一价金属盐溶解度高。此外还发现，二价盐和一价盐混用，具有调节洗涤、乳化性能的作用。

烷基硫酸钠广泛用于毛、丝类精细织物的洗涤，也可用于棉、麻织物的洗涤，还可与非离子表面活性剂复配制造各种洗涤剂。十二烷基硫酸钠广泛用于牙膏、香波、润发油膏的生产中，也用于其他工业生产中。此外，在医疗方面，十二烷基硫酸钠可用于胃溃疡病的治疗，在农药方面可用于配制杀蚜虫药剂。

支链烷基硫酸钠主要是仲烷基硫酸钠，即硫酸基团接在碳链的第二、三、四……碳原子上。仲烷基硫酸钠的溶解度大，润湿性强，但洗涤能力较烷基硫酸钠差。随着碳链的增长，洗涤能力有所改进。仲烷基硫酸钠吸湿性强，制成的粉末状洗涤剂易吸湿、发黏而结块，故主要用于制备液体洗涤剂、浆状洗涤剂。仲烷基硫酸钠在纺织工业中用作润湿剂、洗涤剂、渗透剂、匀染剂，也广泛用于造纸、皮革、农药、金属加工等工业生产中。

（2）脂肪醇聚氧乙烯醚硫酸盐

烷基硫酸盐的溶解度小，在水中充分稀释才能达到透明溶液，若将亲水性强的聚氧乙烯链接在烷基链和硫酸基团之间，水溶性便得到显著改善，后者称为脂肪醇聚氧乙烯醚硫酸盐，其通式为 $RO\leftarrow CH_2CH_2O\rightarrow_n SO_3M$，式中碳链的链长为 $C_{12}\sim C_{18}$，M 可为 Na、K、NH_4、$Ca_{1/2}$ 等，n 为环氧乙烷的物质的量，通常为 2～4。

脂肪醇聚氧乙烯醚硫酸盐的制法是脂肪醇与环氧乙烷进行加成反应后，以气态三氧化硫进行硫酸化，最后以碱中和而制得：

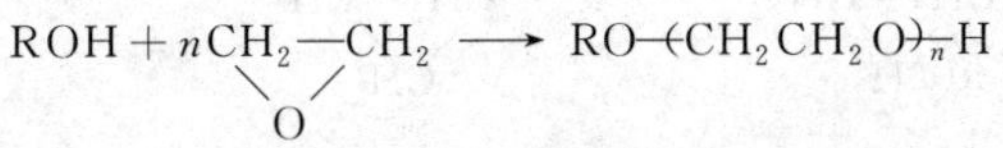

$$RO\leftarrow CH_2CH_2O\rightarrow_n H + SO_3 \longrightarrow RO\leftarrow CH_2CH_2O\rightarrow_n SO_3H$$

$$RO\leftarrow CH_2CH_2O\rightarrow_n SO_3H + NaOH \longrightarrow RO\leftarrow CH_2CH_2O\rightarrow_n SO_3Na + H_2O$$

进行中和使用的碱有氢氧化钠、氢氧化钙等。

脂肪醇聚氧乙烯醚硫酸盐中的代表性产品为月桂醇聚氧乙烯醚硫酸钠。该产品易溶于水，具有优良的起泡、乳化性能和洗涤能力，对皮肤刺激性小。该产品与其他阴离子表面活性剂、两性表面活性剂、氧化胺复配使用有协同效应，可增强与皮肤的相容性，改善泡沫的结构以及对油的分散能力。该产品广泛用于配制香波、泡沫浴剂和餐具液体洗涤剂等。

（3）甘油脂肪酸酯硫酸盐

将甘油单酸酯硫酸化后，以氢氧化钠中和，即得甘油单酸酯二硫酸钠。常用的原料为甘油单月桂酸酯、甘油单硬脂酸酯等，硫酸化剂为气态三氧化硫，中和剂为氢氧化钠。反应如下：

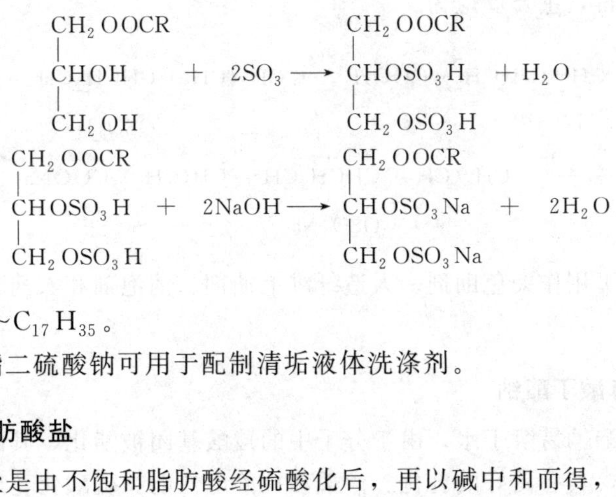

式中，R 为 $C_{11}H_{23}\sim C_{17}H_{35}$。

甘油单月桂酸酯二硫酸钠可用于配制清垢液体洗涤剂。

（4）硫酸化脂肪酸盐

硫酸化脂肪酸盐是由不饱和脂肪酸经硫酸化后，再以碱中和而得，其结构式如下：

$$CH_3(CH_2)_a-\underset{\displaystyle OSO_3Na}{\underset{|}{CH}}-(CH_2)_bCOONa$$

该分子中有两个亲水基，故其洗涤性能较脂肪酸钠差，但润湿性能和渗透性能则较高。

（5）环烷硫酸钠

环烷硫酸钠的结构式如下：

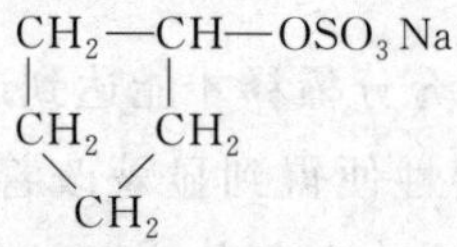

环烷硫酸钠的生产方法，首先由己二酸在氢氧化钡作用下，经干馏制成环戊酮，然后在乙醚的溶液中用氢化铝锂加氢还原制得环烷醇，环烷醇经硫酸化后再以碱中和而得：

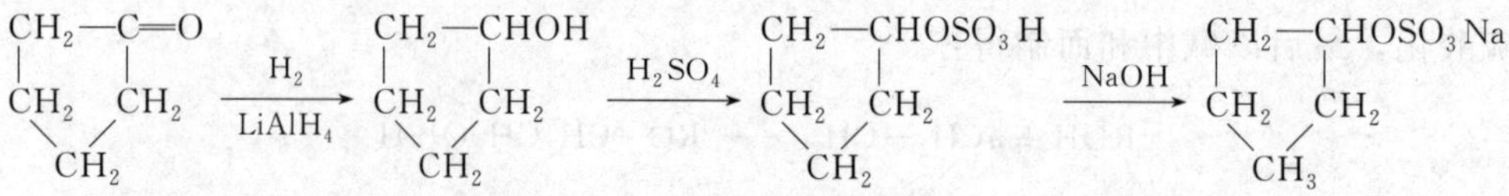

环烷硫酸钠易溶于水，具有良好的乳化、起泡性能，可用作乳化剂、起泡剂和洗涤剂。

（6）月桂酰氨乙基硫酸钠

月桂酰氨乙基硫酸钠易溶于水，具有良好的起泡、乳化、分散和洗涤性能。

月桂酰氨乙基硫酸钠可由月桂酰单乙醇胺经硫酸化反应后以碱中和制得：

$$C_{11}H_{23}CONHCH_2CH_2OH+SO_3 \longrightarrow C_{11}H_{23}CONHCH_2CH_2OSO_3H$$

$$C_{11}H_{23}CONHCH_2CH_2OSO_3H+NaOH \longrightarrow C_{11}H_{23}CONHCH_2CH_2OSO_3Na+H_2O$$

月桂酰氨乙基硫酸钠用作乳化剂、发泡剂、洗涤剂，用于配制各种洗涤剂、香波等。

（7）硫酸化蓖麻酸钠

硫酸化蓖麻酸钠为黏稠状透明液体，易溶于水，耐酸和耐硬水性能比肥皂好，具有良好的乳化、润湿和渗透性能。若水的硬度过高，仍生成钙皂和镁皂，对酸的抵抗力也不太强，因此硫酸化蓖麻酸钠用作乳化剂的价值受到影响。硫酸化蓖麻酸钠是由蓖麻油经硫酸化后，以氢氧化钠中和而制得，主要反应为：

$$CH_3(CH_2)_5\underset{\displaystyle OH}{\underset{|}{C}}HCH_2CH=CH(CH_2)_7COOH \xrightarrow{SO_3} CH_3(CH_2)_5\underset{\displaystyle OSO_3H}{\underset{|}{C}}HCH_2CH=CH(CH_2)_7COOH$$

$$\xrightarrow{2NaOH} CH_3(CH_2)_5\underset{\displaystyle OSO_3Na}{\underset{|}{C}}HCH_2CH=CH(CH_2)_7COONa$$

硫酸化蓖麻酸钠可用作染色助剂、人造纤维上油剂、消泡剂和农药乳化剂，还用于制革和造纸工业。

（8）硫酸化蓖麻酸丁酯钠

硫酸化蓖麻酸丁酯钠易溶于水，由于分子中的羧酸基团被酯化，其耐硬水、耐酸的性能较硫酸化蓖麻酸钠好，具有良好的乳化、渗透和抗静电性能。硫酸化蓖麻酸丁酯钠的制法是将蓖麻酸与丁醇进行酯化生成蓖麻酸丁酯，然后用硫酸进行酯化，再以氢氧化钠中和。反应如下：

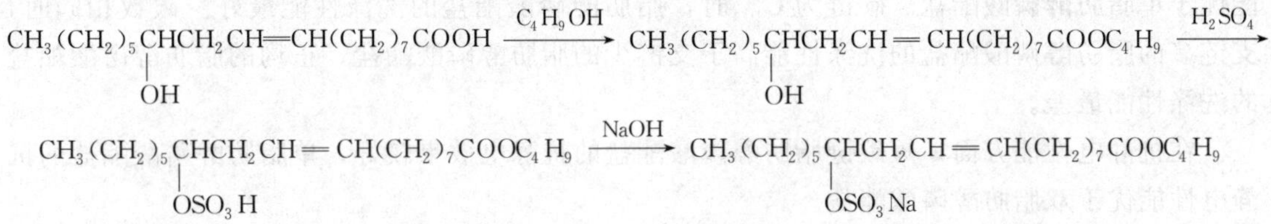

硫酸化蓖麻酸丁酯钠用作 O/W 型乳化剂、染色助剂，也用于配制合成纤维油剂。将硫酸化蓖麻酸丁酯与三乙醇胺反应，可制得硫酸化蓖麻酸丁酯三乙醇胺，结构式如下：

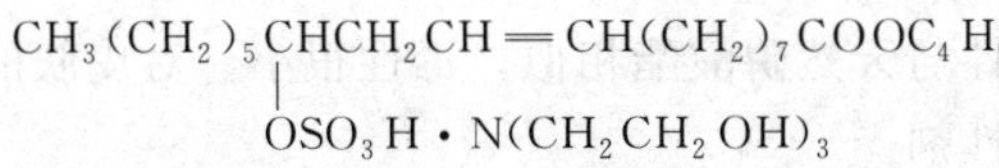

硫酸化蓖麻酸丁酯三乙醇胺为 W/O 型乳化剂，一些性质和用途与硫酸化蓖麻酸丁酯钠相同。

2.2.1.4　磷酸酯盐

磷酸酯盐表面活性剂具有良好的乳化、分散、抗静电、洗涤和防锈性能，对酸、碱的稳定性好，易被生物降解，又由于它易溶于有机溶剂，故用途极为广泛。磷酸酯盐阴离子表面活性剂可分为脂肪醇磷酸酯盐和脂肪醇聚氧乙烯醚磷酸酯盐两类。

（1）脂肪醇磷酸酯盐

脂肪醇磷酸酯盐有单酯盐和双酯盐两种，它们的化学通式分别为：

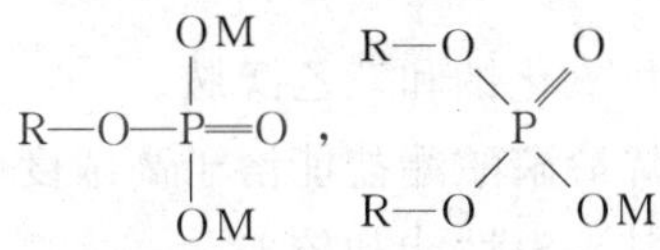

式中，R 为烷基；M 为一价正离子。

脂肪醇磷酸酯盐的溶解性与疏水基的性质、脂肪醇链的长短、酯化程度及中和试剂密切相关。单脂肪醇磷酸酯盐的溶解性大于双脂肪醇磷酸酯盐的溶解性。单酯盐中，短链脂肪醇磷酸酯盐的溶解性大于长链脂肪醇磷酸酯盐的溶解性。不同的盐中，三乙醇胺盐的溶解性最大，其次是三乙醇胺钾盐，三乙醇胺钠盐最差。

脂肪醇磷酸酯盐的表面张力与疏水基的构型、酯化度有关。单脂肪醇磷酸酯盐的表面张力较双脂肪醇磷酸酯盐高得多。正构碳链磷酸酯盐的表面张力高于异构碳链的磷酸酯盐。碳链增长，表面张力下降。此外，单脂肪醇磷酸酯的一钠盐和二钠盐的表面张力相差很大。如单月桂醇磷酸酯一钠盐的表面张力为 27.5mN/m，而其二钠盐的表面张力则为 39.5mN/m。

脂肪醇磷酸酯盐的起泡性能与脂肪醇链的长短有关，短链烷醇（如 C_7～C_9 烷醇）磷酸酯盐的起泡能力高于长链的 C_{10}～C_{18} 烷醇磷酸酯盐，但后者的泡沫稳定性较好。脂肪醇磷酸酯一钠盐的起泡能力高于二钠盐，其原因是一钠盐的表面张力低，而二钠盐的表面张力高。

脂肪醇磷酸酯盐的洗涤性能与脂肪醇的碳链长短，正、异构情况，以及酯化度有关。对于单脂肪醇磷酸酯盐，无论其碳链长短如何，洗涤性能均较差。双脂肪醇磷酸酯盐的洗涤性能优于单脂肪醇磷酸酯盐。碳链为 C_{10} 时，脂肪醇磷酸酯盐的洗涤性能最好。碳数相同时，支链多的脂肪醇磷酸酯盐的洗涤性能高于支链少的脂肪醇磷酸酯盐，正构的脂肪醇磷酸酯盐的洗涤性能最差。

在抗静电性能方面，短碳链脂肪醇磷酸酯盐的抗静电效果较好，单脂肪醇磷酸酯盐的抗静电性能优于双脂肪醇磷酸酯盐。

脂肪醇磷酸酯盐的化学稳定性高，在中性、微碱性、微酸性条件下，存放一年以上不变质，在强酸性介质中会发生水解生成磷酸酯非离子表面活性剂。

脂肪醇磷酸酯盐的生物降解优于烷基苯磺酸钠，劣于烷基硫酸钠。

脂肪醇磷酸酯盐的毒性与天然磷酸酯相似，毒性很小，对皮肤的刺激性也低于硫酸盐类和磺酸盐类阴离子表面活性剂。

（2）脂肪醇聚氧乙烯醚磷酸酯盐

脂肪醇聚氧乙烯醚与聚磷酸反应，生成脂肪醇聚氧乙烯醚磷酸酯，再用碱中和，即得到脂肪醇聚氧乙烯醚磷酸酯盐。同样，脂肪醇聚氧乙烯醚磷酸酯盐有单酯盐和双酯盐，其结构式如下：

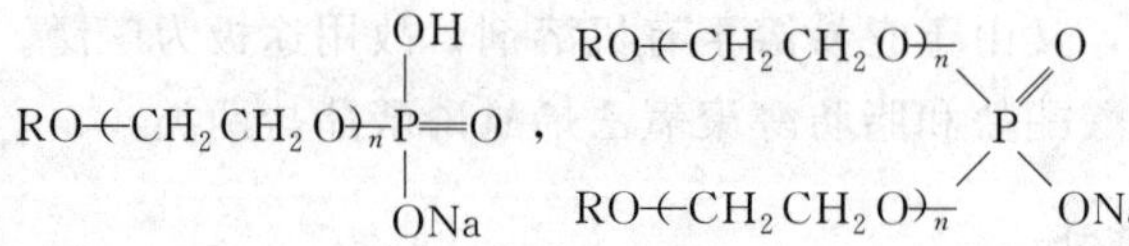

此外，还可以用烷基酚聚氧乙烯醚代替脂肪醇聚氧乙烯醚，可制得烷基酚聚氧乙烯醚磷酸酯盐。

中和试剂可采用氢氧化钾、氢氧化钠和三乙醇胺。

脂肪醇（或烷基酚）聚氧乙烯醚磷酸酯盐能溶于高浓度电解质溶液中，耐强碱，抗静电性能也较脂肪醇磷酸酯盐好，但其平滑性能却较差。

其他性质与脂肪醇磷酸酯盐相似。

2.2.1.5 其他阴离子表面活性剂

（1）脂肪酰胺腈

脂肪酰胺腈的碱金属盐亦称酰胺皂，为弱酸盐，近来才得以用较不活泼的脂肪酸甲酯为原料进行工业化生产。该法所用的干氰氨酸一钠可由氨基氰水溶液与氢氧化钠制得。将固体 NaHNCN 与化学计量的脂肪酸甲酯混合，在 100～250℃下，不需加溶剂进行反应，即得到产物：

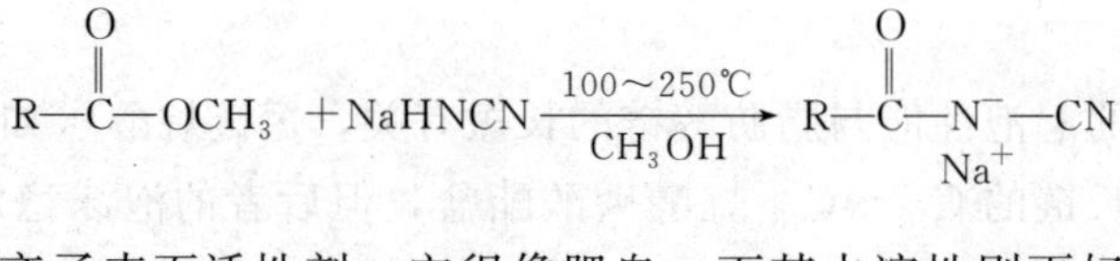

脂肪酰氨腈为阴离子表面活性剂，它很像肥皂，而其水溶性则更好，对硬水的敏感性较低。脂肪酰氨腈具有良好的洗涤、润湿、乳化、渗透等性能，可望得到实际应用。

(2) 烷基磺酰氨基乙酸钠

烷基磺酰氨基乙酸钠的代表性产品为十二烷基磺酰氨基乙酸钠，其结构式为 $C_{12}H_{25}SO_2NHCH_2COONa$。可由十二烷基磺酰氯与甘氨酸反应，生成十二烷基磺酰氨基乙酸，再以氢氧化钠中和而制得：

$$C_{12}H_{25}SO_2Cl + NH_2CH_2COOH \longrightarrow C_{12}H_{25}SO_2NHCH_2COOH + HCl$$

$$C_{12}H_{25}SO_2NHCH_2COOH + NaOH \longrightarrow C_{12}H_{25}SO_2NHCH_2COONa + H_2O$$

烷基磺酰氨基乙酸钠的性质与 *N*-酰基氨基酸盐相似。

2.2.2 阳离子表面活性剂

阳离子表面活性剂主要是含氮的有机胺衍生物，由于它们分子中的氮含有孤对电子，故能以氢键与酸分子中的氢结合，使氨基带上正电荷。因此，它们在酸性介质中才具有良好的表面活性；在碱性介质中容易与负离子相结合而析出，失去表面活性。

除含氮阳离子表面活性剂外，还有一小部分含硫、磷、砷等元素的阳离子表面活性剂。

阳离子表面活性剂除具有良好的乳化、润湿、洗涤等性能外，还具有特殊的杀菌、柔软、抗静电、抗腐蚀等性能。

2.2.2.1 胺盐型阳离子表面活性剂

高级伯胺、仲胺、叔胺与酸中和形成的胺盐，总称为胺盐型阳离子表面活性剂。这类表面活性剂的疏水基的碳原子数在 12～18 之间，中和脂肪胺所用的酸有盐酸、甲酸、乙酸、氢溴酸、硫酸等。

(1) 高级胺盐型阳离子表面活性剂

① 高级伯胺盐　高级伯胺盐可由脂肪酸、脂肪醇来制取。脂肪酸法制备高级伯胺盐是以氧化铝或铁盐等为催化剂，使脂肪酸与氨在 260～290℃下进行反应生成脂肪腈，然后在氨和镍（或钴）催化剂存在下将腈氢化转变为高级伯胺，最后以酸中和而制得，反应如下：

$$RCOOH + NH_3 \xrightarrow[260\sim290℃]{Al_2O_3} RCN + 2H_2O$$

$$RCN + 2H_2 \xrightarrow[4MPa,120℃]{Ni,NH_3} RCH_2NH_2$$

$$RCH_2NH_2 + HCl \longrightarrow RCH_2NH_2 \cdot HCl$$

目前，新工艺可以由脂肪酸、氨和氢直接制取高级伯胺：

$$RCOOH + NH_3 + 2H_2 \xrightarrow[\triangle]{\text{催化剂}} RCH_2NH_2 + 2H_2O$$

然后用盐酸中和，得高级的胺盐。

高级伯胺盐易溶于水，具有良好的乳化、润湿性能，可用作柔软剂、染色助剂、浮选剂。

② 高级仲胺盐　制备高级仲胺盐首先需制取高级仲胺。高级仲胺的制法有脂肪醇法、脂肪腈法和卤代烷法。

脂肪醇法是高级脂肪醇与氨在镍（或钴）和氢存在下进行反应生成高级仲胺，反应如下：

$$2ROH+NH_3 \xrightarrow[210\sim260℃,\ 0.09\sim0.15MPa]{H_2,Ni} R_2NH+2H_2O$$

脂肪腈法是首先将脂肪腈在低温下转化为伯胺，然后在铜铬催化剂存在下脱氨，制得高级仲胺，反应如下：

$$2RCN \xrightarrow{H_2} 2RCH_2NH_2 \xrightarrow{Cu\text{-}Cr} R_2NH+NH_3$$

卤代烷法是将卤代烷和氨置于密闭反应器中进行反应，生成的产物主要为仲胺。高级仲胺用酸中和即得到高级仲胺盐：

$$R_2NH+HCl \longrightarrow R_2NH\cdot HCl$$

高级仲胺盐的主要产品是高级卤代烷与乙醇胺，或高级胺与环氧乙烷的反应产物。

高级仲胺盐在实际生产中用得较少，可用作纤维染色助剂。

③ 高级叔胺盐　高级叔胺盐是胺盐型阳离子表面活性剂中用途最广泛的，是制备季铵盐阳离子表面活性剂的原料。高级叔胺的制备方法有：高级伯胺与环氧乙烷（或环氧丙烷）的加成法。

高级伯胺与环氧乙烷或环氧丙烷的加成法是使高级伯胺与环氧乙烷或环氧丙烷在碱催化剂存在下加热，进行加成反应制备叔胺的方法。反应如下：

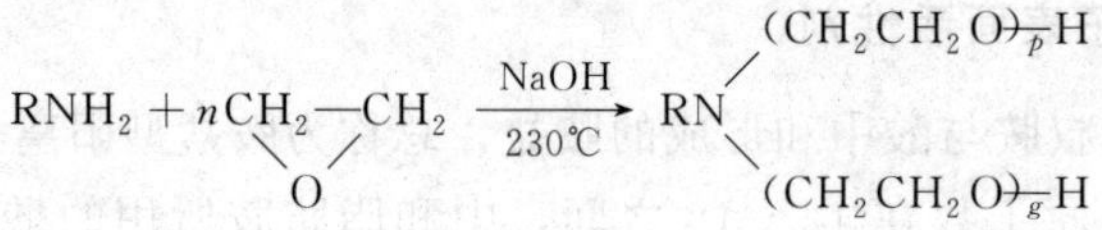

式中，$p+g=n$。

（2）低级胺盐型阳离子表面活性剂

由高级脂肪酸与低级胺反应得到具有良好表面活性的低级胺盐型阳离子表面活性剂。这类制品价格较高级胺盐型阳离子表面活性剂便宜，性能优良，适合用作纤维柔软整理助剂。

① 三乙醇胺单硬脂酸酯甲酸盐　三乙醇胺单硬脂酸酯甲酸盐是由硬脂酸与三乙醇胺在加热下进行酯化形成叔胺，再用甲酸中和而制得，称为索罗明（Soromine）A，反应如下：

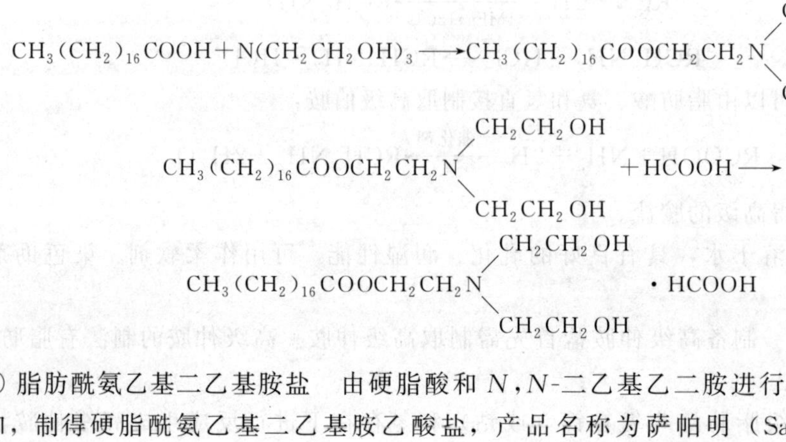

② 脂肪酰氨乙基二乙基胺盐　由硬脂酸和 N,N-二乙基乙二胺进行缩合反应，再用乙酸中和，制得硬脂酰氨乙基二乙基胺乙酸盐，产品名称为萨帕明（Sapamine）A，反应

如下：

$$CH_3(CH_2)_{16}COOH + NH_2CH_2CH_2N(C_2H_5)_2 \longrightarrow CH_3(CH_2)_{16}CONHCH_2CH_2N(C_2H_5)_2 + H_2O$$

$$CH_3(CH_2)_{16}CONHCH_2CH_2N(C_2H_5)_2 + CH_3COOH \longrightarrow CH_3(CH_2)_{16}CONHCH_2CH_2N(C_2H_5)_2 \cdot CH_3COOH$$

2.2.2.2　季铵盐型阳离子表面活性剂

常用的阳离子表面活性剂为季铵盐型，系由叔胺和烷化剂反应而制得，从形式上看是铵离子的 4 个氢原子被有机基团所取代，成为 $R^1R^2N^+R^3R^4$ 的形式。季铵盐的碱性较强，其水溶液遇碱无变化，而胺盐的水溶液遇碱则起作用形成不溶于水的胺。

$$R^1R^2R^3N \cdot HCl + NaOH \longrightarrow R^1R^2R^3N(\text{不溶于水}) + NaCl + H_2O$$

季铵盐与其他类型表面活性剂相容性好，并具有一系列优良的性质。因此，在工农业生产中使用的阳离子表面活性剂主要是季铵盐型阳离子表面活性剂。

（1）由高级胺制成的季铵盐型阳离子表面活性剂

① 烷基三甲基季铵盐　烷基三甲基季铵盐是由高级脂肪胺与氯甲烷在氢氧化钠存在下，在加热加压条件下进行反应而制得的，反应如下：

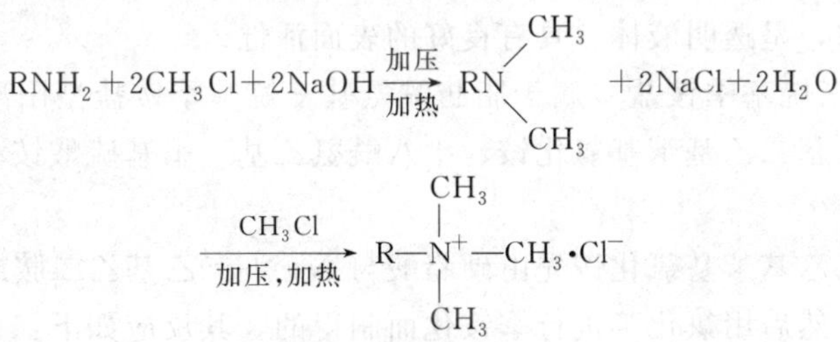

烷基三甲基氯化铵

该反应在极性介质（如水、乙醇）中能迅速完成。为提高生产率，必须保证反应在碱性条件下进行，因此加入了氢氧化钠。该类表面活性剂的主要代表为十二烷基三甲基氯化铵，它可由十二胺或 *N*,*N*-二甲基十二胺来制取。

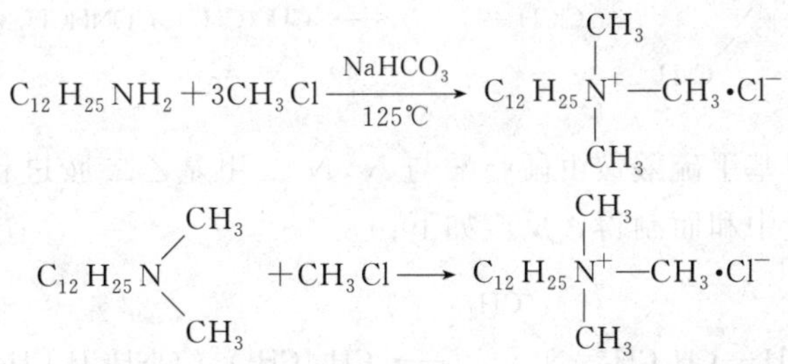

十二烷基三甲基氯化铵易溶于水，呈透明状，具有良好的表面活性，可用作黏胶凝固液中的添加剂。

② 烷基二甲基苄基季铵盐　烷基二甲基苄基季铵盐是由烷基二甲基叔胺与氯化苄反应制得，反应在 40～100℃和有少量水存在的条件下进行，反应如下：

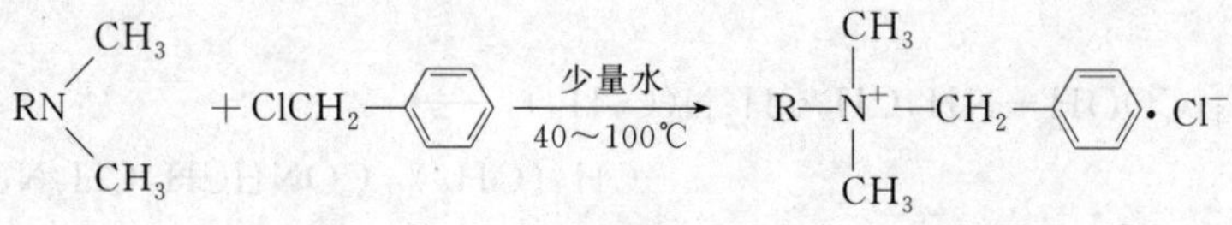

烷基二甲基苄基氯化铵

十二烷基二甲基苄基氯化铵（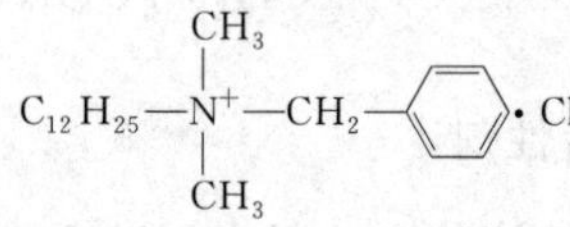）是这类产品的代表，它易溶于水，呈透明溶液，万分之几的质量分数即具有杀菌消毒的能力。对皮肤无刺激，无毒性，对金属不腐蚀，即使在沸水中亦稳定，其杀菌能力随 pH 值升高而增大。此外，它还具有良好的起泡能力。

（2）由低级胺制成的季铵盐型阳离子表面活性剂

① 低级叔胺与卤代烷反应制取季铵盐　烷基三甲基溴化铵是由溴代烷与三甲胺在加热加压条件下反应制得的，反应如下：

$$RBr+N(CH_3)_3 \xrightarrow[60\sim80℃]{加压} [R-N^+(CH_3)_3]\cdot Br^-$$

该产品易溶于水，呈透明液体，具有良好的表面活性。

② 脂肪酰氨基三烷基季铵盐　属于脂肪酰氨基三烷基季铵盐型阳离子表面活性剂的主要产品有十八酰氨乙基二乙基苄基氯化铵、十八酰氨乙基三甲基硫酸铵、十四酰氨丙基二甲基苄基氯化铵等。

十八酰氨乙基二乙基苄基氯化铵先由硬脂酸与 N,N-二乙基乙二胺或羟乙基乙二胺进行缩合反应制得叔胺，然后用氯化苄进行季铵化而制得的，其反应如下：

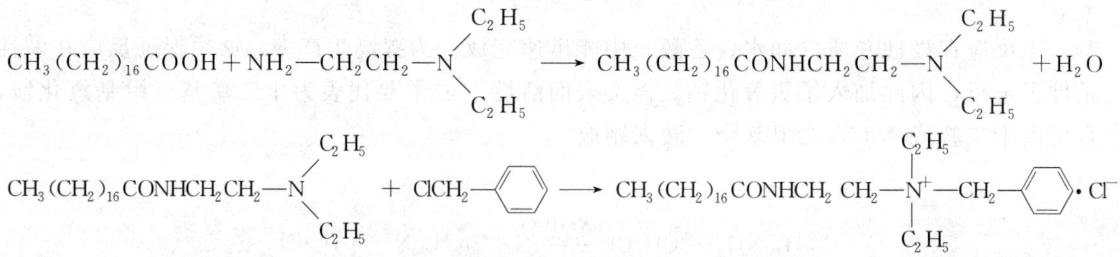

十八酰氨乙基三甲基甲硫酸铵由硬脂酸与 N,N-二甲基乙二胺进行缩合反应制得叔胺，然后用二甲基硫酸进行中和而制得，反应如下：

$$CH_3(CH_2)_{16}COOH+NH_2-CH_2CH_2-N(CH_3)_2 \longrightarrow CH_3(CH_2)_{16}CONHCH_2CH_2-N(CH_3)_2 \xrightarrow{(CH_3)_2SO_4}$$

$$CH_3(CH_2)_{16}CONHCH_2CH_2-N^+(CH_3)_2-CH_3\cdot{}^-OSO_3CH_3$$

十四酰氨丙基二甲基苄基氯化铵的制法与十八酰氨乙基二乙基苄基氯化铵相似，只是脂肪酸改为月桂酸，叔胺化剂改为 N,N-二甲基丙二胺。

这类阳离子表面活性剂具有良好的柔软、匀染、固色性能，主要用作织物的柔软剂、染色助剂。

③ 咪唑啉型铵盐　脂肪酸与羟乙基乙二胺进行脱水环化后，再用氯代甲烷或氯化苄作用，即可分别制得相应的咪唑啉型铵盐。

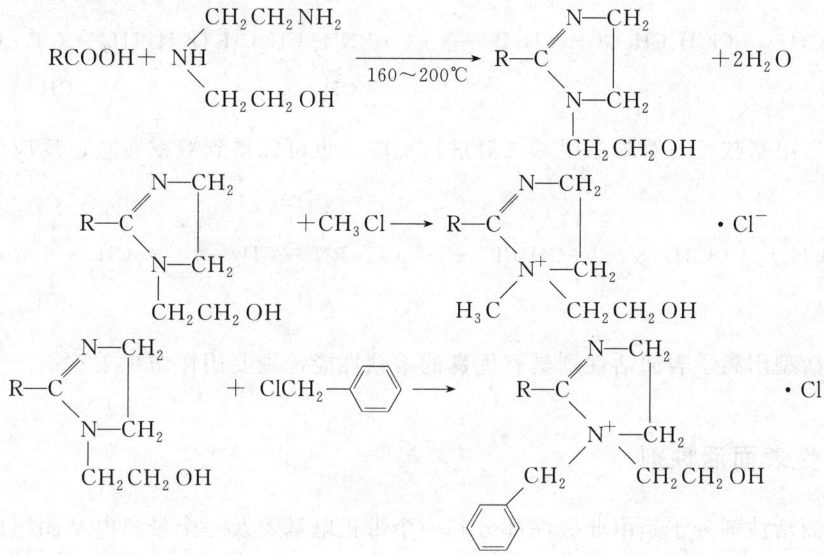

咪唑啉型铵盐阳离子表面活性剂具有良好的柔软、固色性能，在纺织工业中用作纤维柔软剂和染料的固色剂。

2.2.2.3 其他类型阳离子表面活性剂

(1) 吡啶盐型阳离子表面活性剂

吡啶与卤代烷在加热条件下进行反应即可制得烷基吡啶盐，如十六烷基氯化吡啶、十六烷基溴化吡啶、十二烷基氯化吡啶等。

由吡啶与十八酰氨甲基氯反应，生成的十八酰氨甲基氯化吡啶也属于该类阳离子表面活性剂。反应如下：

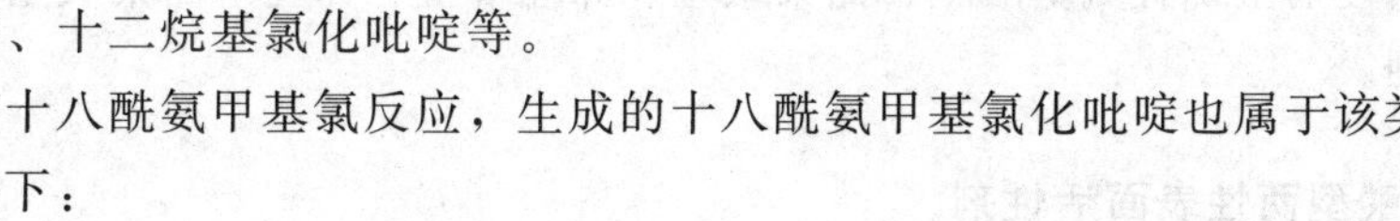

吡啶盐型阳离子表面活性剂主要用作纤维的防水剂，也用作染色助剂和杀菌剂，但用量较少。

(2) 喹啉盐型阳离子表面活性剂

喹啉盐型阳离子表面活性剂的代表性产品为十二烷基溴化喹啉，它可由喹啉与溴代十二烷反应制得，反应如下：

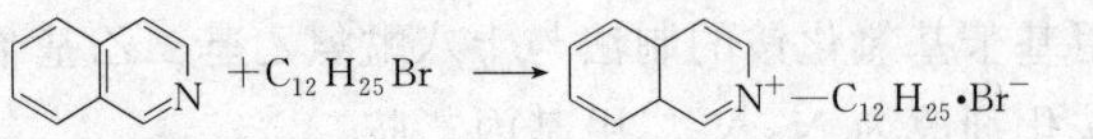

（3）双季铵盐型阳离子表面活性剂

双季铵盐型阳离子表面活性剂是指分子的活性基上带有两个季铵阳离子基团的化合物。以烷基二甲基叔胺与β-二氯乙醚进行反应，可制得双季铵盐，反应如下：

$$2RN(CH_3)_2 + ClCH_2CH_2OCH_2CH_2Cl \longrightarrow Cl^- \cdot R\overset{CH_3}{\underset{CH_3}{N^+}}-CH_2CH_2OCH_2CH_2-\overset{CH_3}{\underset{CH_3}{N^+}}R \cdot Cl^-$$

以烷基二甲基叔胺与对苯二甲基二氯进行反应，也可以得到双季铵盐，反应如下：

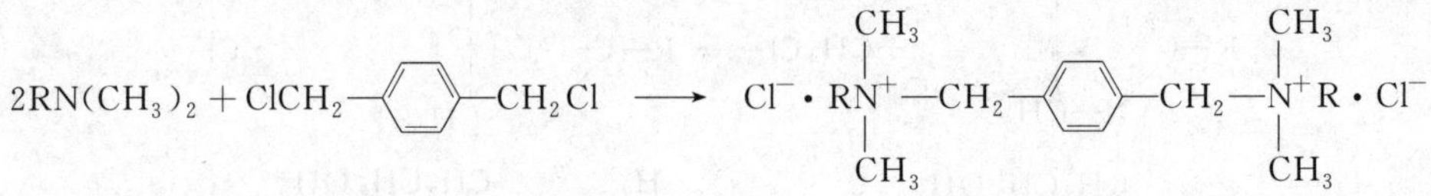

双季铵盐型阳离子表面活性剂具有优良的柔软性能，主要用作纺织柔软剂。

2.2.3 两性表面活性剂

两性表面活性剂分子是由非极性部分和一个带正电基团及一个带负电基团组成的，即在疏水基的一端既有阳离子也有阴离子，由两者结合在一起构成表面活性剂（$R-A^+-B^-$），其中 R 为非极性基团，可以是烷基，也可以是芳基或其他有机基团；A^+ 为阳离子基团，常为含氮基团；B^- 为阴离子基团，一般为羧酸基和磺酸基。

两性表面活性剂具有良好的乳化、分散、起泡和洗涤性能，耐酸碱和硬水性能好，对各种金属离子稳定，毒性小，对皮肤刺激性低，易生物降解。此外，它还有杀菌、抗静电和柔软性能，广泛用于纺织工业、化妆品工业和洗涤剂工业中。

两性表面活性剂主要有氨基酸型、甜菜碱型、咪唑啉型、咪唑啉甜菜碱型、氧化胺型等两性表面活性剂。

2.2.3.1 氨基酸型两性表面活性剂

氨基酸与疏水物质发生反应，生成的表面活性物质称为氨基酸型表面活性剂。近年来氨基酸型表面活性剂广泛用于化妆品和卫生用品生产中，其年产量逐年快速增长。

氨基酸分子中既有氨基又有羧基，为两性电解质，在水溶液中发生解离，如下式所示：

$$H_3N^+-\overset{R}{CH}-COOH \rightleftharpoons H_3N^+-\overset{R}{CH}-COO^- \rightleftharpoons H_2N-\overset{R}{CH}-COO^-$$

中性的氨基酸在中性介质中为两性，既有正离子基，也有负离子基，此区域称为等电区域。在碱性介质中，氨基酸变为阴离子型（R^-），形成游离氨基；在酸性介质中，氨基酸变为阳离子型（R^+），生成游离的羧酸。利用氨基酸的胺反应和羧酸反应引入脂肪链疏水基，即生成表面活性剂，反应如下：

（1）十二烷基氨基丙酸钠

十二烷基氨基丙酸钠是由十二伯胺与丙烯酸甲酯进行反应后经水解，再用氢氧化钠中和而制得的，反应如下：

$$C_{12}H_{25}NH_2+CH_2{=}CHCOOCH_3 \longrightarrow C_{12}H_{25}NHCH_2CH_2COOCH_3$$

$$C_{12}H_{25}NHCH_2CH_2COOCH_3+H_2O \xrightarrow{\text{水解}} C_{12}H_{25}\overset{+}{N}H_2CH_2CH_2COO^-+CH_3OH$$

$$C_{12}H_{25}\overset{+}{N}H_2CH_2CH_2COO^- \xrightarrow{NaOH} C_{12}H_{25}NHCH_2CH_2COONa+H_2O$$

十二烷基氨基丙酸钠易溶于水，呈透明溶液，显碱性，这与阴离子表面活性剂的性质相似，具有良好的起泡性能和洗涤能力。十二烷基氨基丙酸的水溶液显弱酸性，表现为阳离子表面活性剂。

（2）十二烷基二亚甲基氨基二甲酸钠

十二烷基二亚甲基氨基二甲酸钠是由十二胺与一氯乙酸钠在氢氧化钠存在下进行反应而制得的，反应如下：

$$C_{12}H_{25}NH_2+2ClCH_2COONa \xrightarrow{2NaOH} C_{12}H_{25}N\begin{cases}CH_2COONa\\CH_2COONa\end{cases}+NaCl$$

十二烷基二亚甲基氨基二甲酸钠的性质与十二烷基氨基丙酸钠相似，此外还有良好的杀菌能力。

2.2.3.2　甜菜碱型两性表面活性剂

（1）烷基甜菜碱

烷基甜菜碱两性表面活性剂最早是从甜菜碱中得到的，工业上是采用烷基二甲基叔胺与卤代乙酸盐进行反应制得的，反应如下：

$$RN(CH_3)_2+ClCH_2COONa \xrightarrow[60\sim80℃]{H_2O} R{-}\overset{CH_3}{\underset{CH_3}{N^+}}{-}CH_2COO^-+NaCl$$

如果烷基二甲基叔胺为十二烷基二甲基叔胺，则反应后得到的是十二烷基二甲基甜菜碱，它易溶于水，呈透明溶液，在任何 pH 值下，即使在等电点也不发生沉淀，也不会因加热而浑浊，耐硬水。该产品具有良好的起泡、洗涤、渗透性能，分散力也较好。在日化和纺织工业中用作柔软剂、抗静电剂、染色助剂、洗涤剂和杀菌剂。

由十八烷基二甲基叔胺制得的十八烷基二甲基甜菜碱也具有上述性能。

由十二烷基二羟乙基叔胺制得的十二烷基二羟乙基甜菜碱 $C_{12}H_{25}{-}\overset{CH_2CH_2OH}{\underset{CH_2CH_2OH}{N^+}}{-}CH_2COO^-$ 也具有十二烷基二甲基甜菜碱的性质，在纺织工业中用作缩绒剂、染色助剂、柔软剂和抗静电剂等，也可用作洗涤剂。

甜菜碱型两性表面活性剂的长烷链也可以不在氮原子上，而在羧基的 α-碳原子上，其制法是：长链脂肪酸与溴反应生成 α-溴代脂肪酸，然后再与三甲胺反应即生成此种物质，反应如下：

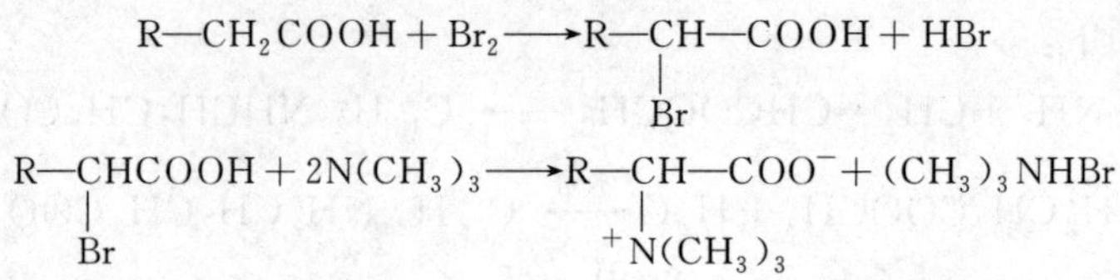

（2）磺基甜菜碱

磺基甜菜碱具有如下结构：

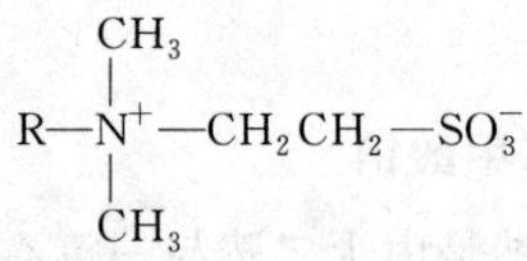

磺基甜菜碱的阳离子基团和阴离子基团都是强解离基团，它在任何 pH 值下均处于解离状态，所以其性质基本上与溶液的 pH 值无关，形成的“内盐”也呈中性。

磺基甜菜碱由叔胺与丙磺内酯的转化反应制得，由于丙磺内酯是致癌物，现今很少采用该法。

叔胺与氯代羟丙烷磺酸钠进行反应可制得羟基磺基甜菜碱，反应如下：

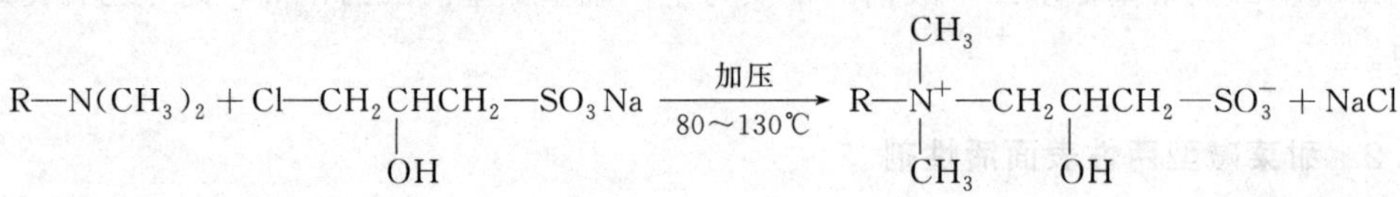

所用氯代羟丙烷磺酸钠是由氯代环氧丙烷与亚硫酸氢钠制得的，反应如下：

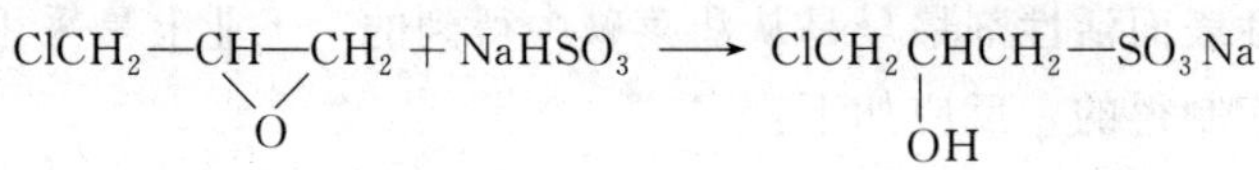

磺基甜菜碱的性能与烷基甜菜碱相同，主要用作杀菌剂、洗涤剂、抗静电剂、织物柔软剂和钙皂分散剂等。

2.2.3.3 咪唑啉型两性表面活性剂

咪唑啉型两性表面活性剂可通过脂肪酸和氨基乙基乙醇胺进行反应生成咪唑啉中间体，然后再与氯乙酸钠在强碱溶液中进行反应而制得，因反应条件不同能生成多种两性化合物，反应如下：

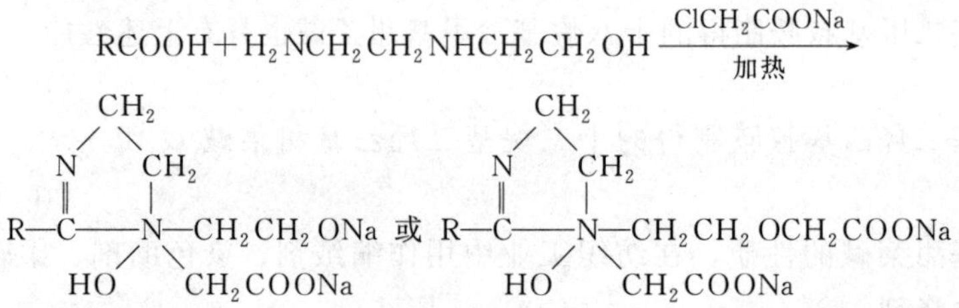

式中，R 可以是 $C_{11}H_{23}$、C_9H_{19} 等。此种类型两性表面活性剂具有良好的表面活性，毒性

很低，可与季铵化合物相容。

2.2.3.4　咪唑啉甜菜碱

咪唑啉甜菜碱是由曼奈梅尔（Mannheimer）首先报道的，它可由烷基咪唑啉与氯乙酸钠反应制得，但该法并未得到实际应用，也可由咪唑啉与丙烯酸反应来制取。由脂肪酸和羟乙基乙二胺作起始物进行缩合反应制得咪唑啉，然后再与丙烯酸反应，便制得咪唑啉甜菜碱，反应如下：

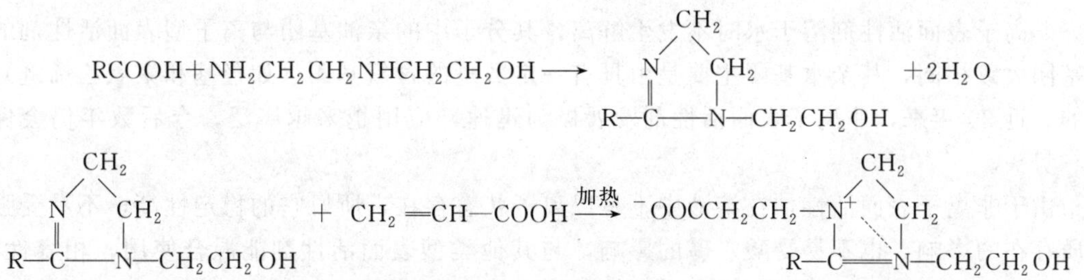

该反应在无水条件下进行。丙烯酸的用量比咪唑啉过量 5%，加热数小时即可完成，产率可达 65%。咪唑啉甜菜碱具有优良的表面活性，对皮肤刺激性小。

2.2.3.5　氧化胺

氧化胺是至少有一个长链烷基叔胺的氧化物，通常是用过氧化氢对叔胺进行氧化来制取。如二甲基十二烷基氧化胺、*N*-十二烷基吗啉氧化物可按下列反应制备：

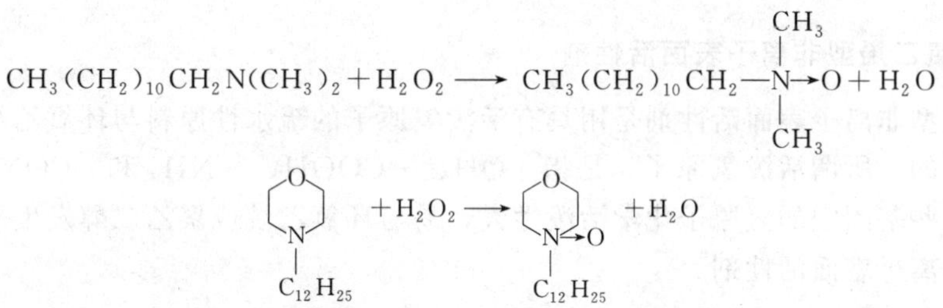

氧化胺的化学性质与两性表面活性剂相似，既能与阴离子表面活性剂相容，也能与非离子表面活性剂和阳离子表面活性剂相容，在中性和碱性溶液中显示出非离子特性，在酸性介质中显示出弱阳离子特性。也有人将氧化胺归属于阳离子表面活性剂的。

氧化胺具有起泡、稳泡、润滑、乳化、抗静电和润湿等性能；对皮肤非常温和，对眼睛刺激性很小，与其他组分混合可增高抗刺激性的效果；与季铵盐配用，可使季铵盐用于化妆品防腐剂中。在液体洗涤剂、香波中加入氧化胺有明显增泡效果。

2.2.3.6　牛磺酸衍生物

牛磺酸衍生物也是两性表面活性剂，其结构式为：$R_3N^+CH_2CH_2SO_3^-$。牛磺酸衍生物的水溶性不及甜菜碱型两性表面活性剂，但对酸、碱不敏感，为具有良好活性的表面活性剂。

十二烷基甲基苄基牛磺酸是用甲基苄胺与卤代乙磺酸作用，生成 *N*,*N*-甲基苄基牛磺酸，然后将 *N*,*N*-甲基苄基牛磺酸与溴代十二烷反应，使氨基季铵化而制得，反应如下：

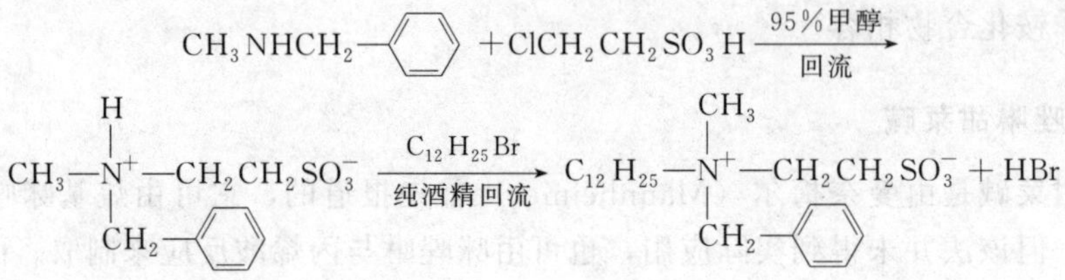

2.2.4 非离子表面活性剂

非离子表面活性剂溶于水时不发生解离，其分子中的亲油基团与离子型表面活性剂的亲油基团大致相同，其亲水基团主要是由具有一定数量的含氧基团（如羟基和聚氧乙烯链）构成的。近 20 年来，非离子表面活性剂发展极为迅速，应用越来越广泛，今后数年仍会保持这一势头。

由于非离子表面活性剂在溶液中不是以离子状态存在，所以它的稳定性高，不易受强电解质存在的影响，也不易受酸、碱的影响，与其他类型表面活性剂能混合使用，相容性好，在各种溶剂中均有良好的溶解性，在固体表面上不发生强烈吸附。

非离子表面活性剂大多为液态和浆状态，它在水中的溶解度随温度升高而降低。非离子表面活性剂具有良好的洗涤、分散、乳化、起泡、润湿、增溶、抗静电、匀染、防腐蚀、杀菌和保护胶体等多种性能，广泛用于纺织、造纸、食品、塑料、皮革、毛皮、玻璃、石油、化纤、医药、农药、涂料、染料、化肥、胶片、金属加工、选矿、建材、环保、化妆品、消防和农业等各方面。

非离子表面活性剂按亲水基团分类，有聚氧乙烯型和多元醇型两类。

2.2.4.1 聚氧乙烯型非离子表面活性剂

聚氧乙烯型非离子表面活性剂是用具有活泼氢原子的疏水性原料与环氧乙烷或聚乙二醇进行反应制得的。所谓活泼氢原子，是指—OH、—COOH、—NH_2 和—$CONH_2$ 等基团中的氢原子。这些基团中的氢原子化学活泼性大，易与环氧乙烷或聚乙二醇发生反应，而生成聚氧乙烯型非离子表面活性剂。

(1) 长链脂肪醇聚氧乙烯醚

长链脂肪醇聚氧乙烯醚是用长链脂肪醇与环氧乙烷进行加成反应制得的，反应如下：

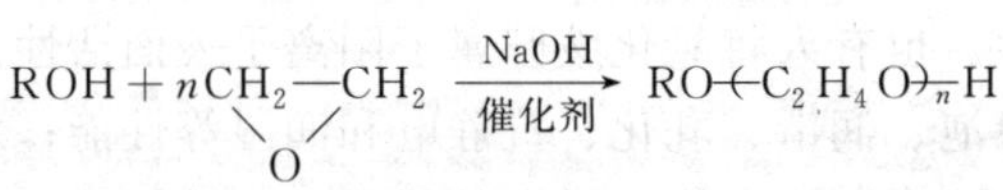

实际上，此反应是环氧乙烷不断加成而进行的，首先加成上一个环氧乙烷分子，继而加成上第二个，第三个……当加成上 10～15 个环氧乙烷分子后，则显现出最佳的去污洗涤能力。

这类表面活性剂稳定性较高，生物降解性和水溶性均较好，并且具有良好的润湿性能。制造此类产品用的长链脂肪醇有椰子油还原醇（主要成分为 C_{12} 醇）、月桂醇、十六醇、油醇及鲸蜡醇等。

(2) 烷基酚聚氧乙烯醚

合成烷基酚聚氧乙烯醚所用的酚可以是苯酚、甲苯酚、萘酚等。虽然烷基酚在化学上与脂肪醇相差甚远，但两者的性质却相似。当选用壬基酚合成这种非离子表面活性剂时，与 4 个分子环氧乙烷加成的产物不能溶于水；与 6 个、7 个分子环氧乙烷加成的产物，在室温下即能完全溶于水；与 8～12 个分子环氧乙烷加成的产物具有良好的润湿、渗透和洗涤能力，乳化能力也较好，故应用广泛，可用作洗涤剂和渗透剂；与 15 个以上分子的环氧乙烷加成的产物没有渗透和洗涤能力，可用作特殊乳化分散剂。这种非离子表面活性剂的合成反应如下：

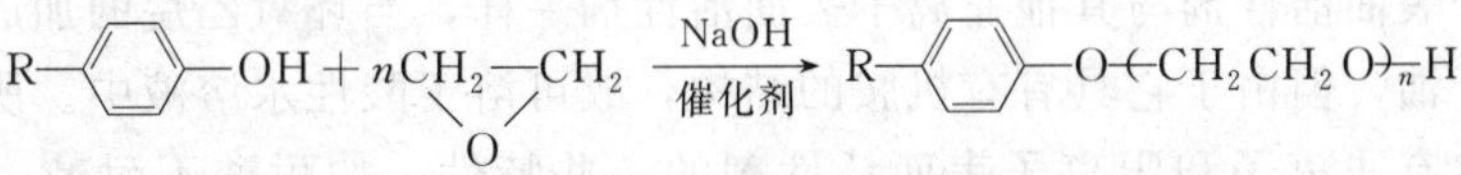

烷基酚聚氧乙烯醚的化学稳定性高，即使在高温下也不易被强酸、强碱破坏，因此还可用于金属酸洗液中及强碱性洗涤剂中。烷基酚聚氧乙烯醚较脂肪醇聚氧乙烯醚难生物降解。

（3）脂肪酸聚氧乙烯酯

在催化剂存在下，脂肪酸与环氧乙烷起加成反应，生成脂肪酸聚氧乙烯酯，反应如下：

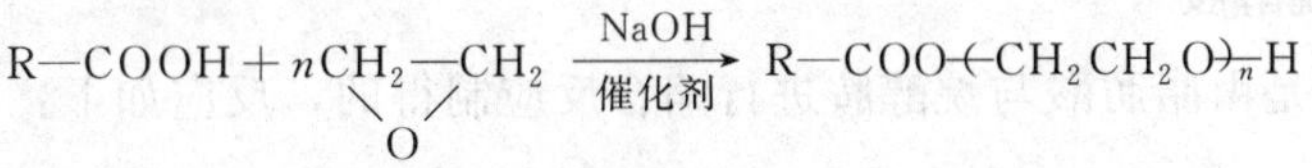

另一种制法是以脂肪酸与聚乙二醇进行酯化反应制得，反应如下：

$$R—COOH + HOCH_2 \leftarrow\!\!\!(CH_2CH_2O)\!\!\!\rightarrow_{n-1} CH_2OH \xrightarrow[\text{脱水缩合}]{H_2SO_4} R—COO \leftarrow\!\!\!(CH_2CH_2O)\!\!\!\rightarrow_n H + H_2O$$

在此反应中，聚乙二醇有两个羟基，若无特殊催化控制，酯化所得的非离子酯总会有一定比例的双酯，此外通过酯交换也可形成双酯：

$$RCOO \leftarrow\!\!\!(CH_2CH_2O)\!\!\!\rightarrow_n H + RCOO \leftarrow\!\!\!(CH_2CH_2O)\!\!\!\rightarrow_n H \longrightarrow RCOO \leftarrow\!\!\!(CH_2CH_2O)\!\!\!\rightarrow_n OR + HO \leftarrow\!\!\!(CH_2CH_2O)\!\!\!\rightarrow_n H$$

这种表面活性剂与脂肪醇聚氧乙烯醚及烷基酚聚氧乙烯醚比较，渗透和洗涤能力都较差，主要用作乳化剂、分散剂、纤维油剂及染色助剂等。此产品易受酸、碱影响水解而形成原脂肪酸和聚乙二醇，所以在强酸溶液中洗涤能力消失，而在强碱溶液中其洗涤能力远不及由同样脂肪酸制成的肥皂，但用作家用洗衣粉的组分，其性能还是很好的。

以橄榄油与聚乙二醇在碱催化下进行酯交换反应，可得到聚乙二醇油酸酯和油酸单甘油酯的混合物，反应过程如下：

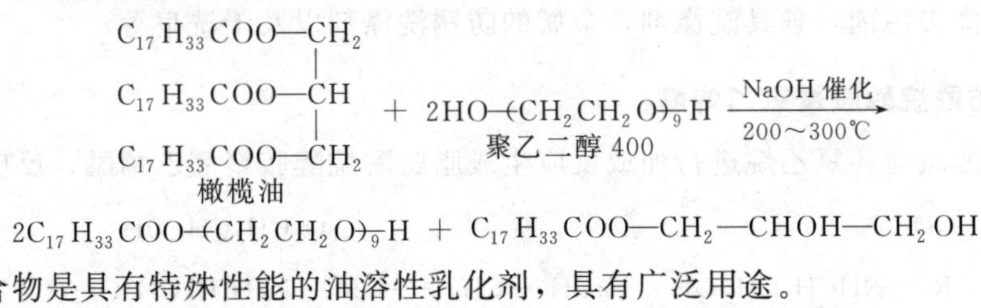

这种混合物是具有特殊性能的油溶性乳化剂，具有广泛用途。

（4）脂肪胺聚氧乙烯醚

环氧乙烷与脂肪胺起加成反应，能生成两种反应产物，反应如下：

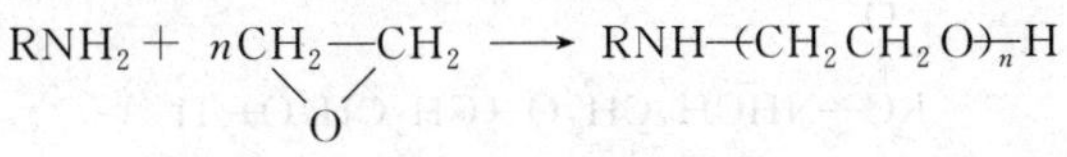

和

$$RNH_2 + 2n\underset{\diagdown O \diagup}{CH_2—CH_2} \longrightarrow RN\begin{cases}(CH_2CH_2O)_n H\\(CH_2CH_2O)_n H\end{cases}$$

在后一个反应中，最终产物似乎是对称的，而实际上并非如此，得到的是许多同系物和异构体的混合物。

这类非离子表面活性剂与其他非离子表面活性剂一样，当环氧乙烷的加成分子数目少时不溶于水而溶于油，但由于它具有有机胺的结构，故可溶于酸性水溶液中。所以，脂肪胺聚氧乙烯醚同时具有非离子和阳离子表面活性剂的一些特性，如耐酸不耐碱、具有杀菌性能等。当环氧乙烷的加成分子数目较多时，其非离子性能增大，在碱性溶液中不析出，即在碱性溶液中亦表现出良好的表面活性。由于非离子性增大，阳离子性相对减小，则表现出与阳离子表面活性剂有相容性，故可与之混合使用。

这类表面活性剂由于具有非离子和阳离子两者的性质，故常用作染色助剂，也常用于人造丝生产中以增强再生纤维丝的强度，还可保持喷丝孔的清洁，防止污垢沉积。

（5）脂肪酰烷醇胺

脂肪酰烷醇胺是由脂肪酸与烷醇胺进行缩合反应制得的，反应如下：

$$RCOOH + NH_2CH_2CH_2OH \xrightarrow[\text{加热}]{N_2} R\overset{O}{\overset{\|}{C}}—NHCH_2CH_2OH + H_2O$$

$$RCOOH + 2NH(CH_2CH_2OH) \xrightarrow[\text{加热}]{N_2} R\overset{O}{\overset{\|}{C}}—N\begin{cases}CH_2CH_2OH\\CH_2CH_2OH\end{cases}$$

这类产物最早出现的是月桂酰二乙醇胺。月桂酰二乙醇胺本身并不溶于水，当它与一分子乙二醇胺结合成下列复合物时：

$$C_{11}H_{23}\overset{O}{\overset{\|}{C}}—N\begin{cases}CH_2CH_2OH\\CH_2CH_2OH\end{cases} \cdot NH(CH_2CH_2O)_2$$

才具有良好的水溶性。这种复合物为无色蜡状物，在40～70℃时熔化，具有使水溶液变稠的特性，还有良好的起泡、稳泡、乳化、洗涤、防锈等性能。可用作医药、牙膏的乳化剂，玻璃纤维的洗涤去污剂，餐具洗涤剂，金属的防锈洗涤剂以及干洗皂等。

（6）脂肪酰烷醇胺聚氧乙烯醚

脂肪酰烷醇胺与环氧乙烷进行加成反应生成脂肪酰烷醇胺聚氧乙烯醚，反应如下：

$$R\overset{O}{\overset{\|}{C}}—NHCH_2CH_2OH + n\underset{\diagdown O \diagup}{CH_2—CH_2} \longrightarrow R\overset{O}{\overset{\|}{C}}—\overset{CH_2CH_2OH}{\overset{|}{N}}—(CH_2CH_2O)_n H$$

或

$$R\overset{O}{\overset{\|}{C}}—NHCH_2CH_2O—(CH_2CH_2O)_n H$$

及

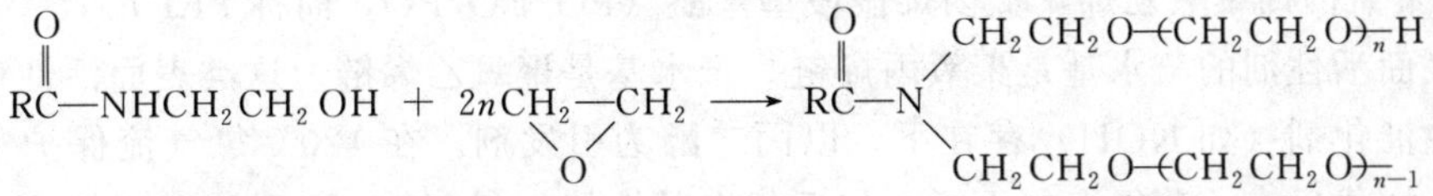

脂肪酰二乙醇胺聚氧乙烯醚的熔点随环氧乙烷的加成分子数目的增大而下降，当环氧乙烷的加成分子数目超过 10 后，熔点又会升高。

脂肪酰二乙醇胺聚氧乙烯醚易溶于水，具有与脂肪酰二乙醇胺相似的性能，广泛用于化妆品、洗涤剂、纺织工业等生产中。

（7）蓖麻油环氧乙烷加成物

由于环氧乙烷既可在蓖麻油的羟基上加成，也可在酯键上加成，故蓖麻油环氧乙烷加成物为蓖麻油聚氧乙烯醚和蓖麻油聚氧乙烯酯的混合物，环氧乙烷的加成物分子数目通常为 40，也有 54 的。制备该产品的反应如下：

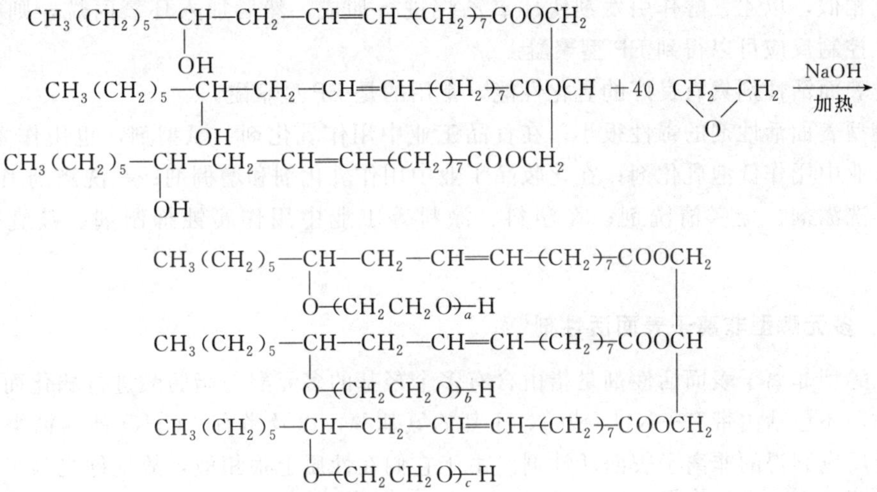

或

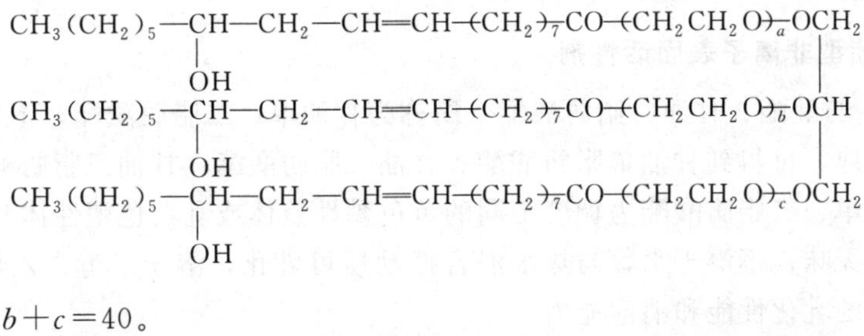

式中，$a+b+c=40$。

该产品为油状或糊状物，可溶于水，又可溶于油脂、矿物油、脂肪酸和多种有机溶剂中，耐酸、耐硬水和耐无机盐，遇强碱会引起水解，具有良好的乳化性能，可用作 O/W 型乳化剂。

2.2.4.2　聚氧乙烯聚氧丙烯嵌段型聚醚

聚氧乙烯聚氧丙烯嵌段型聚醚按聚氧乙烯和聚氧丙烯的排列分为：聚氧乙烯聚氧丙烯嵌

段型聚醚（EO/PO，简称 EP）、聚氧乙烯聚氧丙烯聚氧乙烯嵌段型聚醚（EO/PO/EO，简称 EPE）、聚氧丙烯聚氧乙烯聚氧丙烯嵌段型聚醚（PO/EO/PO，简称 PEP）。

这类表面活性剂的疏水基是聚氧丙烯链，亲水基是聚氧乙烯链。这类表面活性剂的制法是：在碱性催化剂（如 KOH）存在下，以丙二醇为引发剂，在 120℃氮气流保护下通入环氧丙烷进行加成反应，获得聚氧丙烯，然后仍在碱性催化剂和 120℃下加入环氧乙烷进行加成反应，即得到 EPE 型聚醚，反应如下：

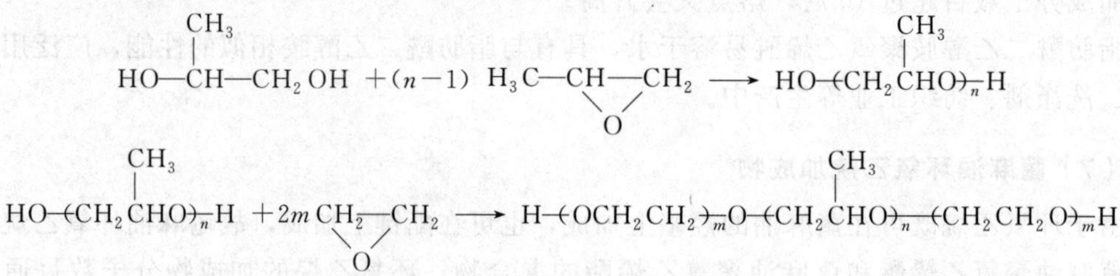

式中，$n=2\sim60$，$m=15\sim80$。

与此相似，以乙二醇作引发剂使环氧乙烷进行加成，然后加入环氧丙烷，则得到 PEP 型聚醚，控制反应可以得到 EP 型聚醚。

这类表面活性剂具有良好的乳化性能，常用的是 EP 型聚醚。

聚醚型表面活性剂的毒性很小，在食品工业中用作乳化剂、赋型剂，也用作煮糖助剂；在纺织工业中用作低泡乳化剂；在化妆品工业中用作乳化剂和增稠剂；在洗涤剂工业中用于配制餐具洗涤剂、金属清洗剂；在塑料、涂料等工业中用作腐蚀抑制剂、破乳剂、添加剂等。

2.2.4.3 多元醇型非离子表面活性剂

多元醇型非离子表面活性剂是指由含有多个羟基的多元醇与脂肪酸进行酯化而生成的酯类；此外，还包括由带有—NH_2 或—NH 基的氨基醇，以及带有—CHO 基的糖类与脂肪酸或酯进行反应制得的非离子表面活性剂。由于它们在性质上很相似，故统称之为多元醇型非离子表面活性剂。这类表面活性剂具有良好的乳化性能和对皮肤的滋润性能，故常用于化妆品和纤维油剂的生产中。

（1）甘油酯型非离子表面活性剂

① 甘油单脂肪酸酯、甘油二脂肪酸酯（简称为甘油单、二脂肪酸酯，下同） 甘油与脂肪酸进行酯化反应，可得到甘油单脂肪酸酯、甘油二脂肪酸酯、甘油三脂肪酸酯。

工业级甘油单、二脂肪酸酯为稠度不同的黄色黏性液体或乳白色塑性体和乳白色硬质固体，无味或几乎无味，不溶于水，与热水混合振动后可乳化，溶于乙醇、乙酸乙酯、氯仿、苯等，具有良好的乳化性能和消泡能力。

常用的甘油单、二脂肪酸酯有：甘油单、二硬脂酸酯，甘油单、二油酸酯，甘油单、二棕榈酸酯，甘油单、二肉豆蔻酸酯，甘油单、二月桂酸酯。它们与皮肤的相容性极好，且无毒性，在食品和医药化妆品工业中用作乳化剂和黏度调节剂。为了充分发挥其乳化性能，常常与少量亲水性强的表面活性剂复配使用。

② 乙酸甘油单、二脂肪酸酯 乙酸甘油单、二脂肪酸酯为白色到浅黄色的不同稠度的液体或固体，略带乙酸味，口味温和，不溶于水、甘油，溶于乙醇、丙酮和非极性溶剂，具

有良好的乳化性能，还有成膜和润滑能力。

乙酸甘油单、二脂肪酸酯可由甘油单、二脂肪酸酯与乙酸酐进行乙酰化反应制得，反应如下：

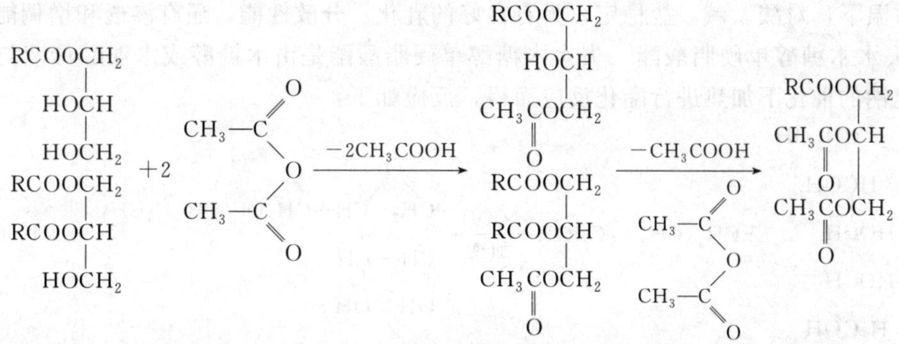

乙酸甘油单、二脂肪酸酯还可以由甘油、脂肪酸与乙酸进行酯化反应制取，也可由甘油三脂肪酸酯与甘油三乙酸酯进行酯交换反应制备。

乙酸甘油单、二脂肪酸酯主要用作 W/O 型乳化剂、成膜剂、润滑剂以及食品组织改良剂。

（2）季戊四醇脂肪酸酯

季戊四醇脂肪酸酯在常温下为乳白色蜡状固体，加热熔化后加水即乳化，具有良好的乳化和柔软性能。

季戊四醇脂肪酸酯可由脂肪酸与季戊四醇在碱性催化剂存在下加热进行酯化反应而制得，也可由季戊四醇与甘油三脂肪酸酯进行酯交换反应制得。

例如，季戊四醇与棕榈酸进行酯化生成季戊四醇单棕榈酸酯的反应如下：

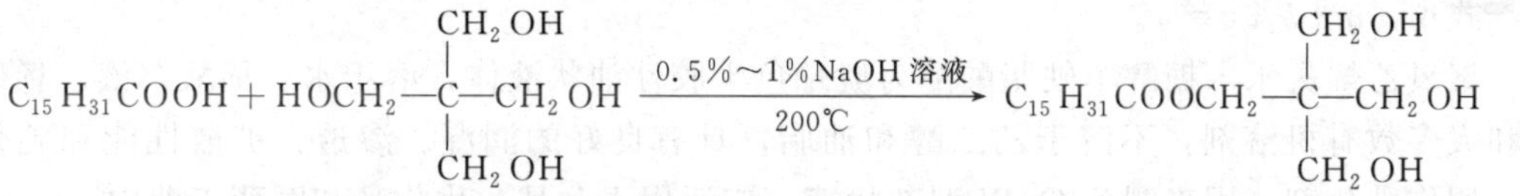

此外，季戊四醇与甘油三硬脂酸酯（硬化牛脂）进行酯交换，可生成季戊四醇单硬脂酸酯，还得到副产物甘油单硬脂酸酯。反应如下：

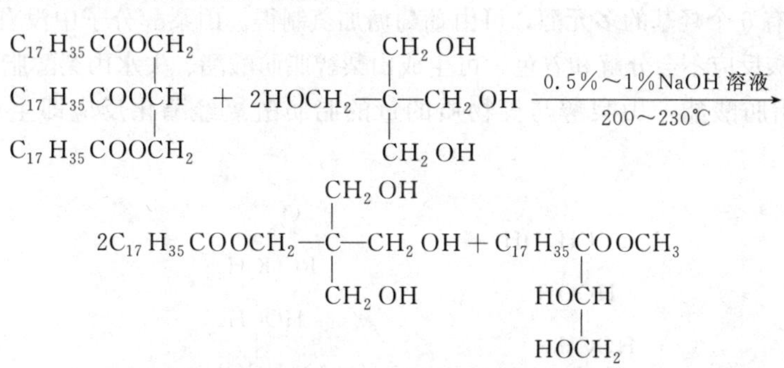

季戊四醇单棕榈酸酯、季戊四醇单硬脂酸酯用作乳化剂和柔软剂。

（3）失水木糖醇脂肪酸酯

失水木糖醇脂肪酸酯亦称木糖醇酐脂肪酸酯。木糖醇为具有五个羟基的多元醇，加热失水后成为失水木糖醇。失水木糖醇与脂肪酸进行酯化反应后，生成失水木糖醇脂肪酸酯。

常用的失水木糖醇脂肪酸酯为失水木糖醇单硬脂酸酯，为浅黄色或棕黄色蜡状固体，无臭，溶于甲苯、二甲苯、酯、醇等多种有机溶剂中，不溶于冷水，在热水中分散成乳状液。

在常温下，对酸、碱、盐稳定，具有良好的乳化、分散性能，还有渗透和增稠能力。

① 失水木糖醇单硬脂酸酯　失水木糖醇单硬脂酸酯是由木糖醇或木糖醇母液与硬脂酸在氢氧化钠的催化下加热进行酯化反应而得，反应如下：

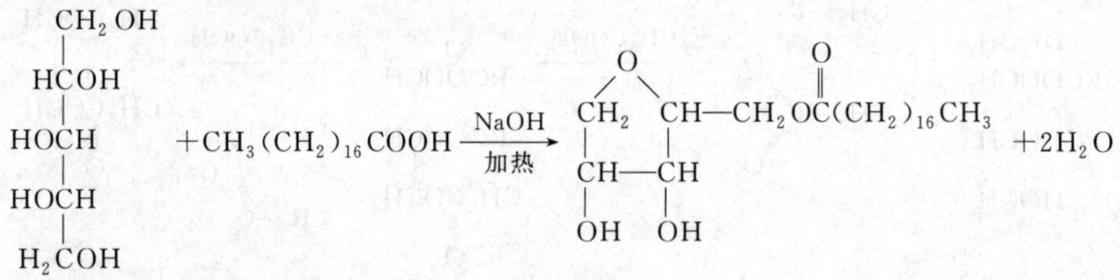

失水木糖醇单硬脂酸酯在食品工业中用作乳化剂、增稠剂，也用作渗透剂。

② 聚氧乙烯失水木糖醇单硬脂酸酯　聚氧乙烯失水木糖醇单硬脂酸酯是由失水木糖醇单硬脂酸酯与环氧乙烷在碱性催化剂存在下加热进行加成反应而得，反应如下：

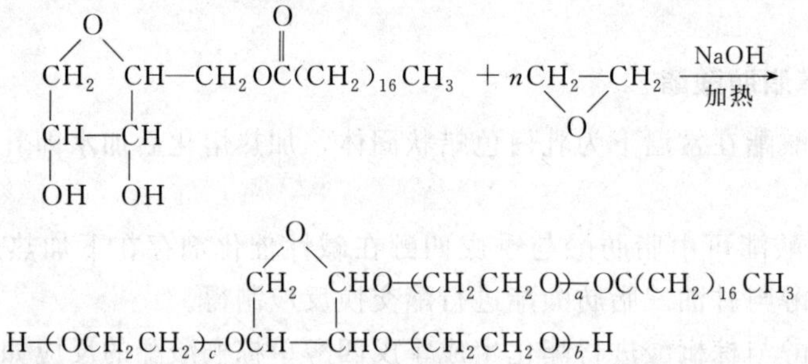

式中，$a+b+c=n$。

聚氧乙烯失水木糖醇单硬脂酸酯为琥珀色半胶性油状液体，溶于水、稀酸溶液、稀碱溶液和大多数有机溶剂，不溶于乙二醇和油脂，具有良好的润湿、渗透、扩散性能和乳化作用。用作乳化剂，用来制备O/W型乳状液，广泛用于食品、化妆品和医药工业中。

（4）山梨醇脂肪酸酯和失水山梨醇脂肪酸酯

山梨醇为具有6个羟基的多元醇，可由葡萄糖加氢制得。山梨醇分子中没有醛基，故对热和氧稳定，与脂肪酸反应不会分解和着色，可生成山梨醇脂肪酸酯、失水山梨醇脂肪酸酯。

① 山梨醇脂肪酸酯　山梨醇与等物质的量的脂肪酰氯经酯化反应即生成山梨醇单脂肪酸酯，反应如下：

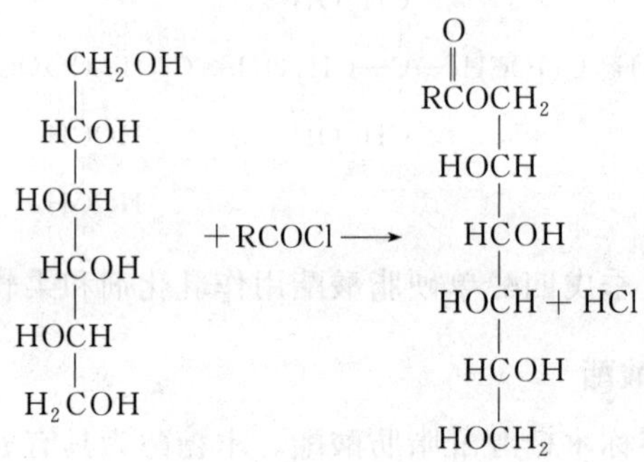

山梨醇单脂肪酸酯不溶或难溶于水，具有良好的柔软性能，适合作纤维柔软剂，不适合作乳化剂。

② 失水山梨醇脂肪酸酯　失水山梨醇脂肪酸酯亦称山梨糖醇酐脂肪酸酯，是非离子表面活性剂中很重要的一类，商品名称为斯盘（Span）。失水山梨醇脂肪酸酯的制法是：将山梨醇与脂肪酸在氢氧化钠和氮气流下加热到 230～250℃，在酯化的同时，山梨醇发生脱水，生成失水山梨醇脂肪酸酯。山梨醇脱水主要发生在 1,4-位上，而在 1,5-位上较少，产物中还有部分二失水的单酯，也有部分双酯。

失水山梨醇脂肪酸酯不溶于水，溶于有机溶剂，故很少单独使用。如果将它与其他水溶性表面活性剂，尤其是与其相应的聚氧乙烯失水山梨醇脂肪酸酯复配，则最为有效。这类非离子表面活性剂主要用作乳化剂和柔软剂。

失水山梨醇脂肪酸酯的主要产品有失水山梨醇单月桂酸酯、失水山梨醇单棕榈酸酯、失水山梨醇单油酸酯、失水山梨醇单硬脂酸酯、失水山梨醇三油酸酯和失水山梨醇三硬脂酸酯。

制备失水山梨醇的一般反应如下：

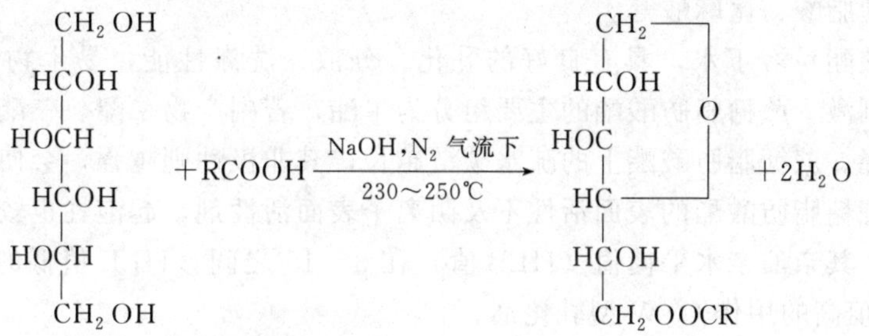

式中，R＝$C_{11}H_{23}$、$C_{15}H_{31}$、$C_{17}H_{33}$、$C_{17}H_{35}$。

③ 聚氧乙烯失水山梨醇脂肪酸酯　失水山梨醇脂肪酸酯为疏水性的、不溶于水的非离子表面活性剂，若在其分子上加成环氧乙烷，亲水性则增大，加成的环氧乙烷分子数目越多，其亲水性越大，并能溶于水。这类加成了环氧乙烷的失水山梨醇脂肪酸酯称为聚氧乙烯失水山梨醇脂肪酸酯，商品名为吐温（Tween）。这类表面活性剂有：聚氧乙烯（20）失水山梨醇单月桂酸酯（吐温-20）、聚氧乙烯（20）失水山梨醇单棕榈酸酯（吐温-40）、聚氧乙烯（20）失水山梨醇单硬脂酸酯（吐温-60）、聚氧乙烯（20）失水山梨醇单油酸酯（吐温-80）、聚氧乙烯失水山梨醇脂肪酸酯的制法是将失水山梨醇脂肪酸酯与环氧乙烷进行加成反应制得，反应如下：

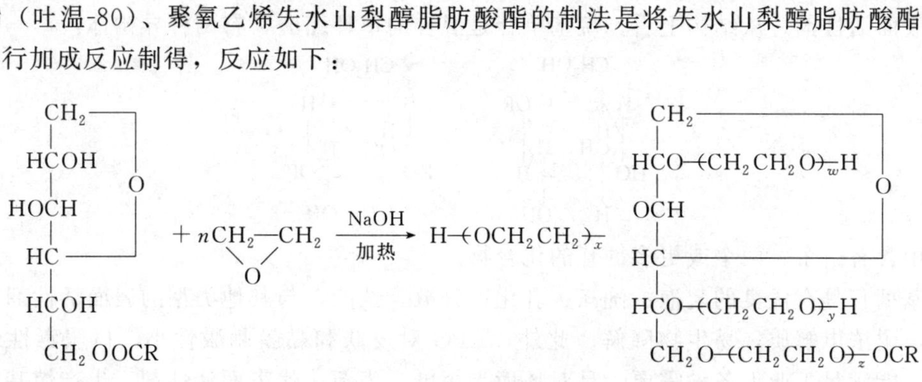

式中，$n=w+x+y+z$，$n=4$、5、20，R＝烃基。

聚氧乙烯（20）失水山梨醇单月桂酸酯的结构式如下：

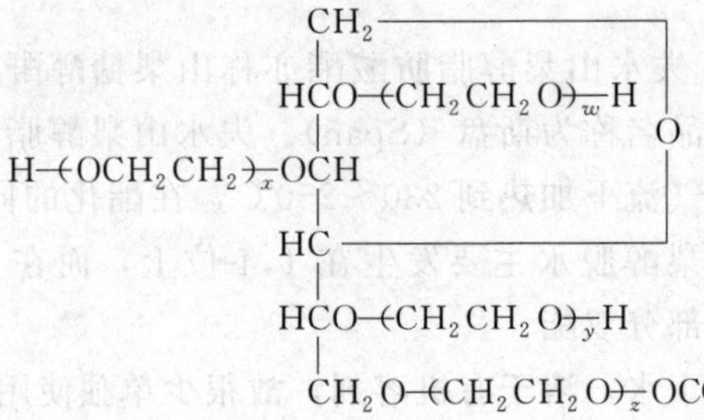

式中，$w+x+y+z=20$。

（5）蔗糖脂肪酸酯

蔗糖是多羟基化合物，具有良好的亲水性，它本身即可作为表面活性的亲水组分，且价格较环氧乙烷、山梨醇便宜，此外蔗糖对人体无毒。若将蔗糖分子通过酯、醚、酰胺或胺桥接上烷基疏水链，即成为良好的表面活性剂。生产蔗糖脂肪酸酯使用的脂肪酸有月桂酸、棕榈酸、油酸、硬脂酸、蓖麻酸等。

蔗糖脂肪酸酯易溶于水，具有良好的乳化、分散、洗涤性能，易生物降解，对人体无毒、无害、无刺激。蔗糖脂肪酸酯的主要组分为单酯，若副产物二酯、三酯的含量增多，会使其溶解性下降。蔗糖脂肪酸酯上的疏水碳链越长，其非极性则越强，会使蔗糖单脂肪酸酯的熔点变低。蔗糖脂肪酸酯的表面活性不及阴离子表面活性剂，起泡性也较低，但对油和水均起乳化作用，其亲油亲水平衡值（HLB 值）在 3～15 之间。HLB 值低的可用作 W/O 型乳化剂，HLB 值高的用作 O/W 型乳化剂。

蔗糖和脂肪酸在微生物作用下也可获得蔗糖脂肪酸酯。这种方法有许多优点，如条件温和、无毒性试剂、产品易纯化。所制得的蔗糖脂肪酸酯表面活性高，乳化性能、助溶性能和起泡性能均优于化学合成品。

蔗糖脂肪酸酯用作乳化剂、分散剂、洗涤剂，广泛应用于食品、化妆品、医药、洗涤剂等工业生产中。

（6）烷基糖苷

烷基糖苷简称 APG，是糖类化合物与高级脂肪醇的反应产物，为新开发出的多元醇型非离子表面活性剂。从结构上看，烷基单苷是混合的单环缩醛，有两种异构体：

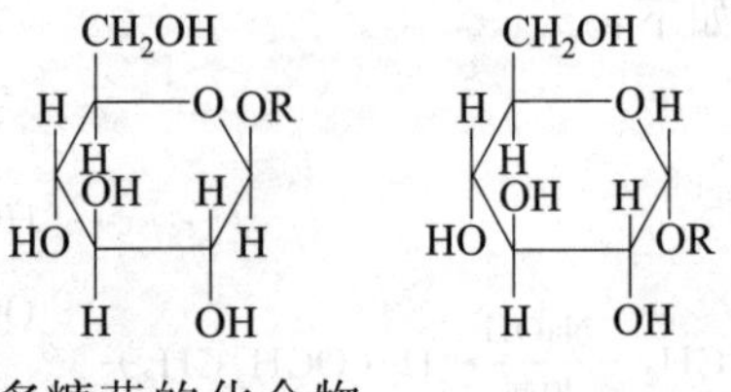

混合物中含有一个、两个或更多糖苷的化合物。

烷基糖苷具有优良的起泡、洗涤、乳化、分散等性能，与其他类型的表面活性剂复配性能极佳，耐浓电解质，易生物降解。此外，APG 对皮肤和黏膜刺激性小，口服毒性低，代谢性好，能满足工业上各种需要，且对环境无污染，为新一代表面活性剂。生产烷基糖苷最常用的糖类原料为葡萄糖，高级脂肪醇原料为 C_8～C_{18} 的饱和脂肪醇。

烷基聚葡萄糖苷具有良好的洗涤、乳化和起泡性能，易生物降解，用于配制洗涤剂、餐具洗涤剂、清洗剂，以及应用于化妆品和食品生产中。

（7）聚甘油脂肪酸酯

聚甘油脂肪酸酯是由聚甘油混合物与脂肪酸酯化的产物，其外观和性状与脂肪酸的种类、含量和聚甘油的聚合度有关。以饱和脂肪酸和低聚合度的聚甘油为原料制得的聚甘油脂肪酸酯为塑性蜡状体；以饱和脂肪酸与较高聚合度的聚甘油为原料制备的聚甘油脂肪酸酯为脆性硬蜡状体；以不饱和脂肪酸与聚甘油制成的聚甘油不饱和脂肪酸酯为塑性黏稠状液体。聚甘油脂肪酸酯的色泽为由白色到浅黄色或褐色。聚甘油脂肪酸酯无气味，味微甜，带油脂感。随甘油聚合度不同，可以极端亲水到极端亲油。不溶于水，可分散于水中，溶于甘油（浑浊）、乙醇、异丙醇、二甲苯、石蜡油和热油脂，具有良好的乳化、增溶、充气、结晶调节性能。

聚甘油脂肪酸酯作为乳化剂、充气剂和结晶调节剂，广泛应用于食品生产中。此外，还可用作植物油的浑浊抑制剂。在用作充气型乳化剂、面团调节剂时，如用于酵母起发的烘烤食品，能使烘烤食品的体积增大，品质得到改善。采用适当酯化度的聚甘油脂肪酸酯加入油脂中，可调节其结晶速率，使结晶细腻，不产生大块结晶，提高油脂的外观及油脂食品的质量。

高 HLB 值的聚甘油脂肪酸酯具有良好的增溶性能，可用作不溶于水的亲油性物质的增溶剂。

（8）聚甘油多聚蓖麻酸酯

聚甘油多聚蓖麻酸酯是由聚甘油与缩合的蓖麻油脂肪酸酯化而成。它为清澈的黏稠液体，在 0℃以下也不凝固，呈黄色，具有油脂的特征气味和轻微的蓖麻味，不溶于水、丙二醇，可分散于甘油、乙醇，溶于非极性有机溶剂，具有良好的乳化性能和降黏作用。

聚甘油多聚蓖麻酸酯用作 W/O 型乳化剂，与卵磷脂复配使用具有协同作用，用于巧克力生产，可改善巧克力料的流变性。

2.2.4.4　其他类型非离子表面活性剂

（1）含磷非离子表面活性剂

含磷非离子表面活性剂是指聚氧乙烯烷基磷酸酯类，它是由高级脂肪醇与聚磷酸进行酯化反应生成烷基磷酸酯，然后与环氧乙烷进行加成反应制得。反应如下：

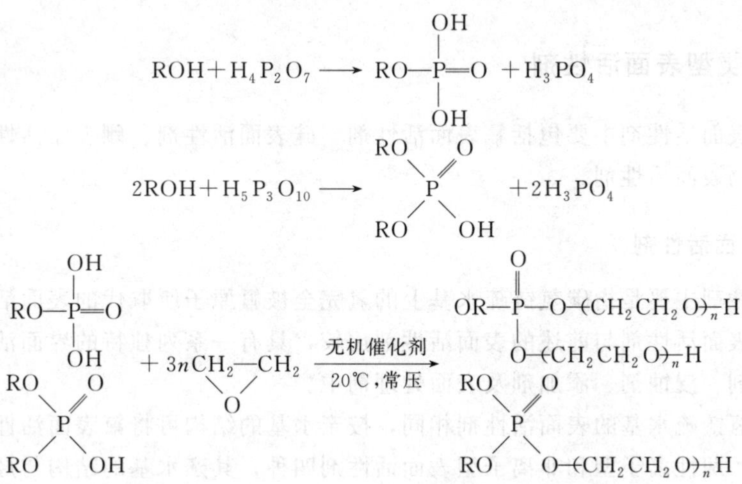

聚氧乙烯烷基磷酸酯溶于水和多种有机溶剂，具有良好的乳化、分散性能，对皮肤、黏膜刺激性小，可生物降解。它作为乳化剂、分散剂，广泛用于化妆品、洗涤剂、农药、纺织和造纸等工业中。

(2) 氨基酸衍生物非离子表面活性剂

① 谷氨酸衍生物的非离子表面活性剂　谷氨酸闭环形成的吡咯烷酮羧酸与甘油单脂肪酸酯加热脱水生成吡咯烷酮甘油单脂肪酸酯，其亲水性略低于甘油单脂肪酸酯，具有良好的柔软、稳定、抗静电性能，在碱性溶液中易分解。

吡咯烷酮羧酸甘油单油酸酯是该类表面活性剂代表性制品，是由吡咯烷酮羧酸与甘油单油酸酯进行酯化而得，反应如下：

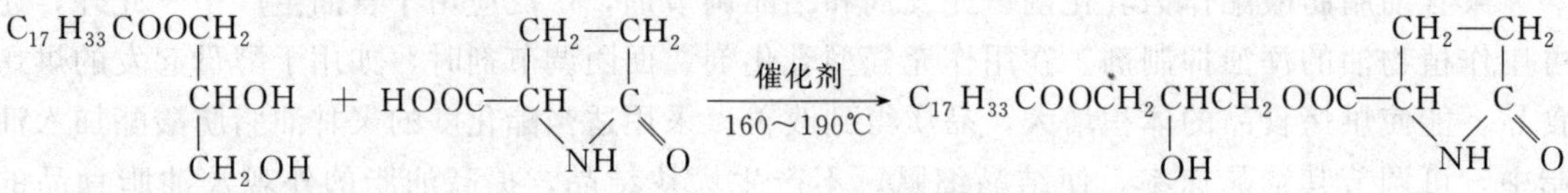

吡咯烷酮羧酸甘油单油酸酯用作柔软剂、乳化稳定剂、抗静电剂等。

② *N*-烷酰基氨基酸的酯类和酰胺　这类表面活性剂的代表性产品有 *N*-烷酰基谷氨酸酯、*N*-月桂酰基谷氨酸二丁基酰胺。

N-烷酰基谷氨酸酯是由 *N*-烷酰基谷氨酸与脂肪醇进行酯化反应而得，反应如下：

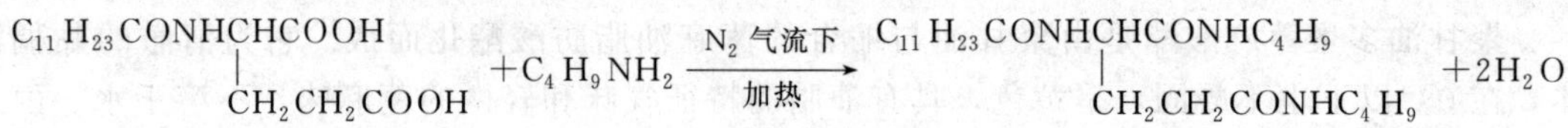

由高级醇酯化而得的产品为强油溶性物质，对皮肤和头发有良好的亲和性，用于化妆品生产。

③ 脲基亚甲基甲油酰胺　脲基亚甲基甲油酰胺的结构式如下：

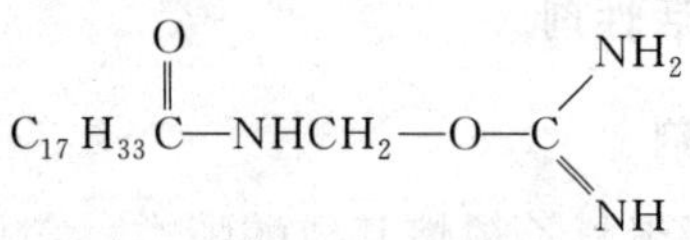

该产品溶于水，具有良好的洗涤、乳化和稳泡性能，用作乳化剂。

2.2.5 特殊类型表面活性剂

特殊类型表面活性剂主要包括氟表面活性剂、硅表面活性剂、硼表面活性剂、高分子表面活性剂、生物表面活性剂。

2.2.5.1 氟表面活性剂

氟表面活性剂主要是指碳氢链疏水基上的氢完全被氟原子所取代的表面活性剂。含有氟碳链疏水基的表面活性剂与前述的表面活性剂比较，具有一系列独特的界面活性，故广泛地用于各种润滑剂、浸蚀剂、添加剂及表面处理剂中。

与具有碳氢链疏水基的表面活性剂相同，按亲水基的结构可将氟表面活性剂分为阴离子型、阳离子型、两性离子型和非离子型表面活性剂四种，其亲水基的结构与烃系表面活性剂没有什么不同。所以，氟表面活性剂的特性是由碳氟链决定的。由于氟的电负性大，故 C—F 键具有较大键能，所以碳氟链化学稳定性和热稳定性都很高。此外，氟原子的半径比氢原子大，能将碳原子完全遮盖起来；另外，范德华力小，即分子间力小。这些原因导致碳氟链具有下述特性：①由于碳氟键的键能大，其热稳定性和耐试剂性能好，毒性亦小；②由于分子间力小，其表面张力小，既憎水又憎油，摩擦系数小，不黏着；③折射率小；④绝缘性能高。

因此，具有碳氟链憎水基的氟表面活性剂与烃链表面活性剂相比，显现出如下一些特征：①能使水的表面张力下降到 15mN/m，提高润湿性能和渗透性能；②在低浓度下亦表现出高表面活性；③具有良好耐热耐试剂性能；④在有机溶剂中也具有表面活性。

具有直链疏水基的氟表面活性剂较非直链的具有较大降低表面张力的能力。碳氢链表面活性剂的憎水基是碳氢链，所以它是亲油性的，能降低油、水的界面张力，使乳化体系稳定。而氟表面活性剂的憎水基不但憎水也憎油，所以几乎不能降低油、水的界面张力。

将氟表面活性剂与碳氢链表面活性剂加以混合，然后溶于水中，由于氟表面活性剂选择性地吸附在水的表面，使表面张力降低，而碳氢链表面活性剂能吸附在油水界面上，使界面张力降低，所以将两者加以混合使用，就会提高水溶液的润湿性能。

由于氟表面活性剂具有乳化分散、降低表面张力、耐酸碱、润滑、抗静电、消泡等一系列优异性能，故广泛应用于氟树脂的乳状液聚合、医药化妆品的乳状液稳定、照相乳状液的改善以及用作灭火剂、塑料调匀剂、油墨润湿性能改进剂、电镀液的添加剂、腐刻助剂、电镀烟雾防止剂、纤维表面处理剂、聚合物薄膜的抗静电剂、消泡剂、药物对植物和害虫的渗透剂、胶黏剂、树脂表面改性剂等。

2.2.5.2　硅表面活性剂

以含 Si—O—C、Si—C 或 Si—Si 键的基团为疏水基，以聚氧乙烯链、羧基、酮基或其他极性基团为亲水基构成的表面活性剂称为硅表面活性剂。硅表面活性剂有阴离子型、阳离子型和非离子型三种。

（1）阴离子型硅表面活性剂

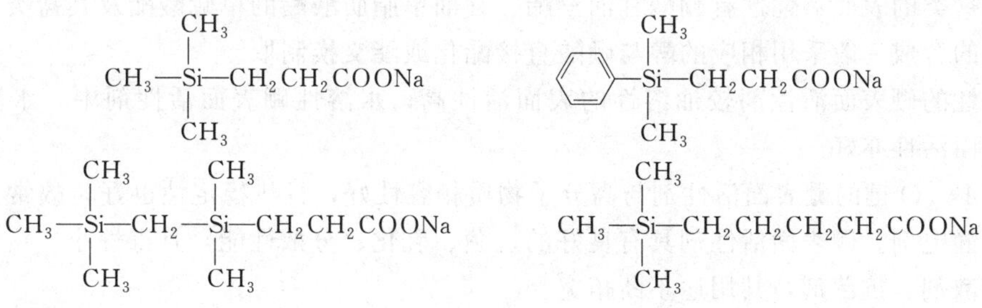

（2）阳离子型硅表面活性剂

$$[(CH_3CH_2CH_2CH_2O)_2Si(OCH_2CH_2\overset{+}{N}H_3)_2]\cdot(C_{17}H_{35}COO^-)_2$$

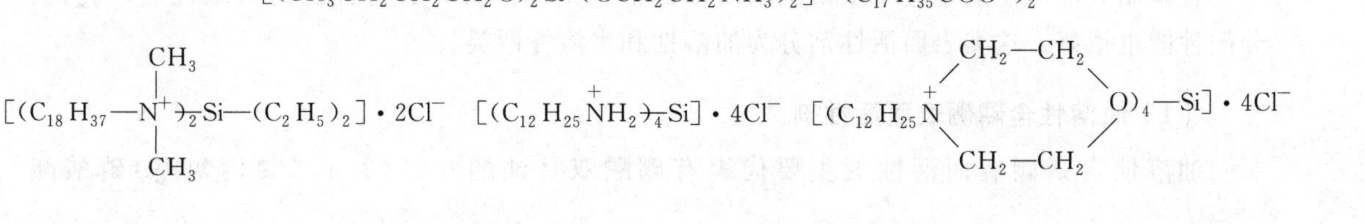

（3）非离子型硅表面活性剂

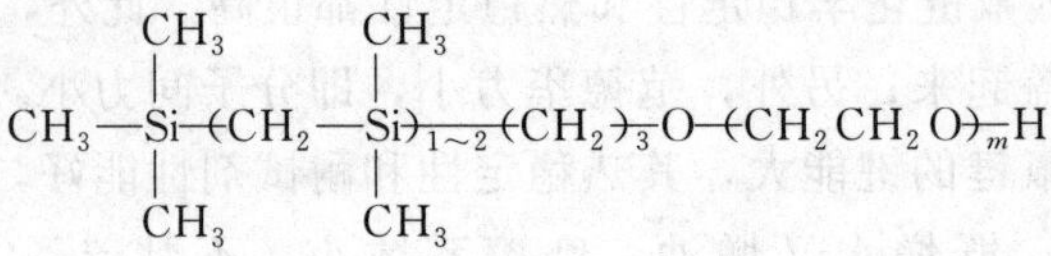

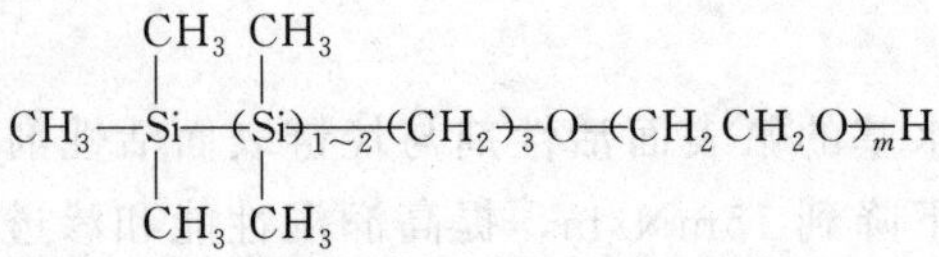

硅表面活性剂的表面活性与氟表面活性剂相当，比一般表面活性剂的表面活性高得多，具有优良的降低表面张力的性能和润湿、乳化能力。硅表面活性剂对于像苯乙烯之类的固体表面也有良好的润湿性能，在其上的铺展角接近于零。硅表面活性剂还具有良好的消泡、稳泡性能，在不同的温度范围内，同一品种表现出不同的性能，在浊点以上有消泡作用，在浊点以下起稳泡作用。此外，硅表面活性剂还有良好的乳化性能。硅表面活性剂对人体无毒，不刺激皮肤，对黏膜的刺激性也很小，不伤害眼角膜。

在聚氨酯泡沫塑料生产中，硅表面活性剂用作乳化剂，能将聚氨酯泡沫体系的各原料组分乳化成均匀的分散体系，以利于反应顺利进行，它还起促进成核的作用，即促进气泡形成，气泡形成后还具有稳泡作用。

在石油生产中，硅表面活性剂用作原油破乳剂。在纺织工业中，硅表面活性剂用作织物喷染的消泡剂、棉织物疏水整理剂、织物柔软整理剂以及织物抗静电整理剂等。

此外，硅表面活性剂还可用作玻璃表面防雾剂、照相显影液的消泡剂、燃料油和烃类溶剂的消泡剂、涂料增稠剂、脱模剂、多色涂料的色料扩散剂、地板光亮剂的添加剂，以及各种目的的润湿剂、去垢剂和起泡剂等。

2.2.5.3 硼表面活性剂

硼表面活性剂是指半极性有机硼化合物，它是由具有邻近羟基的多元醇、低级醇的硼酸三酯和某些脂肪酸所合成的1.1∶1（物质的量比）型硼酸酯表面活性剂。

属于这类的表面活性剂有硼酸甘油三酯、甘油单脂肪酸酯的单硼酸酯及其盐类。这类表面活性剂的合成一般采用相应的醇与硼酸直接酯化或酯交换制取。

水溶性的硼表面活性剂较油溶性的表面活性高；水溶性硼表面活性剂中，水溶性较好的，其表面活性亦好。

具有B—O键的硼表面活性剂与高分子物质相容性好，且热稳定性也好，故常用作合成树脂的抗静电剂。硼表面活性剂具有良好的抗菌、乳化、分散性能，且毒性小，广泛用作乳化剂、分散剂、抗菌剂，其用途不断拓宽。

2.2.5.4 含磷硼表面活性剂

含磷硼表面活性剂是近年来研制出的表面活性剂新品种，具有优良的阻燃性能，乳化、分散性能也很好。这类表面活性剂分为油溶性和水溶性两类。

（1）油溶性含磷硼表面活性剂

油溶性含磷硼表面活性剂主要代表有硼酸双甘油酯双二(2,3-二氯丙氧基)磷酸酯

（DGB-DOClP）和硼酸双甘油酯单硬脂酸单二(2,3-二氯丙氧基)磷酸酯（DGB-MS-MDClP）。

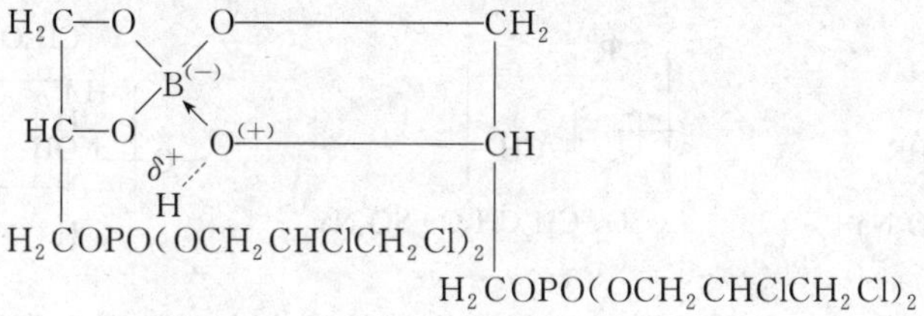

DGB-DOClP

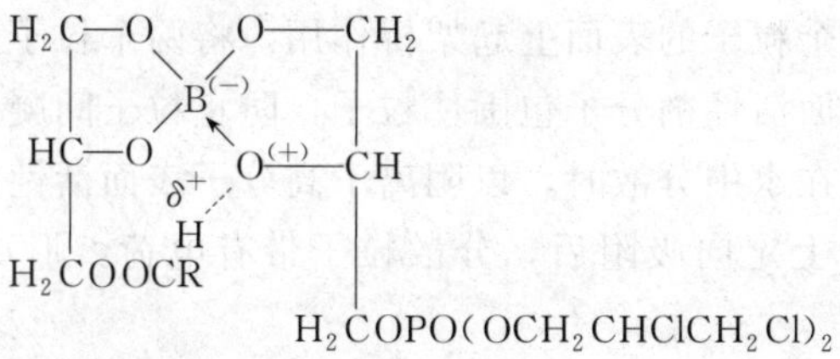

DGB-MS-MDClP

（2）水溶性含磷硼表面活性剂

水溶性含磷硼表面活性剂的两个典型产品：硼酸双甘油酯单二甘油基磷酸酯（DGB-MDGP）和硼酸双甘油酯双二乙二醇磷酸酯（DGB-DDYP）。

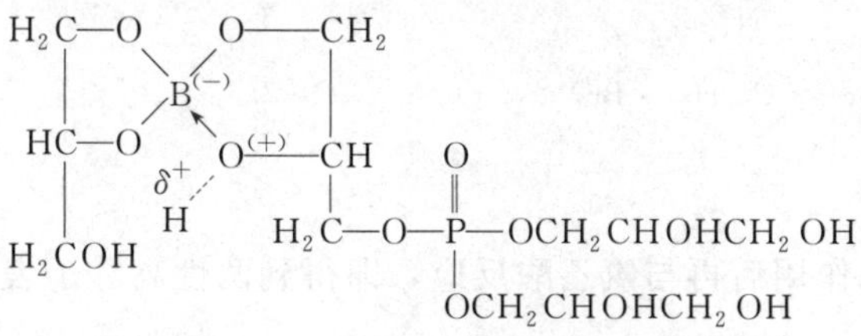

DGP-MDGP

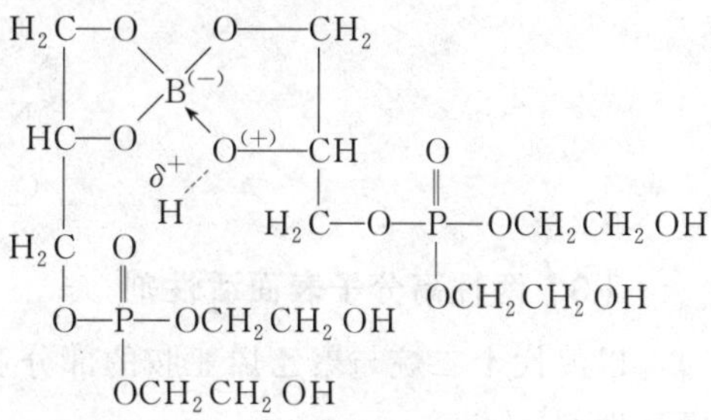

DGB-DDYP

上述两种表面活性剂具有优良的阻燃性能，阻燃效果优于硼表面活性剂、磷表面活性剂，这是由于硼元素的阻燃性与磷元素、氯元素有协同效应的缘故。此外，还有良好的乳化和分散性能，主要用作阻燃剂，广泛应用于各工业生产领域。

水溶性含磷硼表面活性剂具有优良的阻燃、抗静电和抗菌性能，对人体无毒。在纺织工业中用作阻燃整理剂、抗静电整理剂和抗菌剂。

2.2.5.5　高分子表面活性剂

分子量为数百的表面活性剂属于低分子表面活性剂，而分子量在数千以上并具有表面活性的物质称为高分子表面活性剂。对于高分子表面活性剂并没有严格规定，许多高分子物质特别是在水溶液中表现出表面活性。

高分子表面活性剂按离子性质可分为阴离子型、阳离子型、两性型和非离子型四种。与低分子表面活性剂比较，高分子表面活性剂降低表面张力的能力差，渗透力小，但乳化、分散能力和保护胶体作用好。

（1）阴离子高分子表面活性剂

代表产品有聚脂肪酸丙烯醇酯磺酸钠、聚氧乙烯烷基酚与甲醛的缩合物、羧甲基纤维素钠等。

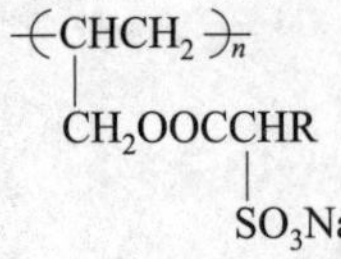
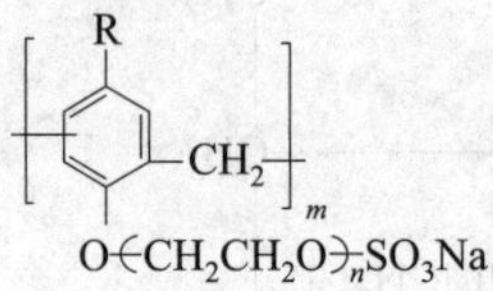
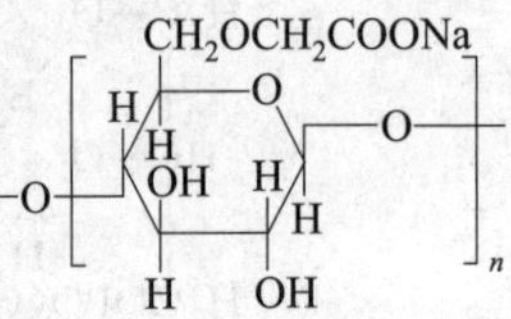

高分子表面活性剂溶液浓度不同，起分散作用的能力也不相同。当浓度低时，高分子表面活性剂的分子吸附在两个粒子的表面上起架桥作用，将两个粒子连接在一起，发生凝聚作用；浓度高时，高分子表面活性剂分子包围住粒子，防止粒子间凝聚，起分散作用。

对于疏水性固体粒子在水中分散时，以阴离子高分子表面活性剂作分散剂最为有效，表面活性剂分子在固体粒子上定向吸附后，分散粒子带有电荷，形成双电层，使分散体趋于稳定。

（2）阳离子高分子表面活性剂

阳离子高分子表面活性剂中代表性的产品为季铵化聚 4-乙烯基吡啶。它是由聚 4-乙烯基吡啶用溴代十二烷和溴代乙烷进行季铵化制得。

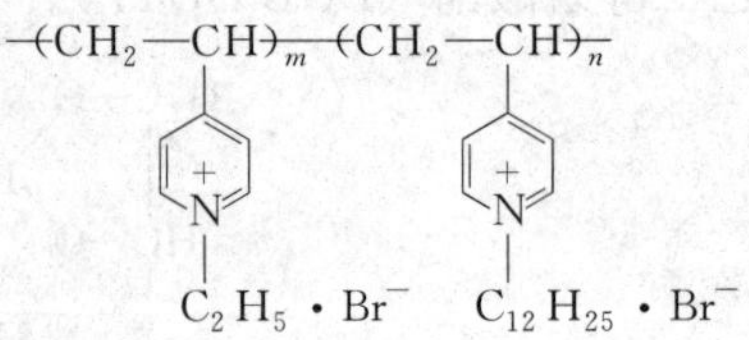

（3）两性高分子表面活性剂

以溴代十二烷与聚乙烯亚胺的部分亚氨基作用后再与氯乙酸反应，即得到两性高分子表面活性剂。

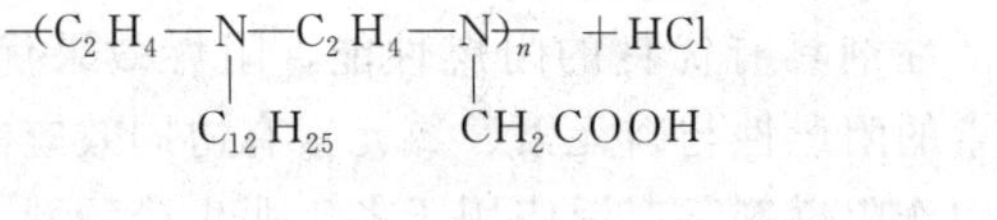

（4）非离子高分子表面活性剂

对烷基苯酚与甲醛缩合后生成线性高分子，然后再与环氧乙烷进行加成反应，即得到非离子高分子表面活性剂。

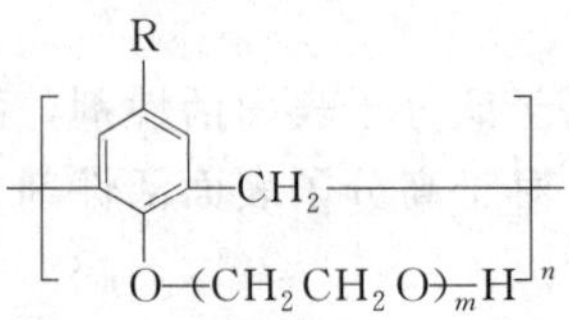

此外，聚乙烯醇也是重要的非离子高分子表面活性剂，聚乙烯醇是由聚乙酸乙烯酯经皂化而得，为白色粉末。根据皂化程度的不同，产品可溶于水或仅能溶胀，具有良好的乳化、分散、保护胶体等性能。用作植物油、矿物油、蜡等的乳化剂和织物上浆剂、保护胶体，以及在分析化学中用作碘量法指示剂等。

还有聚乙烯吡咯烷酮，为白色到浅棕黄色易流动无定形粉末，无异臭。是由 *N*-乙烯-2-

吡咯烷酮的 30%～60%（质量分数）水溶液，在氨或胺等存在下，以过氧化氢为催化剂，在 50℃下进行交联均聚而得，具有良好的澄清、稳定、增稠、分散等性能，结构式如下：

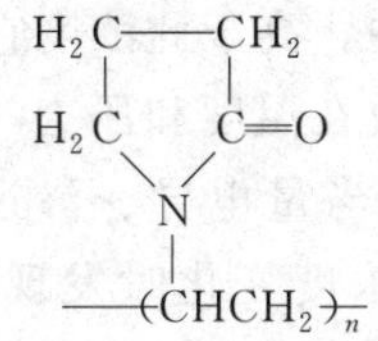

聚乙二醇是由乙二醇缩聚而得，也可由环氧乙烷与水加成而得。聚乙二醇分子量在 1000 以上时为浅白色蜡状固体或絮片状、石蜡状固体，或流动性粉末。它与水混溶，溶于醇、酮、氯仿、甘油酯和芳香烃等许多有机溶剂，不溶于大多数脂肪烃类和乙醚。随分子量提高，其水溶性、吸水性、在有机溶剂中的溶解度等均相应下降，而凝固点、相对密度、闪点和黏度则相应升高。热稳定性好，对许多化学品不起作用，不水解。

聚乙二醇具有良好的分散、增塑、润滑等性能。在食品工业中用作分散剂、黏结剂、载体溶剂、增塑剂、涂层剂、润滑剂和香味助剂。

2.3 表面活性剂溶液的性质

水溶液中的表面活性剂分子由于其疏水作用，能自发地从溶液内部迁移至表面，采取亲水基伸向水中、疏水基伸向空气的排列状态。这种表面活性剂分子从水溶液内部迁移至表面，在表面富集的过程叫吸附。表面活性剂这种特有的两亲结构赋予其特殊功能。由于表面活性剂的疏水基碳链结构的差别，及亲水基种类的不同，其性能千差万别，因此探讨表面活性剂化学结构与性能的关系，有助于合理地选择、使用表面活性剂。

表面活性剂因其亲水亲油性质上的差异，有的能溶于水，有的能溶于非水溶剂。前者形成的溶液称为表面活性剂水溶液，后者称为表面活性剂非水溶液。它们表现出的特性很不相同。

2.3.1 表面活性剂水溶液的特性

2.3.1.1 表面活性剂界面上的吸附

如前所述，表面活性剂分子中具有亲油基和亲水基，为两亲分子。水是强极性液体，当表面活性剂溶于水中时，根据极性相似相引、极性相异相斥原理，其亲水基与水相引而溶于水，其亲油基与水相斥而离开水，结果表面活性剂（或离子）吸附在两相界面上，使两相间的界面张力降低。表面活性剂分子（或离子）在界面上吸附得越多，界面张力降低得越多。

2.3.1.2 胶束的形成

表面活性剂的稀溶液服从理想溶液所遵循的规律。表面活性剂在溶液表面的吸附量随溶液浓度增高而增多，当浓度达到和超过某值后，吸附量不再增加，这些过多的表面活性剂分子在溶液中以何种方式存在呢。实践和理论均证实，它们在溶液内形成缔合体，这种缔合体称为胶束（micelle）。

（1）临界胶束浓度

表面活性剂在溶液中形成胶束的起始浓度称为临界胶束浓度（*cmc*）。低于此浓度，表面活性剂以单分子体方式存在于溶液中，高于此浓度它们以单体和胶束的方式同时存在于溶液内，并处于不断缔合分解过程中。故在温度和压力一定的条件下，测定溶液的表面张力、当量电导、渗透压、洗涤力等一系列物理化学性质随浓度变化时发现，在某一狭窄浓度区间它们发生急剧变化（见图 2-1）。严格地说，此狭窄浓度区间的适当值才是临界胶束浓度。出现这种狭窄浓度区间是因为测定方法不同，临界胶束浓度也稍有不同。不同的表面活性剂各自有其临界胶束浓度特征值。构成胶束的表面活性剂分子，其亲油基之间的作用力为范德华力。当表面活性剂水溶液的浓度达到 *cmc* 值后，再加入表面活性剂，其单体分子浓度不再增加，而只能增多胶束的数量。

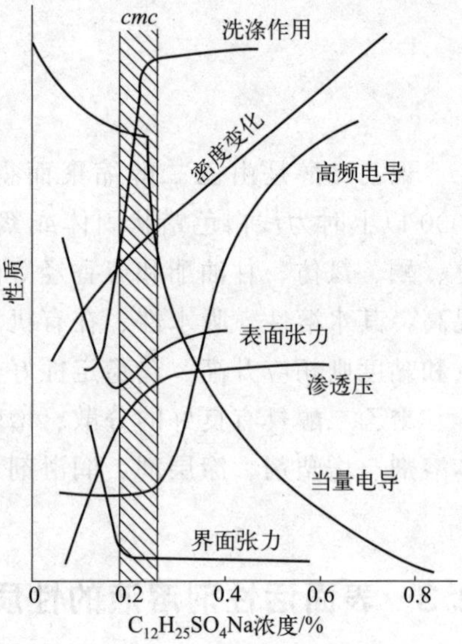

图 2-1　十二烷基硫酸钠水溶液的一些性质随浓度的变化

（2）胶束的结构

以扩散法和光散射法对胶束研究证实，浓度在 *cmc* 以上不太高的范围内胶束大多呈球状，为非晶态结构，有一个与液体相似的内核，由碳氢链组成。当浓度高于 10 倍 *cmc* 时，胶束呈棒状，这种棒状结构有一定的柔顺性。浓度再增高，棒状胶束聚集成六角束。浓度更高时则形成层状结构。弗罗姆黑尔兹（Fromherz）从热力学观点提出了一种块状胶束模型。胶束的各种形状如图 2-2 所示。十二烷基硫酸钠形成的胶束为球状体，亲水基处于球体表面，胶束成为亲水的，能稳定地分散于水中。亲油基处于胶束内部，构成液态碳氢核。胶束表面部分地吸附反离子（Na^+），而大部分 OSO_3^- 亲水基在静电排斥力作用下呈疏松状排列。胶束表面的亲水基发生一定程度的水化作用，处于亲水基附近的 2～3 个亚甲基受亲水基的束缚，而有条件地垂直定向表面排列。此碳氢层称为帕里赛德层（Pariside layer），在亲水基的水化作用下，水浸入此层内。

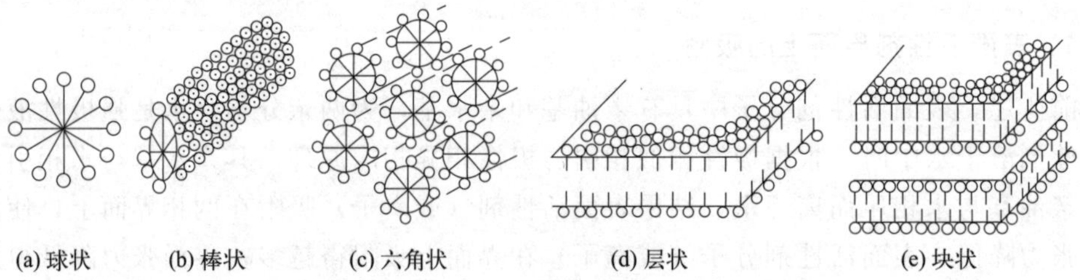

(a) 球状　(b) 棒状　(c) 六角状　(d) 层状　(e) 块状

图 2-2　胶束的各种形状

构成胶束的分子单体数目称为聚集数，一般来说，离子表面活性剂胶束的聚集数小，约为 10～100；而非离子表面活性剂胶束的聚集数通常很大，如月桂醇聚氧乙烯醚胶束的聚集数在 25～50℃时为 400。

聚集数在数十的小胶束为球状体。链长增大，反离子浓度增高，能导致聚集数增大，在球状胶束的情况下，分子单体向胶束内紧密填充并不容易，于是胶束发生非对称增长，形成椭圆状体，甚至棒状体乃至层状和块状体。

胶束的大小在 0.005～0.01μm 之间，小于可见光的波长，所以胶束溶液是清澈透明的。胶束的大小与胶束的形状密切相关。胶束的大小通常以聚集数来表示。胶束的大小可采用光散射法、X 射线衍射法、扩散法、渗透法、超离心法等进行测定。比如用光散射法测出胶束的分子量（胶束量），然后除以表面活性剂的分子量，即得到胶束聚集数。

表面活性剂的亲油基链增长时，胶束聚集数增大，特别是非离子表面活性剂，其增加的趋势更大。其原因也是由于非离子表面活性剂没有离子电荷的排斥作用所致。

非离子表面活性剂聚氧乙烯链的链长变化时，也会引起性质的变化，如聚氧乙烯链增长而碳氢链不变时，则表面活性剂的胶束聚集数减小。

综上所述可概括如下规律：在水溶液中，表面活性剂与溶剂之间相似性越大，其聚集数越小；相似性越小，其聚集数越大。

（3）影响临界胶束浓度的因素

① 碳氢链长对临界胶束浓度的影响　从实验和胶束形成的理论处理都可以得出：在一定温度和压力下，同系物表面活性剂水溶液的临界胶束浓度与碳氢链中碳数有如下关系：

$$\lg cmc = A - BN$$

式中，A、B 为经验常数，对阴离子和阳离子表面活性剂来说大致相同，$A=1.25\sim1.92$，$B=0.265\sim0.296$；对非离子表面活性剂来说，$A=1.81\sim3.3$，$B=0.488\sim0.554$；N 为碳氢链中的碳数。

② 亲水基位置和碳氢链分支对临界胶束浓度的影响　表面活性剂的亲水基位置（即支化度）对临界胶束浓度也有影响。一般，亲水基在分子一端时影响最小，在分子中间时影响最大。碳氢链支化度越大，越难形成胶束。因此，具有支链的表面活性剂的临界胶束浓度高于具有相同碳数的直链表面活性剂的临界胶束浓度。

③ 不饱和度对临界胶束浓度的影响　不饱和链较饱和链具有较多剩余键能，所以其溶解性好，因此碳氢链上增加重键时，其临界胶束浓度应增高。一般来说，每增加 1 个双键，临界胶束浓度约增大 3～4 倍。

④ 碳氢链中极性取代基对临界胶束浓度的影响　碳氢链中有极性基时，表面活性剂的临界胶束浓度显著增高。这是因为碳氢链的极性增大时，表面活性剂与水的作用增强，于是其溶解度也相应增大。

⑤ 碳氢链上苯环取代基对临界胶束浓度的影响　碳氢链上有苯环的表面活性剂与具有同碳数直链烷烃链表面活性剂比较，其临界胶束浓度较高。这是因为苯环有大 π 键，其剩余键能较直链烷烃高，故与水的作用强，使临界胶束浓度增高。例如，辛基苯磺酸钠的 cmc 为 $1.5\times10^{-2}\,\text{mol}\cdot\text{L}^{-1}$，而十四烷基磺酸钠的 cmc 为 $2.5\times10^{-3}\,\text{mol}\cdot\text{L}^{-1}$。

⑥ 碳氟链对临界胶束浓度的影响　含碳氟链的表面活性剂具有较高的表面活性，与具有同碳数碳氢链的表面活性剂比较，其临界胶束浓度低得多。对于碳氢链中氢被氟部分取代了的表面活性剂来说，其临界胶束浓度随被取代程度增大而减小。但末端碳原子上的氢被氟取代了的表面活性剂，其临界胶束浓度反而升高。

⑦ 亲水基团对临界胶束浓度的影响　离子型表面活性剂的临界胶束浓度较非离子表面活性剂的临界胶束浓度大得多。碳氢链相同时，前者较后者约大 100 倍。这是因为离子表面

活性剂的亲水基团的水化作用较强，易溶于水，而非离子表面活性剂的亲水基团亲水能力较低的缘故。

具有相同碳氢链的离子表面活性剂，它们的极性基不同，也导致临界胶束浓度产生差异。对于硫酸基、磺酸基和羧酸基来说，它们按硫酸基＜磺酸基＜羧酸基顺序使表面活性剂的临界胶束浓度增大。

⑧ 反电离子对临界胶束浓度的影响　在表面活性剂溶液中添加盐，使临界胶束浓度下降。在实际应用中通常都要向表面活性剂水溶液中添加盐，因此必须了解盐对临界胶束浓度的影响。

表面活性剂的 *cmc* 与添加盐的浓度有如下的关系：

$$\lg cmc = a - b\lg c_i$$

式中　a、b——与表面活性剂有关的经验常数；

c_i——盐的总当量浓度（表面活性剂＋盐）。

从式中看出，添加盐能促进表面活性剂形成胶束，使临界胶束浓度减小。显然这是因为反电离子吸附于胶束中的表面活性剂的极性基团上，从而使同电荷极性基团之间排斥力减小，易于形成胶束导致的。

一般来说，二价金属离子（Cu^{2+}、Zn^{2+}、Mg^{2+} 等）较一价金属离子（K^+、Na^+、Cs^+）降低临界胶束浓度的效应大。不同的一价金属离子对临界胶束浓度的影响大致相同，但一价非金属阴离子对临界胶束浓度的影响却不相同。例如，I^-、Br^-、Cl^- 使临界胶束浓度降低的顺序为：$I^- > Br^- > Cl^-$。

⑨ 醇对临界胶束浓度的影响　醇对表面活性剂临界胶束浓度的影响较复杂，但一般来说，随醇加入量增大而减小，其减小的程度与醇的结构有关。对于脂肪醇来说，其减小表面活性剂临界胶束浓度的能力随碳氢链增加而增大。这可做如下解释：醇分子能穿入胶束形成混合胶束，减小表面活性剂离子间的排斥力，同时由于醇分子的加入使体系的熵值增大，所以胶束易于形成和增大，使临界胶束浓度降低。

2.3.2　表面活性剂的溶解度与温度的关系

表面活性剂的溶解度随温度而改变，但与一般溶质有明显不同。离子表面活性剂的溶解度随温度的变化与非离子表面活性剂又完全不同。

图 2-3 为烷基硫酸钠在水中溶解度随温度变化的曲线。从曲线可看出，各表面活性剂从某一温度开始，其溶解度显著增大。溶解度急剧增大的温度称为克拉夫点（Kraft point）。克拉夫点是克拉夫研究肥皂的溶解时首先发现的。它是表面活性剂固有的特征值，具有重要意义。当表面活性剂的温度高于克拉夫点时，胶束发生溶解。

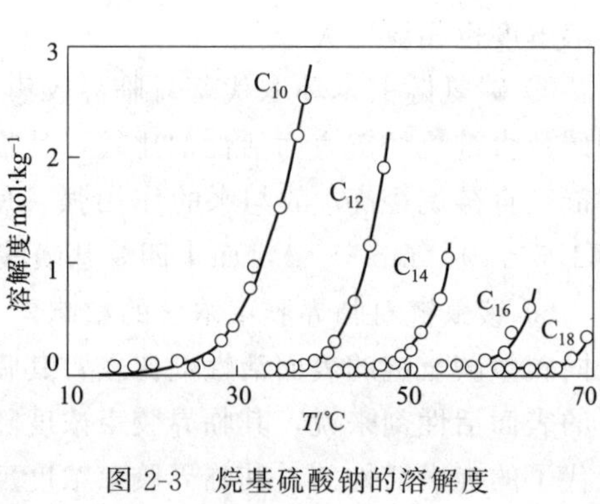

图 2-3　烷基硫酸钠的溶解度

与此相反，非离子表面活性剂的溶解度随温度升高而降低，当达到某一温度时溶液发生白浊化，此温度称为浊点（cloud point）。对亲水基为聚氧乙烯链的非离子表面活性剂来说，亲油基相同时，聚氧乙烯链越长，浊点越高。显然非离子表面活性剂的溶解机理截然不同于离子表面活性剂，非离子表面活性剂是借助于聚氧乙烯链中氧原子与水分子之间形成氢键而被溶解的。所以当温度低于浊点时，氢键形成，非离子表面活性剂溶解；温度高于浊点时，氢键断裂，非离子表面活性剂从水中游离出来。在浊点的前后，非离子表面活性剂的性质发生显著变化。

温度对胶束的形成亦有影响，一般来说，温度高有利于胶束形成。

2.3.3　表面活性剂非水溶液的特性

表面活性剂的非水溶液非常复杂，性质不像水溶液那样简单，人们对其物理化学性质的研究还有待进一步深入。很多问题都与其有密切关系，例如，在涂料工业中，在萃取过程中，在微乳状液等中都遇到表面活性剂非水溶液的问题。本节主要讨论表面活性剂在非水溶液中的溶解性、表面性质及相关现象、胶束形成等问题。

（1）表面活性剂在非水溶剂中的溶解性

非水溶剂是指有机溶剂，有机溶剂可以是各式各样的。有极性很强、易形成氢键的溶剂，如甘油、甲醇、乙二醇、甲酰胺等；有极性强、但不形成氢键基团的溶液，如酮、醚类；有芳香烃类溶剂；有脂肪族溶剂；还有特殊性质的溶剂，如硅氧烷和全氟烃等。所以，表面活性剂在非水溶剂中的溶解性因溶剂的不同而千差万别，这里不能一一介绍，下面仅讨论表面活性剂在非极性有机溶剂中的溶解性。

通常认为，疏水性强的表面活性剂，大多能溶于非极性有机溶剂。例如，即使是离子型表面活性剂，如果其碳氢链有分支或它有两条碳氢链，其结晶性能就差，熔点也低，故而易溶于油。典型实例有二辛基磺基琥珀酸钠、二烷基萘磺酸盐等阴离子表面活性剂，二烷基二甲基卤化铵型阳离子表面活性剂，长链烷基胺羧酸盐两性表面活性剂，高级脂肪醇聚氧乙烯（1～5）醚、失水山梨醇脂肪酸酯等非离子表面活性剂等。

（2）与表面活性剂性质有关的现象

① 气-液界面　非极性有机溶剂的表面张力小，故以碳氢链为疏水基的油溶性表面活性剂不会吸附在气-液界面上，即不会降低非极性有机溶剂的表面张力——无表面活性现象。但对氟表面活性剂来说，由于它既疏水又疏油而能吸附于非极性有机溶剂的气-液界面上，故而能降低表面张力，即表现出表面活性现象。又例如

$$\begin{array}{l} F(CF_2)_nCH_2OOCCH_2CH_2CH_2\ (n=4\sim 8) \\ \qquad\qquad\qquad\qquad\qquad\quad | \\ \qquad\qquad F(CF_2)_nCH_2OOCCHCH_3 \end{array}$$

能溶于石油、己基癸烷、硝基甲烷等中，为既有疏油性又有亲油性的表面活性剂，具有良好的降低油表面张力的性能。

② 液-液界面　如果使表面活性剂的油溶液与水接触，表面活性剂即可吸附于油-水界面，使界面张力降低，产生界面活性现象。即以碳氢链为疏水基的油溶性表面活性剂对油溶剂虽然没有表面活性，但对油-水界面却表现出良好的界面活性，故油溶性表面活性剂可用作油包水型乳化剂。

③ 液-固界面　使用离子型油溶性表面活性剂可将固体氧化物、无机盐、炭黑等分散于非极性有机溶剂中，二辛基磺基琥珀酸钠即为这种良好的分散剂。在这种分散液体系中可观

察到与在水中相同的动电位（ζ电位），且体系为稀分散液时，其稳定性与ζ电位有一定的对应关系，但在浓稠的分散体系中则失去了这种对应关系。ζ电位和体系的稳定性受微量水存在的影响。

非极性有机溶剂中分散体系的ζ电位的电性取决于粒子与表面活性剂的组合，而与溶剂无关。

固体粒子在酮、酯等极性溶剂中的分散性与在非极性溶剂中完全不同。例如，在 2-丁酮中，二辛基磺基琥珀酸钠不会使 α-Fe_2O_3 和炭黑分散稳定，它对炭黑起凝聚作用。为使 α-Fe_2O_3 和 γ-Fe_2O_3 在 2-丁酮中分散稳定，最好使用乙酸乙烯酯-氯乙烯-马来酸共聚物。在极性溶剂中氧化物所产生的ζ电位对分散不起作用，起作用的是高分子吸附层。此外，在极性溶剂中加入万分之几的水，即可使分散作用发生显著变化。

2.3.4 表面活性剂的润湿作用

固体表面上的原子或分子的价键力是未饱和的，与内部原子或分子比较有多余的能量。所以，固体表面与液体接触时，其表面能往往会减小。通常，暴露在空气中的固体表面积总是吸附气体的，当它与液体接触时，气体如被排斥而离开表面，则固体与液体直接接触，这种现象称为润湿。

在清洁的玻璃板上滴一滴水，水在玻璃表面上立即铺展开来；而在石蜡上滴一滴水，水则不能铺展而保持滴状，如图 2-4 所示。从水面与固体面的接触点沿水面引切线，切线与固体面之间的夹角 θ 称为接触角。水与玻璃的接触角接近于零，而与石蜡的接触角约为 110°。接触角小的固体易为液体润湿，反之，接触角大的固体则不易被液体润湿。因此，接触角的大小可作为润湿的直观尺度。又如，在玻璃板上滴一滴酒润湿时，接触角是一个重要判据。为对润湿尺度给以润湿即固体表面吸附的气体为液体所取代的现象，这就是说发生润湿时，固-气界面消失，形成新的固-液界面。在这种过程中能量（自由能）必发生变化，自由能变量的大小可作为润湿作用的尺度。固-气界面消失，新的固-液界面产生有多种方式，所以润湿的类型也相应有多种。

图 2-4　接触角示意

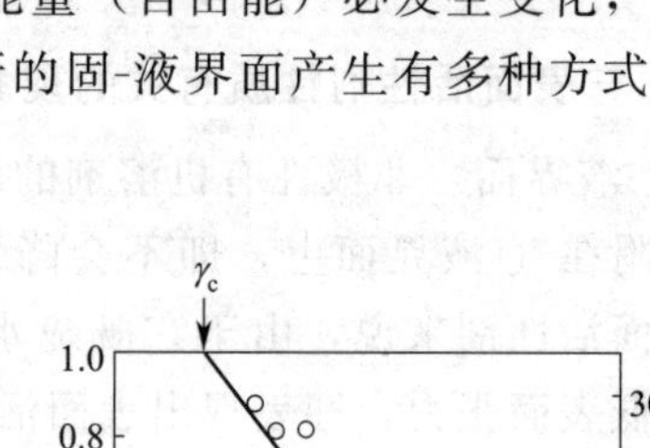

图 2-5　各种液体对聚乙烯表面的润湿

根据接触角可判断液体对固体润湿程度。烃和高分子固体的表面张力比较小，滴纯液体于其平滑的表面上，测定液滴的接触角，小心操作重复性会很好。图 2-5 绘出了几种液体的表面张力与它们跟聚乙烯表面接触时形成接触角的余弦之间的关系。各测定点几乎在一条直线上，将直线外推至 $\cos\theta=1$，即 $\theta=0$ 的表面张力值为 $31\mathrm{mN\cdot m^{-1}}$。此值称为聚乙烯的临界表面张力，以 γ_c 表示。其物理意义是，具有小于此表面张力值的液体均能在聚乙烯表面上铺展开来，表面张力大于此值的液体则不能铺展，故 γ_c 是固体表面特有的值。表 2-1 列出了几种固体的临界表面张力 γ_c。由表可看出，聚四氟乙烯不易为液体润湿，而聚苯乙烯和聚酰胺较易为液体润湿。

表 2-1　几种固体的临界表面张力

固体	$\gamma_c/\mathrm{mN\cdot m^{-1}}$	固体	$\gamma_c/\mathrm{mN\cdot m^{-1}}$
聚四氟乙烯	18	聚乙烯	31
萘	25	聚苯乙烯	33～43
正十六烷	29	聚酰胺	42～46

2.3.5　表面活性剂的乳化作用

两种互不混溶的液体，一种以微粒（液滴或液晶）分散于另一种中形成的体系称为乳状液。形成乳状液时由于两液体的界面积增大，所以这种体系在热力学上是不稳定的，为使乳状液稳定需要加入第三种组分——乳化剂，以降低体系的界面能。乳化剂属于表面活性剂，其主要功能是起乳化作用。乳状液中以液滴存在的那一相称为分散相（或内相、不连续相），连成一片的另一相叫作分散介质（或外相、连续相）。

常见的乳状液，一相是水或水溶液，另一相是与水不相混溶的有机物，如油脂、蜡等。水和油形成的乳状液，根据其分散情形可分为两种：油分散在水中形成水包油型乳状液，以 O/W（油/水）表示；水分散在油中形成油包水型乳状液，以 W/O（水/油）表示。此外还可能形成复杂的水包油包水型乳状液，以 W/O/W（水/油/水）表示，和油包水包油型乳状液，以 O/W/O（油/水/油）表示。工业上遇到的乳状液体系还有含固体、凝胶等复杂的乳状液。

为了使乳状液长时间地保持稳定，需要在其中加入助剂以抑制两相分离，使它在热力学上稳定。例如，使用稳定剂提高乳状液的黏度和界面膜的强度，可使以机械方法制得的乳状液保持稳定。

烃类胶体具有与乳化相粒子相互作用的能力，故能以络合的方式加成到被保护的粒子上，使被保护粒子的电荷和溶剂化物膜增强，体系的稳定性得到增高。乳化剂是通过降低界面张力和形成单分子界面膜使乳状液稳定的。

在乳化作用中对乳化剂的要求是：①乳化剂必须能吸附或富集在两相的界面上，使界面张力降低；②乳化剂必须赋予粒子以电荷，使粒子间产生静电排斥力，或在粒子周围形成一层稳定的、黏度特别高的保护膜。所以，用作乳化剂的物质必须具有两亲基团才能起乳化作用，表面活性剂就能满足这种要求。

乳状液的稳定性是指反抗粒子聚集而导致相分离的能力。乳状液在热力学上是不稳定的体系，有较大的自由能。因此所谓乳状液的稳定性实际上是指体系达到平衡状态所需要的时间，即体系中一种液体发生分离所需要的时间。为增加体系达到平衡状态所需要的时间，应尽量降低水-油界面张力，最有效的办法是加入表面活性剂。加有表面活性剂的油较不加表面活性剂的易于以微滴分散于水，并且形成乳状液后，液体微粒再聚集也相对困难些。吸附于液体微粒与水的界面上的表面活性剂形成具有一定强度的界面膜，对液体微粒起保护作用，液体微粒在布朗运动下发生碰撞时不易聚结。表面活性剂的浓度大小对形成界面膜的强度有直接影响。浓度小，界面上吸附的表面活性剂分子数少，形成的界面膜不致密，强度小；浓度大，界面上吸附的表面活性剂分子数多，形成的界面膜致密，强度大。不同的表面活性剂（乳化剂）乳化效果不同，达到最佳乳化效果所需的量也不同。一般地说，形成界面膜的乳化剂分子，作用力越大，膜强度越高，乳状液越稳定；反之，作用力越小。膜强度越低，乳状液越不稳定。此外，当界面膜中有脂肪醇、脂肪酸和脂肪胺等极性有机物分子时，膜强度显著增高。这是因为在界面吸附层中乳化剂分子与醇、酸和胺等极性分子发生作用形成复合物，使界面膜强度增高的缘故。例如，油的粒子吸附十六烷基硫酸钠和胆甾醇时，较仅吸附十六烷基硫酸钠所形成的 O/W 型乳状液要稳定得多。

由两种以上表面活性剂组成的乳化剂称为混合乳化剂。混合乳化剂吸附在水-油界面上，分子间发生作用可形成配合物［如聚氧乙烯（20）失水山梨醇单棕榈酸酯（吐温-40）与失水山梨醇单油醇酯（斯盘-80）］。由于分子间强烈作用，界面张力显著降低，乳化剂在界面上吸附量显著增多，形成的界面膜密度增大，强度增高。

液体粒子的电荷对乳状液的稳定性有明显的影响。稳定的乳状液，其粒子一般带有电荷。当使用离子型乳化剂时，吸附在界面上的乳化剂离子其亲油基插入油相，亲水基处于水相，从而使液体粒子荷电。由于乳状液的液体粒子带同种电荷，它们之间相互排斥，不易聚结，使稳定性增高。可见，液体粒子上吸附的乳化剂离子越多，电荷电量越大，防止液体粒子聚结能力也越大，乳状液体系就越稳定。

乳状液分散介质的黏度对乳状液的稳定性有一定影响。一般分散介质的黏度越大，乳状液的稳定性越高。这是因为分散介质的黏度大，对液体粒子的布朗运动阻碍作用强，减缓了液体粒子之间的碰撞，使体系保持稳定。通常能溶于乳状液的高分子物质均能增高体系的黏度，使乳状液的稳定性增高。此外，高分子还能形成坚固的界面膜，使乳状液体系更加稳定。

2.3.6 表面活性剂的增溶作用

表面活性剂在水溶液中形成胶束后具有能使不溶或微溶于水的有机物的溶解度显著增大的能力，且此时溶液呈透明状，胶束的这种作用称为增溶。能产生增溶作用的表面活性剂叫作增溶剂，被增溶的有机物称为被增溶物。如果在已增溶的溶液中继续加入被增溶物，达到一定量后，溶液由透明状变为乳浊状，这种乳液即为乳状液。在此乳状液中再加入表面活性剂，溶液又变得透明无色。虽然这种变化是连续的，但乳化和增溶本质上是不同的。增溶作用可使被增溶物的化学势显著降低，使体系变得更稳定，即增溶在热力学上是稳定的，只要外界条件不变，体系不随时间变化。而乳化在热力学上是不稳定的。

被增溶物的增溶量与增溶剂和被增溶物的分子结构及性质有关，与胶束的量即表面活性剂的临界胶束浓度有关。

碳氢链链长的影响，在同系的表面活性剂中，碳氢链越长，其胶束行为出现的浓度越小，增溶能力越大。

对于极性被增溶物，如长链醇、硫醇等，在离子型胶束中的增溶来说，因极性物质并不溶于胶束内部，仅插入胶束表面，处于表面活性剂的极性或离子端的同一平面上，所以被增溶物分子旋转、卷曲受到很大的阻碍。可以说，增溶作用主要受被增溶物分子的碳氢链长所制约，当被增溶物的碳氢链长与表面活性剂的碳氢链长接近时，增溶作用能力小；当被增溶物的碳氢链长大于增溶剂的链长时，穿透胶束“栅栏”相当困难，增溶作用非常小。表 2-2 列出了不同链长的正醇在浓度为 $0.1mol \cdot L^{-1}$ 脂肪酸钾溶液中的溶解度。

表 2-2　在 $0.1mol \cdot L^{-1}$ 脂肪酸钾溶液中醇的溶解度

正醇的碳数	溶解度/%						
	C_8	C_9	C_{10}	C_{11}	C_{12}	C_{13}	C_{14}
C_7	0.3	0.43	0.60	0.64	0.64	0.68	0.72
C_8	0.06	0.30	0.41	0.48	0.47	0.51	0.51
C_9	0.018	0.25	0.32	0.39	0.42	0.44	0.47
C_{10}	0.01	0.21	0.31	0.35	0.37	0.41	0.45
C_{11}	0.01	0.24	0.29	0.36	0.36	0.39	0.381

从表 2-2 可看出，表面活性剂的碳氢链越长，被增溶物的溶解度越大；被增溶物的碳氢链越长，其溶解度越小。

当增溶剂为聚氧乙烯型非离子表面活性剂时，由于这种表面活性剂的增溶是靠聚氧乙烯链起重要作用，所以必须同时考虑增溶剂的碳氢链长和聚氧乙烯链长。一般聚氧乙烯链长对增溶的影响较碳氢链大得多。

被增溶物在聚氧乙烯型非离子表面活性剂胶束溶液中的增溶量，一般用被增溶物使溶液达到浊点时的量来表示。被增溶物对于这种类型表面活性剂水溶液的浊点有各种影响。例如，脂肪烃对浊点的影响不大，所以大部分非离子表面活性剂对脂肪烃的增溶量可用对离子型表面活性剂相同的浊度法测定。而对于苯、甲苯和庚烷来说，由于它们能强烈地降低浊点，用浊度法测得的溶解度实为表观溶解度。对于具有相同聚氧乙烯链的非离子表面活性剂增溶正己烷的情形来说，其增溶量随碳氢链增长而增高；对于具有相同碳氢链的非离子表面活性剂增溶正己烷来说，其增溶量随聚氧乙烯链长增长而减低。聚氧乙烯型非离子表面活性剂对庚烷的增溶量和浊点，均随聚氧乙烯链的增大向高温方向移动，随聚氧乙烯链减小向低温方向移动。即具有相同碳氢链的聚氧乙烯型表面活性剂，聚氧乙烯链越长，其浊点越高，增溶量亦随温度升高而增大，在浊点时达到最大增溶量。综上所述，可做出如下结论：①当被增溶物对浊点影响较大时，以浊度法测定的增溶量通常为表观值；②具有相同聚氧乙烯链的非离子表面活性剂，其碳氢链越长，增溶能力越弱；③以浊点测定增溶量时，表面活性剂水溶液的浊点同时受其本身的碳氢链长和聚氧乙烯链长的影响，故具有相近浊点的非离子表面活性剂才能比较它们对某一物质的增溶量；④极性被增溶物在聚氧乙烯型非离子表面活性剂水溶液中的增溶量随聚氧乙烯链增长而增大。

具有不饱和链的表面活性剂，如油酸对直链烷烃和环烷烃的增溶能力较差，但被增溶物为芳香族或极性化合物时，增溶能力却较大。这可能是由于相似相溶原理引起的。

亲油基具有分支的表面活性剂，其增溶能力较直链的小，这是因为支链亲油基阻碍被增溶物分子穿入胶束的缘故。

表面活性剂增溶作用与 *cmc* 和胶束疏松度有关。非离子表面活性剂的增溶能力大于相应的离子表面活性剂，这是因为大多数非离子表面活性剂的 *cmc* 较相应的离子表面活性剂小得多，所以增溶作用强得多。阳离子表面活性剂的增溶能力大于具有相同碳氢链的阴离子表面活性剂，这是因为阳离子表面活性剂形成的胶束比较疏松的缘故。具有相同亲油基的表面活性剂对烃类和极性有机物的增溶作用顺序为：非离子表面活性剂＞阳离子表面活性剂＞阴离子表面活性剂。

被增溶物不论以何种方式被增溶，其增溶量均与被增溶物分子本身的结构和性质有关，如被增溶物分子的碳氢链长、支化度、取代基、极性和摩尔体积，以及被增溶物的物理状态等。

脂肪烃和烷基芳烃的增溶量随本身链长增大而减小，环化使增溶量增大，不饱和化合物的增溶量较相应的饱和化合物要大，带支链的饱和化合物的增溶量与相应的直链异构体大致相同。多环化合物的增溶量随分子量增大而减小，甚至还小于分子量相等的直链化合物，如萘的增溶量小于正癸烷和正丁苯，其原因可能是增溶多环化合物的胶束体积必须远远大于增溶简单烃类化合物的胶束体积。

碳氢化合物的增溶量与其本身的摩尔体积近似地成反比，摩尔体积越大，增溶量越小。胶束内层受胶束弯曲界面产生的压力影响，使得被增溶物分子穿入胶束受阻，从而导致增溶量减小。胶束的曲率半径越小，增溶量越小。

被增溶物的增溶量随本身极性增大而增高，例如正庚醇，其增溶量较正庚烷大1倍，又如乙酸戊酯、甲基叔丁基醚、甲基异丁基酮等，它们的增溶量约为分子量和体积均小的相对应烃的两倍以上。极性化合物的极性大小和形成氢链的能力决定着它们在胶束“栅栏”中的位置，当表面活性剂溶液的浓度不很大时，胶束是球状的，碳氢链难以深入胶束内部，所以处于“栅栏”界面的极性化合物较处于胶束内芯的增溶量要大得多。因此，被增溶物的极性越小，碳氢链越长，其增溶量越小。

在离子表面活性剂溶液中加入无机盐可增加烃类的增溶量，减少极性有机物的增溶量。加入无机盐可使表面活性剂的 *cmc* 降低，由于 *cmc* 下降，胶束的数量则增多，所以增溶能力增大。另一方面，由于加入无机盐会使胶束中“栅栏”分子间的斥力减小，于是分子排列得更加紧密，从而减少了极性化合物可被增溶的位置，因此极性有机物被增溶的能力减小。加入盐的种类不同，对增溶能力的影响也不同，钠盐的影响比钾盐大。加入具有相同阳离子而不同阴离子的盐，对增溶能力的影响也不同，例如钾盐对染料橙-OT 在十二烷基硫酸钾溶液中的增溶的影响，氢氧化钾大于硫氰酸钾，硫氰酸钾又大于氯化钾。在非离子表面活性剂溶液中加入无机盐，其浊点降低，增溶量增高，并且随加入盐的浓度增大而增高。

在表面活性剂溶液中加入非极性有机化合物（烃类），会使胶束增大，有利于极性有机化合物插入胶束“栅栏”间，使极性被增溶物的增溶量增高。反之在表面活性剂溶液中加入极性有机化合物，则能使烃类化合物的增溶量增大。极性有机物的碳氢链越长，极性越小，烃类化合物的增溶量增加得越多，例如硫醇、胺和醇对增溶能力影响的顺序为：$RSH > RNH_2 > ROH$。体系增加了一种有机物后，使另一种有机物的增溶量降低。例如在十二烷基硫酸钠水溶液中加入长链醇后，油酸的增溶量则降低。这是因为两种化合物分子对胶束“栅栏”位置发生竞争占据的缘故。

温度对增溶的影响因表面活性剂和被增溶物不同而不同。影响增溶的因素有两个：第一，温度变化能导致胶束性质发生变化；第二，温度变化可引起被增溶物在胶束中溶解情况发生变化。实验证明，对于离子表面活性剂来说，温度对胶束的大小的影响不大，主要是影响被增溶物在胶束中的溶解度，其原因可能是热运动使胶束中增溶空间扩大。对于具有聚氧乙烯链的非离子表面活性剂来说，温度升高，聚氧乙烯链的水化作用减小，胶束易于形成，胶束的聚集数也显著增大，于是非极性烃类化合物和卤代烷烃等的增溶量增大。对于极性被增溶物来说，其增溶位置是在胶束“栅栏”的界面区域，温度上升起始阶段，由于表面活性剂分子热运动增强，胶束的聚集数多，所以增溶能力随温度升高而增大。继续升高温度，聚氧乙烯链加速脱水而易于缩卷，使胶束“栅栏”界面区域起增溶的空间减小，于是增溶能力下降，所以温度对增溶能力的曲线上出现一个最大值。对于碳氢链较短的极性化合物来说，在接近表面活性剂溶液的浊点时，其被增溶能力更为显著。此外，对于某些醇，如正辛醇，其增溶量随温度升高而下降。

2.3.7　表面活性剂的洗涤功能

某些表面活性剂具有良好的洗净去污能力，广泛地用于洗涤剂生产中。

表面活性剂的洗涤力与其化学结构之间的关系，因受污垢和表面活性剂之间发生复杂作用的影响而变得含糊不清。为了解它们之间的关系，必须精确地定义体系的属性，使之简化，才能获得确切结论。

对于液体油性污垢的去污来说，由于油性污垢的去除过程主要服从增溶作用机理，所以可以说，凡是具有有利于提高增溶空间结构的表面活性剂都能很好地增溶油污并将其除去。

同样，如果污垢的去除过程主要服从乳化机理，对乳化作用有适宜 HLB 值的表面活性剂，较其他表面活性剂乳化去污能力强。据报道，非离子表面活性剂在低浓度下，去除油污和防止油污再沉积能力高于阴离子型具有类似结构的表面活性剂，其原因是非离子表面活性剂的 *cmc* 很低。

在洗涤过程中，表面活性剂发生定向排列，其亲水基朝向水相，否则就不能除去污垢和防止再沉积。因此，洗涤液中表面活性剂的洗涤行为与固体表面的极性及表面活性剂的离子性质有密切关系。例如，无论是阴离子表面活性剂，还是非离子表面活性剂，都能在非极性固体表面（如聚酯或尼龙）上有良好的性能。在棉或纤维素这类亲水性大的物体上，阴离子表面活性剂比非离子表面活性剂的性能要好，原因是：固体表面亲水性大，与表面活性剂的聚氧乙烯单元产生极性吸引和氢键作用，从而迫使其定向排列，使更多的疏水基暴露在水相中，或使表面活性剂分子沿固体表面平行排列。这种定向排列能增高或至少不降低污垢-水和固体-水界面的自由能，从而阻止污垢的去除。一般很少采用阳离子表面活性剂作洗涤剂，因为它在固体表面上能反向排列形成拒水型表面，当固体表面带负电时，尤为容易形成拒水膜。

显然，表面活性剂分子在固体表面上的吸附程度和定向排列方式对于表面活性剂在洗涤过程中的行为影响非常大。因此，可以通过改变表面活性剂的结构来改善洗涤力。实践表明：碳氢链长的增大将会提高表面活性剂的去污能力；具有支链和亲水基团处于碳链中间的表面活性剂，其洗涤能力较低；对于给定碳原子数和端基的表面活性剂，当碳链为直链结构、而亲水基团处于端基位置上时，它们具有最大的洗涤能力。有些研究表明：随着亲水基长度增大和从链中间向端基移动，表面活性剂的洗涤能力增高。但链长的增大有个限度，如果链长过大，表面活性剂的溶解性降低，洗涤效果下降。

虽然端基具有亲水基团结构的直链表面活性剂在理想条件下表现最佳的洗涤能力，但当洗涤液中存在电解质和高价阳离子时，则表面活性剂的溶解度降低，从而影响洗涤能力，达不到最佳洗涤效果。在这种情况下，亲水基团位于链内的表面活性剂具有较高的洗涤能力。

表面活性剂亲水基的属性对洗涤能力也有很大的影响。如饱和碳链被包围时，影响吸附的定向排列，从而影响洗涤能力。对聚氧乙烯型非离子表面活性剂来说，聚氧乙烯链增大，在固体表面上的吸附效应减小，导致洗涤能力下降，甚至消失。当聚氧乙烯链插入疏水基和阴离子基团之间时（如脂肪醇聚氧乙烯磺酸盐），这种表面活性剂的洗涤特性优于没有嵌入聚氧乙烯链的磺酸盐。

综上所述可归纳如下：①在溶解度允许的限度内，表面活性剂的洗涤能力随疏水链增大而增高；②疏水链的碳原子数给定后，直链的表面活性剂比支链的有更大的洗涤能力；③亲水基团在端基上的表面活性剂较亲水基团在链内的洗涤效果好；④对于非离子表面活性剂来说，当表面活性剂的浊点稍高于溶液的使用温度时，可达到最佳的洗涤效果；⑤对于聚氧乙烯型非离子表面活性剂来说，聚氧乙烯链长度增大（只要达到足够的溶解度），常导致洗涤能力下降。

2.3.8 表面活性剂的亲水亲油平衡值

表面活性剂之所以能得到广泛的应用就是因为它的两亲性，其两亲性的相对大小称为亲水亲油平衡（hydrophile and lipophile balance，HLB）值。HLB是选择和应用表面活性剂的一个重要参考因素，它反映的是表面活性剂分子中两种结构基的大小和力量平衡后的相互关系。表面活性剂的HLB值以下式表达：

$$\mathrm{HLB}=\frac{\text{亲水基的亲水性}}{\text{亲油基的亲油性}}$$

表面活性剂的HLB值越大，其亲水性越强；HLB值越小，亲油性越强，表面活性剂的HLB值均以石蜡HLB=0，油酸HLB=1，油酸钾HLB=20，十二烷基硫酸钠HLB=40作为标准。

测定HLB值的方法主要有乳化法，浊点、浊数、相转变温度法，临界胶束浓度法，分配系数、溶解度法，水合热法，核磁共振法，色谱法，分子结构式法，结构因子法等，此处只介绍前两种。

（1）乳化法

乳化法的原理是用表面活性剂来乳化油相介质，当表面活性剂的HLB值与油相介质所需的HLB值相同时，生成的乳液稳定性最好。

对于一般的水溶性表面活性剂，可以使用松节油（所需HLB值为16）或棉籽油（所需HLB值为6）配制一系列需要不同HLB值的油相，每15份油相中加入5份待测表面活性剂，然后加入80份水，搅拌乳化，其中稳定性最好的试样中油相所需的HLB值就是表面活性剂的HLB值。对于油性表面活性剂，可以固定油相为棉籽油。用另外一种水溶性较大的表面活性剂如斯盘60（所需HLB值为14.9）与待测表面活性剂配制成不同比例的一系列复合乳化剂，根据上述相同的方法，也可测出表面活性剂的HLB值。

在应用乳化法时需注意两个问题：一是混合表面活性剂的HLB值的计算，现在基本采用质量加和法，是一种粗略的算法。二是当待测表面活性剂的乳化力较强时，测得的HLB值是一个范围。一般表面活性剂可以采用乳化法测出HLB值，对于特殊、新型结构的表面活性剂，采用乳化法也可以得到可靠的结果，但此法的缺点是比较烦琐、费时。

（2）浊点、浊数、相转变温度法

浊点法的原理是聚氧乙烯醚型非离子表面活性剂的HLB值与使其水溶液发生浑浊的温

度之间有一定的关系，通过测定浊点可以得知其 HLB 值。

浊点测定可通过将 1%左右的表面活性剂水溶液置于大试管中，液面高 50mm，在甘油浴中边搅拌边缓慢加热，当溶液透明度降低而变浑浊时，试管内的温度就是表面活性剂的浊点。

浊数也称水数，就是使一定质量分数（约 10%）的表面活性剂有机溶剂（可以是正丙醇、二氧六环等）溶液发生浑浊所需添加的水的体积（以 mL 计）。测定时采用普通的滴定法即可，此法简单易行，但只适用于水溶性较小、分布较窄的表面活性剂。

相转变温度法是用电导仪测定乳液由 O/W 型变为 W/O 型时的温度，由此得知乳液中表面活性剂的 HLB 值。有关的计算公式见表 2-3。

表 2-3　浊点、浊数法、乳状液相转变温度法 HLB 值计算公式

计算公式	符号意义	适用范围
$HLB=0.098X+4.02$	X 为 10%表面活性剂水溶液的浊点，℃	PO-EO 嵌段共聚物
$HLB=1602X(X+115.9)/163.4-7.34$		烷基酚聚氧乙烯醚
$HLB=23.64\lg W-10.16$	W 为水数，mL	酯型非离子表面活性剂
$HLB=57.91\lg W-58.55$		脂肪醇、壬基酚、脂肪酸聚醚以及三甘酯、山梨醇混合酯等及其乙氧基化产物
$HLB=16.02\lg A-7.34$	A 为表面活性剂浊数，mL	烷基酚聚氧乙烯醚
$HLB=0.89A+1.11$		聚氧乙烯醚型和酸型非离子表面活性剂

浊点法和浊数法都十分简便，但要特别注意待测试样中不能有离子型表面活性剂或其他电解质存在，微量的离子型表面活性剂就可以使体系的浊点改变 20℃以上。

第3章

家用洗涤产品

洗涤剂是人们日常生活和工作中的必需品，长期以来在保护人类健康、清洁环境及工业生产中起着十分重要的作用。

3.1 洗涤剂的基本概念

洗涤剂种类繁多，各成系列，主要分为民用洗涤剂和工业用洗涤剂。民用洗涤剂包括个人卫生清洁剂、衣物用洗涤剂和家庭日用品清洁剂；工业用洗涤剂包括各行各业所用清洗剂。

民用洗涤剂总的发展趋势是：就形式而论，商品由粉状逐渐向液体、膏状、浓缩型、超浓缩型转变，粉状产品的发展趋势减慢，液体洗涤剂增长加快；就洗涤对象而论，通用型逐渐转向专用型。在配方中加入各种各样的添加剂，制备出许多功能各异的洗涤剂产品。近年来出现的复配洗衣粉、加酶洗衣粉、含氧漂白洗衣粉、杀菌洗衣粉，以及五光十色的专用液体洗涤剂和硬表面清洁剂，为消费者提供了很大的方便，受到人们的欢迎。

洗涤剂工业属于投资少、见效快的行业，但是随着人们物质生活水平与精神文明程度的日益提高，人们不仅对洗涤剂用品的需求量与日俱增，而且对产品的多样性和质量要求也越来越高，所以只有不断开发新产品、提高产品质量才能满足人们的需要，在激烈的市场竞争中立于不败之地。

3.2 家用洗涤产品的主要原料

3.2.1 表面活性剂

在洗涤剂中，表面活性剂一般作为洗涤成分，但在某些配方中也用作辅助原料，起乳化、增溶、保湿、润滑、杀菌、柔软、抗静电、发泡、消泡等作用。在民用洗涤剂配方中占5%～30%。按用量和品种，用得最多的是阴离子表面活性剂，其次是非离子表面活性剂，两性表面活性剂很少使用。阳离子表面活性剂，由于它在纤维上的吸附性大、洗涤力小，且价格昂贵，不适合用于洗涤剂，在洗涤剂中加入阳离子表面活性剂主要目的是使洗涤剂具有杀菌消毒能力或起柔软作用。

（1）阴离子表面活性剂

阴离子表面活性剂溶于水时，其憎水基分解为阴离子。在分子结构中，亲水基主要有钠盐、钾盐、乙醇胺盐等水溶性盐类；憎水基（亲油基）主要是烷基、异烷基、烷基苯；也有在结构中具有酰胺和酯键的，它们是由非离子表面活性剂进一步衍生制得的。阴离子表面活性剂是洗涤剂中用量最多的，其中以脂肪酸碱金属盐（肥皂）、烷基硫酸酯盐、烷基磺酸盐等用量最多。它们的优点是：价格便宜，与碱配用可以提高洗涤力，在高温下有良好的溶解性，使用范围广，除烷基苯磺酸钠外，用其他品种洗涤纤维时手感舒适。

(2) 非离子表面活性剂

非离子表面活性剂在水溶液中不电离。其分子结构中的亲油基团与离子型表面活性剂大致相同，但亲水基一般是含有羟基的化合物或含有醚基的化合物等含氧基团。正是由于这一结构特点，非离子表面活性剂则较离子型表面活性剂有一系列优点。如在水溶液中不是呈离子状态，所以稳定性高，不易受强电解质的影响，也不易受酸、碱的影响，与其他类型的表面活性剂的相容性好，在水和有机溶剂中皆有较好的溶解性能。由于亲水基中羟基的数量不同和聚氧乙烯链长度不同，可以合成仅微溶于水到强亲水性的多种系列非离子表面活性剂。由于这一差异，HLB值不同，其溶解、润湿、浸透、乳化、增溶等特性也就不同。非离子表面活性剂大部分是液态或浆状，这也与离子型表面活性剂不同。随温度的升高，许多种非离子表面活性剂变得不溶。主要有以下几类：

① 多元醇酯类　常用的品种有单硬脂酸甘油酯、单硬脂酸二甘醇酯、单月桂酸丙二醇酯、单月桂酸缩水山梨醇酯、单硬脂酸缩水山梨醇酯、单油酸缩水山梨醇酯。各种脂肪酸的山梨醇酯商品名为 Span（斯盘），各种脂肪酸的多元醇酯主要用作乳化剂。

② 烷基醇酰胺类　这是一类用途广泛、使用频率较高的非离子表面活性剂，主要用作发泡剂、稳泡剂、增溶剂、增稠剂和调理剂等。烷基醇酰胺是由脂肪酸或脂肪酸甲酯与乙醇胺类直接结合而成，乙醇胺类包括一乙醇胺、二乙醇胺、三乙醇胺和异丙醇胺等。脂肪酸通常用椰子油或月桂酸。常与其他表面活性剂复合使用，借以提高去污力和泡沫稳定性。

这类产品有许多特殊性质：没有浊点；增加黏度，可使水溶液变稠；泡沫稳定作用，可稳定其他洗涤剂的泡沫；具有显著的悬浮污垢的作用，有助于防止污垢的再沉积，与其他洗涤剂配合使用，可提高去污力和泡沫，增效作用比其他非离子型产品要大；对动、植物油脂及矿物油均表现良好的脱脂力；大多数洗涤剂皆增加金属的锈蚀速率，而很稀的烷基醇酰胺溶液即能抑制钢铁的生锈；对纤维吸附性强，洗后手感好，且具有抗静电作用；对盐类十分敏感，在较低浓度的电解质溶液中即易被析出，故在自来水稀溶液中即呈浑浊。

③ 环氧乙烷加成物　环氧乙烷加成物是非离子表面活性剂中数量最大、用途最广泛的一大类产品。亲油基包括高级脂肪醇、高级脂肪酸、烷基酚类、烷基酰胺类、多元醇酯类以及其他带有活性基的化合物。亲水基就是加成不同摩尔数的环氧乙烷。主要品种有烷基酚聚氧乙烯醚、脂肪醇聚氧乙烯醚、失水山梨醇酯聚氧乙烯醚。

(3) 两性离子表面活性剂

两性离子表面活性剂的分子是在非极性部分加上一个带正电荷的基团和一个带负电荷的基团所组成。其中非极性部分可以是烷基或带芳基等基团。带正电荷的基团常为含氮基团（或者用硫或磷取代了的位置）。带负电荷的基团一般是羧基或磺酸基。两性离子表面活性剂和阴离子表面活性剂相同，一般可用作洗涤基剂，但不能作为主剂。在洗涤剂中主要利用它兼有阴离子表面活性剂的洗涤性质和阳离子表面活性剂对织物起柔软作用的性质来改善洗后手感。主要品种有甜菜碱衍生物、咪唑啉衍生物、氧化胺等。

3.2.2 洗涤助剂

单纯使用表面活性剂可以获得相当令人满意的洗涤效果，如添加一些其他物质提高其洗涤能力，不但能获得更好的洗涤效果，而且也经济，这种添加物称为洗涤助剂。通常洗涤助剂应具有如下功能：能与高价阳离子起螯合作用，软化洗涤硬水；对固体污垢有抗凝聚作用或分散作用；起碱性缓冲作用；防止污垢再沉积。洗涤助剂种类很多，大部分为专用产品，其在洗涤剂中的使用频率及重要性不次于主表面活性剂。主要品种如下：

（1）增溶剂

增溶剂的作用主要是提高洗涤剂的溶解性和提高各配伍组分的相容性。因此，使用增溶剂对于产品配制和使用都是相当重要的。常用增溶剂或助溶组分是烷基苯磺酸钠，此外还广泛使用低分子醇和尿素。像预去斑剂等依据增溶原理达到清洗重垢污斑的产品，增溶剂的作用和原料选择更为重要。

（2）增泡剂

大部分液体洗涤剂对泡沫有一定要求，如洗发香波和皮肤清洁剂都要求有丰富和细腻的泡沫，对泡沫的稳定性也有较高要求。因为作为洗涤剂，泡沫起携污作用，它也对漂洗过程起指示作用；作为洗发香波和沐浴液，丰富而稳定的泡沫使洗涤过程成为一种享受。在选择主表面活性剂和添加剂时应综合考虑增泡和稳泡效果。在表面活性剂中，烷基醇酰胺被广泛用作稳泡剂。一些极性有机物如高碳醇也可作稳泡剂。水溶性高分子化合物不但稳泡、增泡，还可作增稠剂，对头发、皮肤有较好的调理作用。

（3）增稠剂

在制造家用液体洗涤剂时，一般要求产品具有一定的黏度或强度，既能增加感官效果又能方便使用。对于有效物含量低的洗涤剂产品，保持产品有足够的黏度更为重要。对于垂直表面和光滑表面使用的液体洗涤剂，产品的黏度尤其重要。因此，在确定对产品强度有一定要求的洗涤剂配方时，表面活性剂应首先选用非离子表面活性剂，因为这类表面活性剂能赋予产品较高的黏度。为了增加黏度，有必要添加一些高分子水溶性物质、天然树脂和合成树脂、聚乙二醇酯类、长链脂肪酸等物质。在液体洗涤剂中加入1%～4%无机电解质（如氯化钠或氯化铵）可显著地提高产品的黏度，但是高温下效果不好。

（4）调理剂

调理剂的作用是使产品增加调理功能，使产品上档次，增加附加值。在个人卫生产品中如调理性洗发香波，调理剂可使头发梳理性好、柔软光亮。在衣用洗涤剂产品中，调理剂主要使纤维柔软蓬松、抗静电。在设计配方时，主要考虑选用具有调理作用的表面活性剂，如氧化脂肪胺、两性表面活性剂、长链阳离子表面活性剂、氧化叔胺、羊毛脂衍生物等。

（5）乳化剂

在制备乳状液体洗涤剂产品时，必须加入乳化剂。一般来说，乳化剂是由多种表面活性剂、极性有机物和其他高分子化合物组成的亲水亲油体系。

（6）柔软剂

在织物液体洗涤剂产品中，柔软剂的密度很大，作用也相当重要，它可以赋予织物膨松、柔软、手感好并且抗静电。对于调理型洗发香波和护发素，柔软剂的作用主要是改善头发的梳理性、抗静电性等。

（7）溶剂

在制备液体洗涤剂、干洗剂和预去斑剂时，需要使用溶剂。液体洗涤剂大部分以水作溶剂，干洗剂、预去斑剂等要使用有机溶剂配合洗涤，除低分子烷烃及其衍生物外，经常使用乙醇、异丙醇、丙酮等有机溶剂。就水而言，水质的好坏直接影响产品的质量和生产的成败。未经处理的天然水中含有各种钙、镁盐类、氯化钠及其他无机和有机杂质，不宜直接用于制作洗涤剂，须进行处理。常用的处理方法有：用螯合剂软化硬水；用活性炭吸附除去有机杂质和悬浮杂质，采用离子交换树脂或电渗析法除去 Ca^{2+}、Mg^{2+}、Na^{+}、K^{+} 等正离子和 Cl^{-}、SO_4^{2-}、HCO_3^{-} 等负离子，得到去离子水；还可用蒸馏的方法得到纯净的去离子水。在一般液体洗涤剂中，使用软化水和去离子水即可。一些特殊用途液体洗涤剂才需使用蒸馏水。

（8）螯合剂

螯合剂的作用是与硬金属离子结合，生成可溶性络合物。在洗涤过程中，首先表现为能使硬水软化，即螯合剂先于洗涤成分与水中的金属离子螯合，使水软化。在洗涤过程中不但节省洗涤活性物，还避免在织物上留下污垢沉淀物，使被洗物保持鲜艳色彩。

合成洗涤剂中最常用也是性能最好的螯合剂是三聚磷酸钠。但是，在液体洗涤剂中三聚磷酸钠较难加入，因为在一般情况下三聚磷酸钠在液体洗涤剂中会使产品变得浑浊以至分层。因此，液体洗涤剂中常用柠檬酸和酒石酸螯合铁离子，用硅酸钠与碳酸钠配合螯合镁离子。

现代洗涤剂中广泛使用有机螯合剂：羧甲基丙醇二酸钠（SCMT）、氨三乙酸钠（NTA）、乙二胺四乙酸二钠（ETDA-2Na）。其中最常用和最有效的是 ETDA-2Na。它在溶液中能与金属离子形成一个牢固的环状结构，使金属离子被牢固束缚。此外它还能使溶液提高透明度，并有一定的杀菌能力，使液体洗涤剂手感舒适。在香皂中它还是抗氧化剂，在香波中起稳定剂作用。

（9）缓冲剂

缓冲剂也称 pH 调节剂，主要是用于调节洗涤剂的酸碱度，使 pH 值在所设计的范围内，满足产品或组成物的特定需要。pH 调节剂一般在产品配制后期使用。常用的品种有：各种磺酸、柠檬酸、酒石酸、磷酸、硼酸钠、碳酸氢钠、磷酸二氢钠等。

（10）珠光剂

珠光剂可使产品产生一种珍珠样光泽，使产品得到更加漂亮的外观。过去常用一些天然珠光原料，如贝壳粉、云母粉、天然胶等。还可以添加下列助剂，达到遮光的目的，产生珠光效果。它们是硬脂酸的金属盐（钙、镁、锌盐类），丙二醇硬脂酸酯、甘油硬脂酸酯等。现代珠光液体洗涤剂产品更喜欢选用乙二醇硬脂酸酯作为珠光剂。

(11)杀菌剂

在许多洗涤剂产品中必须使用杀菌剂，以防止和抑制细菌的生长，保证产品在保质期内不至于腐败变质。凡是易受细菌破坏的产品均应使用杀菌剂。应选用无毒、无刺激、色浅价廉以及配伍性好的杀菌防腐剂。常用的杀菌剂有：对羟基苯甲酸酯类（俗称尼泊金酯），常用的是其甲酯、丙酯、丁酯等；季铵盐类表面活性剂；邻苯基苯酚；咪唑烷基脲。某些香料也具有防腐性。有机酸如安息香酸及其盐类、苯甲酸及其盐类、水杨酸、石炭酸等也是杀菌剂。

(12)消毒剂

在餐具洗涤剂和衣用液体洗涤剂中都要求具有消毒功能，目前大量使用的仍然是含氯消毒剂，如次氯酸钠、次氯酸钙、氯化磷酸三钠、二氯异氰脲酸及其盐类。今后将向非氯系列消毒剂发展。有些酸性消毒洗涤剂选用阳离子表面活性剂。

(13)除臭剂

除臭剂用在清洗厕所等有异味的场合。最简单的方法就是赋香掩盖除臭，即在洗涤剂中加入适当的香精，使用后的方法靠留香掩盖臭味。使用最多也是最有效的是化学除臭法，如洗涤剂中加铁盐可以除去便池中的硫化氢臭气；一些碱性或酸性制剂、氧化剂、还原剂等与臭气反应，即可达到除臭目的。利用马来酸酯与臭氧缩合也可除臭。有些洗涤剂采用物理方法实现除臭，如加入吸附剂、吸收剂进行除臭。

(14)漂白剂

对于织物及其他重垢物品洗涤，去污效果是至关重要的，加入漂白剂是一种有效的方法。漂白剂组分在洗涤过程中不但可以去除重垢污斑，还可以使洗过的衣物洁白、鲜艳。常用的漂白剂有过氧化盐类，如过硼酸钠、过碳酸钠、过碳酸钾、过焦磷酸钠等。当用热水洗涤时，过氧化盐分解，放出活性氧，使污斑氧化便于去除，同时对织物进行了漂白。在含有过氧化物漂白剂的洗涤剂中，应同时加入少量稳定剂，如硅酸镁、乙二胺四乙酸二钠、硅酸钠及磷酸盐类。这种稳定剂可以减缓漂白剂的分解速率，不损伤织物，并保持良好的漂白效果。

(15)紫外线吸收剂

紫外线吸收剂广泛用于护肤产品，它可以防止紫外线对皮肤的伤害。近来在个人卫生用洗涤产品中也有使用紫外线吸收剂，以提高产品的抗紫外线功能并保护皮肤或头发。常用的紫外线吸收剂有二苯甲酮衍生物以及苯并噻唑衍生物。

(16)抗氧化剂

抗氧化剂是以油脂为原料的洗涤剂中使用的助剂。特别是含有不饱和键的化合物，很容易因氧化引起变质，出现酸败，影响产品质量，故必须加入抗氧化剂。抗氧化剂种类很多，常用的是酚类和酮类，选择抗氧化剂应根据油脂性质、制品的物理形态、制品的 pH 值、用途、储存期的要求等。常用的品种有丁羟基茴香醚、二叔丁基对甲酚、2,5-二叔丁基对苯二酚、没食子酸丙酯等。

(17)抗静电剂

在液体洗涤剂中，往往要加入抗静电剂，以使被洗物件消除静电。凡是可作柔软剂的表面活性剂同样是良好的抗静电剂，如阳离子表面活性剂、两性离子表面活性剂都可作抗静电剂使用。在阴离子表面活性剂中，各种磷酸盐都是良好的抗静电剂。

(18) 保湿剂

对于一些具有化妆和滋润作用的个人卫生用液体洗涤剂，需要加入一些保湿剂，它可以使皮肤保持一定的水分，并与营养物质更好地接触，更好地滋润皮肤。常用的品种有甘油、丙二醇、山梨醇、聚乙二醇、乳酸钠。

(19) 酶制剂

酶制剂是一种生化制剂，加入洗涤剂中可对相应的污垢进行生化反应，如脂肪酶可使油脂类污垢分解；蛋白酶可使血迹等污垢分解；淀粉酶可分解淀粉类污垢。使用酶制剂洗涤可以缩短洗涤时间，延长织物寿命，有效地提高去污力。在不同类型的洗涤剂中，应根据去除污垢的类型、制剂的 pH 值等选择适当的酶制剂，同时考虑酶制剂的配伍、酶活性和储存稳定性。采用几种酶制剂复合并与表面活性剂配伍，可显著提高产品的综合去污能力。

(20) 摩擦剂

对于部分液体洗涤剂，用于洗涤带有牢固污斑的硬表面（如炉灶、炊具等），必须借助机械摩擦力才能有效地去污。加入摩擦剂可增大洗涤剂与硬表面的机械摩擦力，使污垢更易脱离。常用的摩擦剂有石英砂等非金属矿粉。摩擦剂要有一定的硬度和摩擦值。新出现的一类摩擦剂是硬质塑料细粉或塑料小球。有时泡沫塑料小球也可作为地毯洗涤剂用摩擦剂。

(21) 香精

香精可以通过分子扩散引起人们的快感，闻到香味使人感到优雅和舒适。在液体洗涤剂中，尤其是洗发香波和沐浴液，对香精的要求相当严格。香精的选择除技术性原则外，经济性非常重要。对于不同档次的洗涤剂可以选择同一香型不同档次的香精。加香量不等，产品成本有很大差别。常用的香型是以花香为主的化妆品用香精，最好选用水溶性香精。随着生活水平的提高，“回归大自然”已成为消费潮流。在产品中加入一些天然植物萃取液，再配以相关的天然色素，使产品具有较高档次，定会更加受到人们的青睐。

3.3 生产配方及制造方法

3.3.1 配方原则

3.3.1.1 洗涤剂的配方原则

洗涤剂分家用洗涤剂和工业用洗涤剂，由于用途不同，其配方也有很大差别。家用洗涤剂配方中有十余种成分，主要成分为表面活性剂，占 5%～30%。其用量最多的表面活性剂是烷基苯磺酸钠、十二烷基硫酸钠；脂肪醇聚氧乙烯醚及其硫酸盐或其他芳基化合物的磺酸盐。它们是去除污垢的主要成分，起润湿、增溶、乳化、分散和降低表面张力的作用。

在含磷洗涤剂中，三聚磷酸钠和多磷酸钠的用量因洗涤对象而不同，含量在10%～50%之间。它们在洗涤剂中起软化硬水、去除污垢、抗再沉积及缓冲作用，使洗涤剂的pH值保持在7～9。

无机盐如硫酸钠、氯化钠等在配方中含量约为20%，在洗涤剂中主要起提供电解质的作用，离子含量增高可加速疏水基在固-液界面上定向排列。洗涤剂配方中约含有1%的羧甲基纤维素，起抗再沉积作用；含5%以下的硅酸钠，起抗再沉积、保持pH值和降低对金属腐蚀的作用。在配方中加入10%的过碳酸钠，起漂白和去污作用。此外，还应有一定量的荧光增白剂、香精和酶等。餐具粉状洗涤剂（机洗用）应含有16%～50%的三聚磷酸钠、25%～50%的硅酸钠、40%以上的碳酸钠和少量的非离子表面活性剂。而手洗用餐具粉状洗涤剂通常用月桂醇聚氧乙烯醚硫酸盐作为活性成分，胺氧化物作柔和剂。

3.3.1.2 粉粒状洗涤剂制造方法

粉粒状洗涤剂的制造方法有吸收法、干燥混合法、喷雾干燥法、固相中和法、转鼓干燥法等。

（1）喷雾干燥法

喷雾干燥法是将活性物单体和助剂调制成一定黏度的料浆，然后将料浆通过高压泵和喷射器喷射成雾状粒子，使粒子与200～300℃的热风接触，在短时间内成为干燥的粒子。此法按料浆粒子与热风接触的方式，分为顺流式和逆流式。

在合成洗涤剂工业中，喷雾干燥法占有重要的地位，世界约80%的粉状合成洗涤剂是靠该法生产出来的。其工艺流程大致分为三道工序：预处理工序、干燥工序和后处理工序。

预处理工序是将表面活性剂与有机的和无机的洗涤助剂进行混合配料，配料的水分含量一般为30%～50%，最好能使料浆中固体物的浓度尽可能地降低，以提高料浆的均一性。所配料浆的温度多数控制在50～80℃的范围，为防止加压喷嘴小孔的堵塞，应采用过滤装置，滤除料浆中不溶的或粒度过大的固体物。

干燥工序包括喷雾器、干燥塔、热风发生炉、送排风机以及集尘装置等设备。喷雾器中常采用涡旋式或离心式加压喷嘴，在压力下可使料浆呈旋转运动，喷成中空的圆锥形粉状颗粒，喷嘴的孔径由所需产品的粒度决定。在通常情况下，为使粉状合成洗涤剂的颗粒粒径达到500～550μm，便要使干燥塔中料浆雾滴的直径控制在400μm左右，为此，多采用孔径为2.4～3.0mm和压力0.3～0.4MPa的喷嘴。干燥工序中最重要的设备是干燥塔，该塔一般高30m、直径5.5～6.5m，塔内的结构形式常随生产的粉状合成洗涤剂的不同而异，如对重垢型的粉状产品，宜采用对流式加压喷嘴形式；对轻垢型的粉状产品，宜采用并流式加压喷嘴形式。一般每塔安置10～20只喷嘴，这些喷嘴安装在距塔顶2～3m处。增加喷嘴的数量，能提高喷淋密度，改善料浆雾滴在干燥塔截面上的均匀分布，以提高面积蒸发强度。在正常情况下，干燥塔的热空气的入口温度为300℃，在干燥塔内的温度为250℃左右，料浆雾滴在该温度下干燥成细粒产品，过高的塔内温度会使粉状产品的组分在塔内热壁上过热而变成难溶物。

料浆雾滴在干燥塔内完成干燥后，细粒产品的出塔温度为50～80℃。出塔的细粒需用较低温度的空气进行冷却老化，该空气温度一般控制在30℃左右。冷却老化处理的目的在于促使细粒产品中各助洗剂的晶化作用，将细粒中的水分保持为一种稳定的形态。因为细粒中的水分含量常与产品的溶解度和结团性有关，冷却老化时间短，使细粒中水分含量过少，促使产品的吸潮速度加快，很容易发生结团现象，这就是后处理工序所需达到的一个重要目的。后处理工序还包括将冷却老化的粉状颗粒进行筛分、加香以及添加各种可以提高洗涤性能的添加物，然后包装、入库。

（2）简单吸收法

简单吸收法生产粉剂的工艺过程是先将干燥组分投入混合器内，在搅拌下通过喷嘴将溶液缓缓泵入或注入，喷到粉剂上。溶液的加料速度必须调节到使液体达到助剂表面时即被吸收，否则将形成硬的结晶块。液体全部加完后，再继续搅拌 15min，然后将粉剂卸在混凝土地面上，老化 12～24h。如果液体总量不大于 5%，可免除老化。老化一般可起到形成结晶和冷却的作用。此法有很大的局限性，活性物的加入量为 5%～8%，采用特殊的方法才可能使活性物加入量达到 12%。

（3）干燥混合法。

将喷雾干燥或转鼓干燥的含活性物 40%～60%的粉状制品置于粉剂混合机或干燥混合机中，再加入其他组分一起掺混即可。为保持喷雾干燥粉剂的特性，可以持用喷雾干燥的三聚磷酸钠和硅酸钠加入喷雾干燥的活性粉状物中。在这种方法中，所用组分大多经过干燥，在混合时必须尽量避免物粒破损。这种方法采取得时干燥混合工艺，所以不可将硅酸钠溶液加于粉剂中混合。如果那么也可以用很细的、部分水合的胶体硅酸钠或硅酸钠直接混合。

（4）固相中和法

将未中和的活性物如磺酸等与固体无机助剂、固体碱如碳酸钠或液体碱相混合搅拌，这时一面黏结附聚，一面进行中和反应。如需要非离子表面活性剂. 也可在混合时一并加入。这种方法与简单吸收法一样简便。成品质量在很大程度上取决于混合是否均匀。该法的不足是成品的黏度不均匀，且表观密度大。

（5）转鼓干燥法

将洗涤剂料浆从上部输入转鼓空隙间，在加热转鼓上干燥成片状，经干燥后的洗涤剂薄层连续地用副刀刮到传送带上，所得助粒基本上是无水的。采用这种干燥法制得的家用洗涤剂一般很少加或不加助剂，大部分成分是高活性的直链烷基苯磺酸盐。

3.3.2　配方实例及方法

3.3.2.1　洗衣粉

（1）配方

硫酸钠	31	月桂醇硫酸钠(K-12)	2
三聚磷酸钠	20	肥皂	2
硅酸钠	6	CMC-Na	1
碳酸钠	5	荧光增白剂	0.1
烷基苯磺酸钠(LAS)	12	过碳酸钠	12
酶制剂、香精	适量	水	适量

（2）配制

先将水、硫酸钠、三聚磷酸钠、硅酸钠、碳酸钠、烷基苯磺酸钠、月桂醇硫酸钠、肥皂、CMC-Na 混合制成浆料，用高塔喷雾法制成空心粉，最后按比例混入荧光增白剂、过碳酸钠、酶制剂、香精。

（3）特性

本品含有含氧漂白剂过碳酸钠，漂白性能好，泡沫中等，易于漂洗，特别适于白底花棉布的洗涤。

3.3.2.2 洗衣块

（1）配方

烷基苯磺酸盐	12	焦磷酸钠	10
椰油醇硫酸盐	18	碳酸钙	9
C_{12}～C_{18} 脂肪醇	5	钛白	1
碳酸钠	20	水	3
硫酸钠	20	荧光增白剂	适量

（2）配制

表面活性剂与 C_{12}～C_{18} 脂肪醇混合后，加入其余物料捏和，经研磨后压制成块。

（3）特性

这种块状洗衣剂由于添加了 C_{12}～C_{18} 脂肪醇，可有效减少对衣物的磨损，其去污力和发泡性能优良。

3.3.2.3 杀菌洗涤剂

（1）配方

三聚磷酸钠	40	无水偏硅酸钠	20
十水硫酸钠	33.3	碳酸钠	5
二氯异氰脲酸钾	1.7		

（2）配制

将上述组分研磨混合均匀即可。

（3）特性

将本品配成浓度为 15～20mg/L 水溶液，用于洗涤陶瓷、玻璃、金属器皿，具有良好的消毒杀菌作用。

3.3.2.4 液体洗涤剂

（1）配方

水	45.5	二甲苯磺酸钾	5
椰子油脂肪酸	8	焦磷酸四钾	12
氢氧化钾（40%水溶液）	5	硅酸钾（40%水溶液）	10
单乙醇胺	2.3	荧光增白剂	0.2
十二烷基苯磺酸钠	10	CMC	2
香精	适量		

（2）配制

将25份水、椰子油脂肪酸、氢氧化钾置于反应器中，搅拌加热至完全溶解；然后依次加入单乙醇胺、十二烷基苯磺酸钠、二甲苯磺酸钾、焦磷酸四钾、硅酸钾、荧光增白剂；皂化反应完成后加入20.5份水与CMC配成的溶液，最后加香精，混匀后分装。

（3）特性

本品具有很强的去污力。

3.3.2.5 轻垢液体洗涤剂

（1）配方

水	70	月桂醇聚氧乙烯醚硫酸钠(AES)	4
焦磷酸钾	9	碳酸钠	2
对甲基苯磺酸钠	5	十二烷基苯磺酸钠(LAS)	4.7
香精	0.3	乙醇	5

（2）配制

将水置于混合器中，在搅拌下依次加入焦磷酸钾、对甲基苯磺酸钠、十二烷基苯磺酸钠、月桂醇聚氧乙烯醚硫酸钠、碳酸钠；待充分溶解后加乙醇、香精，搅拌均匀即可。

（3）特性

本品对于棉、毛、麻、丝制品洗涤均有较好的效果。

3.3.2.6 重垢液体洗涤剂

（1）配方

LAS	9	烷醇酰胺	1
AEO-9	5	柠檬酸钠	21
脂肪酸钠	2	硅酸钠	3
水	加至100		

（2）配制

将水加热至50℃，将助剂加入，溶解后加入表面活性剂，搅拌至溶解均匀。

（3）特性

本品是优良的衣物用洗涤剂，去污力强，性能优良。

3.3.2.7 无磷液体洗涤剂

（1）配方

水	84	椰油酰甲基牛磺酸钠	2
苯甲酸钠	0.3	*N*-月桂酰基肌氨酸钠	2.5
AES	11	香精	0.2
色素	适量		

（2）配制

将水、苯甲酸钠置于混合器中搅拌加热至50℃使其溶解，搅拌下依次加入月桂醇聚氧乙烯醚硫酸钠（AES）、椰油酰甲基牛磺酸钠、*N*-月桂酰基肌氨酸钠，最后调香，调色。

（3）特性

本品泡沫丰富，适于洗涤各种织物。

3.3.2.8 浓缩型织物液体洗涤剂

（1）配方

椰油基羧甲基钠型咪唑啉醋酸盐	3～7	氢氧化钾	6～12
脂肪醇聚氧乙烯(7)醚	2～4	荧光增白剂	0.1～0.3
硅酸钾溶液	7～13	香精	适量
碳酸钠	3～8	水	加至100

（2）配制

向带搅拌器的搪瓷釜中加入水，在搅拌状态下加入碳酸钠、氢氧化钾及荧光增白剂，使其全部溶解后加入硅酸钾溶液；加入椰油基羧甲基钠型咪唑啉醋酸盐、脂肪醇聚氧乙烯（7）醚，充分搅匀。将混合液静置后进行过滤，滤液中加入香精，也可根据需要加入适量色素。混匀后即可包装为成品。

（3）特性

本品是一种浓缩型洗衣机用清洗剂，具有去污力强、泡沫低、易漂洗等特点。

3.3.2.9 手洗用洗涤剂

（1）配方

脂肪醇聚氧乙烯醚硫酸铵	10～20	乙醇	1～3
椰油脂肪酸二乙醇胺	3～8	色素	适量
十二烷基二甲基氧化铵	2～6	香精	适量
无水硫酸钠	2～5	水	加至100

（2）配制

向带有搅拌器的搪瓷釜中加入水及乙醇，在搅拌下分别加入无水硫酸钠、脂肪醇聚氧乙烯醚硫酸铵、椰油脂肪酸二乙醇胺、十二烷基二甲基氧化铵，充分搅匀，使各组分充分混合。将混合液静置后进行过滤，滤液中加入色素及香精，混匀后即可包装为成品。

（3）特性

家庭在洗涤餐具、蔬菜、头发以及丝绸、毛、醋酸纤维等衣料时，一般是手洗。因此，要求所用洗涤剂不仅具有良好的去污力、起泡性，而且还必须对皮肤的作用温和，不损伤皮肤。本品是由对皮肤刺激性较小的表面活性剂配合制成。而且去污力强，起泡性好，适用于家庭厨房及高级衣物洗涤。

第4章

口腔卫生用品

口腔卫生用品是人类用于口腔卫生保健的日常生活必需品，随着人类文明程度的提高，人们越来越重视口腔卫生，其在人们日常生活中的地位也越来越高。口腔的卫生状况对防治牙病和口腔疾病十分重要，经常刷牙、漱口不仅可使牙齿洁白美观，减轻口臭，而且还可以促使牙齿坚实健康，减少牙齿龋蚀，进而保证食物的充分咀嚼，帮助消化，减轻肠胃负担。口腔用品的基本功能是去垢洁齿，以达到口腔卫生、促进人类延年益寿的目的。在其中添加某些特殊添加剂或药剂，还可防治某些口腔常见疾病，对口腔进行保健与护理。口腔用品的形式可以是牙膏、牙粉、含漱液、洁牙剂、口香糖等，由单一或多个组分构成，包括摩擦剂、黏结剂、润湿剂、表面活性剂、氟离子源、抗结石剂、甜味剂和特殊功效成分等。

4.1 牙膏的主要原料及配方

牙膏是一种复杂的混合物，由液相和固相组成。为使固态粒子长期悬浮于液相中，需要加入适量的胶合剂；为发泡和清洁需要加入表面活性剂；为改进口味而加入香料和甜味剂。牙膏按摩擦剂分有碳酸钙型、磷酸氢钙型、氢氧化铝型和二氧化硅型，按酸碱度分有酸、中、碱性型，按香型分有图兰香、薄荷及水果型。根据牙膏的外观，则可分为透明（含半透明）和不透明两类。近年来，又研制出去烟黄牙膏和假牙清洗剂。如果从牙膏的功能而论，可分为洁齿牙膏和药物牙膏两大类。洁齿牙膏又称普通牙膏。把药物加入牙膏基质中作为防治牙病的一种方法，近年来越来越普遍。药物牙膏又可细分为防龋、消炎（止血）、脱敏、抗菌斑/防结石四类，其中以防龋牙膏为主，另外还有除口臭牙膏。目前国内外药物牙膏绝大多数是氟化物牙膏，其次是含季铵盐、氯化铝、柠檬酸锌、洗必泰（双氯苯双胍己烷、氯己定）及酶制剂等牙膏。以植物萃取液作为防治牙齿疾患功能成分的中草药牙膏，正在以其独特功能和安全可靠深受消费者的青睐。随着资源开发，以疗效显著的中草药作为防治牙病的活性物的多种新型药物牙膏，如中药复方、西药复方和中西药结合的各类牙膏将不断问世，以满足广大消费者的需要。

4.1.1 主要原料

按状态分类，包括粉状原料（碳酸钙、磷酸氢钙、氢氧化铝、二氧化硅）、液体原料（甘油、山梨醇、丙二醇、二甘醇、去离子水、硅酸钠、液态洗涤剂）、CMC等胶黏剂、糖精等可溶性助剂。

按功能分类包括如下。

摩擦剂：常用的摩擦剂有碳酸钙、二水合磷酸氢钙、水不溶性偏磷酸钠、焦磷酸钙、水合氧化铝、无定形二氧化硅、硅铝酸钠等。摩擦剂一般占牙膏配方的40%～50%（以质量分数计）。

黏合剂：黏合剂使牙膏有适当的黏度与稠度，一般黏合剂有天然植物胶、纤维素类、合成有机物或无机物等。常用的天然植物胶包括阿拉伯胶、角叉菜胶（卡拉胶）、黄芪树胶、海藻胶、汉生胶等；纤维素醚类包括羧甲基纤维素钠（CMC）和羟乙基纤维素（HEC），合成的有机物如聚乙烯醇、聚丙烯酰胺、海藻酸钠；无机物如二氧化硅增稠剂、PVP合成白土、胶性硅酸铝镁和改性膨润土等，配方中用量一般为1%～2%（质量分数）。羧甲基纤维素钠价廉易购，是国内外牙膏中普遍应用的胶黏剂。

润湿剂：又称增稠剂。其主要作用是保持膏基的水分、流变性、触变性和流动性。常用的润湿剂有甘油、山梨糖醇、丙二醇、聚乙二醇和木糖醇等。其在普通牙膏中用量为20%～30%（质量分数），在透明牙膏中高达75%。

发泡剂：一般用表面活性剂。常用的发泡剂有月桂醇硫酸钠（K-12）、*N*-月桂酰基肌氨酸钠、*N*-月桂酰基谷氨酸钠、月桂酸磺基醋酸钠、二辛基磺基琥珀酸钠、十二烷基苯磺酸钠等，用量为2%～3%（质量分数）。国内外一般选择月桂醇硫酸钠为牙膏发泡剂。

甜味剂：牙膏中常用的甜味剂是糖精钠。其用量一般为0.05%～0.25%（质量分数）。此外，还有甘草酸、对甲氧基肉桂醛和缩二氨酸钠等，均是新近开发的甜味剂，也已应用于牙膏。

香料：调制牙膏用香料时，应尽量使用广谱抑菌的香料，以提高牙膏的口腔卫生系数。牙膏按香型可分为：图兰香型、薄荷香型、冬青香型、果香型。常用的香料有苯酚、70%乙醇、丁香酚、百里香酚、龙脑（冰片）、合成桂醛、柠檬醛、香草醛、水杨酸甲酯、薄荷脑、薄荷香油、图兰香油、香叶油、桉叶油、桂皮油、大茴香油、柠檬油、柚子油。配方中一般香料的用量为1%～2%（质量分数）。

防腐剂：常用的防腐剂有甲醛溶液、尼泊金甲酯、尼泊金乙酯和尼泊金丙酯、苯甲酸钠（CP级或AR级）及药用级卡松等。一般用量为0.05%～0.5%（质量分数）。

缓蚀剂：碱性膏体对铝管有腐蚀作用，通常加入胶体二氧化硅，常用的缓蚀剂还有硅酸钠（CP级或AR级结晶品或食品级水玻璃）、硝酸钠和磷酸盐等。

缓冲剂：常用的缓冲剂有磷酸氢钙、焦磷酸钠、磷酸氢二钠等。其中焦磷酸钠与磷酸氢二钠宜选用。

4.1.2 牙膏类型及配方

4.1.2.1 普通牙膏（洁齿牙膏）

又称卫生牙膏，用于洁净口腔，防止牙病，有助于提高消化功能。根据摩擦剂的不同可分为以下几种。

（1）碳酸钙（石粉）型牙膏

此牙膏光洁细腻，稳定性好，价格便宜。

配方 1

碳酸钙	39.0%	糖精	0.1%
山梨醇	22.0%	香精	1.0%
CMC-Na	1.1%	腰果酚	0.2%
月桂基硫酸钠	1.3%	去离子水	35.3%

配方 2

碳酸钙	20.0%	二氟化锡	0.454%
月桂基硫酸钠	1.0%	二氯化锡二水化物	1.5%
香精	1.0%	葡萄糖酸钠	2.082%
糖精钠	0.2%	氧化硅	73.764%

配方 3

碳酸钙	50.0%	香精	1.25%
CMC	1.30%	糖精	0.30%
甘油	13.5%	硝酸钾	0.16%
70%山梨醇	12.5%	磷酸氢钙	0.40%
月桂基硫酸钠	2.50%	去离子水	余量

配方 4

碳酸钙	25%～60%	胶原(M=9500)	3%～6%
碳酸镁	25%～80%	甘油	30%～40%
尼泊金甲酯	0.3%～0.5%	90%乙醇	2%～3%
薄荷油	0.01%	医用皂	25～30%
酒石酸钾	10%～20%	糖精	1%～2.5%
茴香油	1%	去离子水	25%～35%

配方 5

碳酸钙	50.0%	焦磷酸钠(络合 Ca^{2+})	0.25%
甘油	8%～12%	糖精	0.2%
山梨醇	10%～15%	磷酸氢钙	45%～50%
卡拉胶	适量	月桂基硫酸钠	2%～2.5%
单氟磷酸钠	0.76%	香精	0.8%～1.2%
氟化钠	0.10%	去离子水	余量

说明：卡拉胶牙膏的膏体细腻光洁，这是用 CMC-Na 作增稠剂的牙膏无法比拟的，且稳定性很好，膏体在一定温度范围内不会产生高温分水的现象，保存期比 CMC-Na 牙膏长，高温 50℃下放置 3 个月仍稳定，香味、色泽不变。牙膏的成条性、保型性也好于 CMC-Na 牙膏。使用时配方中香精、K_{12} 的用量可适当降低，但卡拉胶原料较贵。

（2）磷钙性牙膏

此类牙膏具有吸附蛋白质、氨基酸、脂质和葡聚糖的作用，还可促进牙釉质表面再矿化，增强釉质，抵抗龋力，从而起到预防牙龈病和牙周病的作用。

配方 1

磷酸氢钙	40.0%	椰油脂肪酸二乙酰胺	0.5%
PEG	5.5%	糖精钠	1.0%
70%山梨醇	30.0%	尼泊金乙酯	0.01%
角叉菜胶	1.0%	月桂基硫酸钠	1.0%
香精	1.0%	去离子水	余量

配方 2

磷酸二氢钙	52.00%	多聚磷酸三钠	0.25%
甘油	5.5%	糖精钠	0.20%
MFP 氟化物	0.75%	苯甲酸钠	0.50%
卡拉胶	1.00%	月桂基硫酸钠	1.50%
香精油	0.80%	去离子水	余量

配方 3

磷酸氢钙	49%	香精	1.3%
甘油	25%	糖精	0.3%
焦磷酸钠	1%	月桂基硫酸钠	0.50%
羧甲基纤维素	1.2%	去离子水	余量

制法：用甘油将羧甲基纤维素均匀分散，再加入水溶性添加剂，使黏合剂膨胀胶溶。经储存陈化后，拌加粉料、发泡剂、香料，再经研磨、存放陈化、真空脱气制成胶体，即可灌装。

质量要求：膏体均匀细腻，无分离，无结粒，洁净无杂质，香味型，无异味。

室温挤膏压力≤30×133Pa；泡沫量≥100～130mm。

4.1.2.2 药物牙膏

药物牙膏是在牙膏中特别添加某种有针对性的药物，在清洁牙齿之外兼有治疗牙病的作用。药物牙膏于20世纪50年代问世以来，牙膏的功能从单纯的防龋逐渐与治疗牙病结合起来的方向发展，目前我国药物牙膏的产量已占牙膏总量的60%以上。

药物牙膏按其功能分为防牙斑牙膏、防牙结石牙膏、防牙龈炎和牙周炎牙膏、防龋防蛀牙膏、防牙垢牙膏、脱敏牙膏和除口臭牙膏等。

龋齿和牙周组织疾病是口腔两大疾患，药物牙膏主要是为防治这两种疾病而研制的。普遍认为龋齿是细菌将食物残渣分解产生的酸使牙齿脱钙所致。牙周炎是由于牙结石等局部病因和营养、内分泌、消化系统疾病等全身性疾病引起的。

防龋牙膏主要是含氟化物牙膏，其他药物，如变位酶、小茴香油萃取物、偏磷酸盐等，对龋齿也有一定的防治作用。

防牙周炎牙膏的药物添加剂多选用季铵化合物、柠檬酸锌、聚磷酸盐、洗必泰等合成物。

近几年来，我国利用中草药如两面针、草珊瑚、千里光、三七、田七、杜仲、连翘、芦荟等研制了品种繁多的药物牙膏。这些药物牙膏一般兼有多种功能。中草药一般具有抑菌、消炎、止痛的功能，性温，刺激性小，安全无毒，因此适于人们日常使用。

（1）防龋牙膏

此类牙膏主要添加了能解离成氟离子的水溶性氟化物以及其他药物，使用时牙膏中的氟离子被牙齿的表面吸收后，能增强牙齿表面的珐琅质，提高牙齿的防酸、抗酸能力，起到防龋齿的作用。

配方 1

碳酸钙	50.0%	CMC	1.0%
甘油	12.5%	苯甲酸钠	0.5%
75%山梨醇	12.5%	月桂基硫酸钠	1.2%
单氟磷酸钠	0.8%	香料	1.0%
糖精钠	0.2%	去离子水	余量

配方 2

磷酸氢钙	45.0%	山梨醇	25.0%
CMC	1.0%	*N*-月桂酰肌氨酸钠	1.5%
糖精钠	0.2%	香精	1.0%
变位酶	0.1%	去离子水	余量

说明：变位酶是防龋齿剂，酰基肌氨酸是变位酶的稳定剂。

配方 3

单氟磷酸钠	0.76%～0.80%	月桂基硫酸钠	2.00%～2.50%
磷酸氢钙	42.0%～44.0%	焦磷酸钠	0.50%～0.80%
氢氧化铝	3.00%～5.00%	糖精	0.20%～0.30%
甘油	24.0%～27.0%	香精	1.00%～1.20%
CMC-Na	0.60%～0.80%	去离子水	余量

(2) 防牙斑牙膏

膏体中含有多种有机酸及其衍生物和其他具有去斑的有效成分，可杀死牙斑菌，防止牙斑的生成，达到防止口腔疾病的目的。

配方 1（含氨烷基硅和聚氧烷烯硅氧烷的牙膏）

碳酸钙	20%	糖精钠	0.3%
甘油	10%	香精	1.0%
TiO_2	0.7%	Magnasofe fluid	1.0%
CMC	3.5%	聚氧烷烯二甲基硅氧烷	3%
对羟基苯甲酸甲酯/丙酯	0.1%	去离子水	余量

说明：在改善了抗蚀斑和杀菌活性的同时，还有极好的清洁作用。

配方 2

谷氨酸-酪氨酸(9∶1)共聚物	3.0%	苯甲酸钠	0.5%
		糖精	0.2%
甘油	25%	香精	1.0%
二氧化硅	30.0%	去离子水	余量
CMC	1.3%	K-12	1.5%

说明：本配方物可防牙斑和牙石，抑制无定形磷酸钙转变成结晶羟基磷灰石。

配方 3

甘油	70%	C_{16} 烷基氯化吡啶	1.0%
山梨醇	3.55%	钛白粉	0.956%
羟丙基甲基纤维素	0.6%	糖精	0.246%
磷酸氢钙二水合物	40.0%	香精	0.8%
单氟磷酸钠	0.836%	去离子水	余量
EO-PO 型聚酸聚醚	9.0%		

配方 4（强化亚锡的抗蚀斑牙膏）

70%山梨醇	40.00%	SnF_2	0.45%
甘油	10%	糖精钠	0.20%
TiO_2	0.53%	FO&C1[#]蓝	0.05%
二氧化硅	20.00%	麝香草酚	0.60%
羟甲基纤维素钠	1.00%	水杨酸甲酯	0.60%
鹿角菜钠盐	0.35%	薄荷醇	0.40%
月桂基硫酸钠	1.25%	桉叶油素及香精	1.00%
葡萄糖酸钠	2.50%	去离子水	20.17%

配方 5（抑制牙斑的亚锡牙膏）

70%山梨醇	45.727%	葡萄糖酸钠	2.395%
甘油	10.198%	氟化亚锡	0.454%
TiO_2	0.525%	二水合氯化亚锡	1.141%
硅	20.00%	糖精钠	0.200%
羟甲基纤维素钠	1.050%	香料	0.851%
硅酸铝镁	0.408%	1%FD&C1[#]蓝	0.051%
27.9%的十二烷基硫酸钠	4.000%	去离子水	12.5%
50%氢氧化钠	0.500%		

制法：将山梨醇和一半的水加入混合罐中，加温到77℃。加热过程中同时加入糖精、二氧化钛和硅，剧烈搅拌防止溶液形成沉淀。甘油加到分离器中也加热到77℃。在剧烈搅拌下在CMC中慢慢加入甘油，当其充分溶解时，在此混合物中加入山梨醇水溶液，充分搅拌15min，使黏合剂完全水合。当膏体质地合格时，加入香料、十二烷基硫酸钠和色素。将剩余的一半水加入分离混合罐中加热到77℃，加入葡萄糖酸钠并适度搅拌，以充分溶解。将氟化亚锡用77℃的水溶解，全部混合后，调pH值至4.5，膏体研磨、搅拌20min，脱气。

(3) 脱敏牙膏

该类牙膏在其膏体中加入有抗敏性药品或复方药物，也可加中草药剂。它能有效地防治牙本质过敏以及因过冷、过热、过甜、过酸或物理性刺激而引起的牙齿酸痛症。

配方 1

柠檬酸	5.0%	二氧化硅	4.0%
柠檬酸钠	1.5%	色素	0.0006%
甘油	8.8%	香料	0.7%
多元醇	22.0%	去离子水	余量

说明：本品对于由于外因引起的牙本质过敏具有显著效果。

配方 2

白垩	39.5%	薄荷萃取液	0.2%
甘油	22.5%	药甘菊萃取液	0.04%
甘油磷酸钙	1.1%	聚乙烯吡咯烷酮	0.35%
尼泊金丙酯	0.15%	香精	1.25%
尼泊金甲酯	0.15%	香精油	1.1%
糊精	0.035%	月桂基硫酸钠	1.0%
CMC-Na	1.4%	去离子水	31.26%

制法：将甘油与 CMC-Na 均匀分散，然后与水溶性混合物混合制胶。加入萃取液，再与粉料、香精及发泡剂捏和制成膏体，研磨后真空脱气，制得预防牙病、加速微循环、抗局部过敏的牙膏。

配方 3

乙酸钾	5%	三水合氧化铝	50%
70%山梨醇	22%	月桂基硫酸钠	1.5%
CMC-Na	1%	单氟磷酸钠	0.76%
香精	0.2%	钛白粉	1.0%
糖精	1%	甲醛	0.04%
苯甲酸	0.1%	去离子水	17.4%

制法：CMC-Na 与山梨醇混合均匀后，加入水溶性混合物的水溶液，分散均匀后，加粉料、香料及其他物料，研磨、掺合为膏体后，真空脱气。

说明：此牙膏对牙本质过敏及因过冷、过热、过酸、过甜而产生的牙痛症有一定疗效，适于牙齿过敏者使用。

（4）消炎牙膏

该牙膏含有各种消炎剂，如中草药两面针、厚朴、草珊瑚、三棵针、芦荟等，具有消炎祛肿、降火散瘀、杀菌止血、去口臭等功能，达到清洁口腔、保护牙齿的目的。

配方 1

二甲基月桂基甜菜碱	2.5%	CMC	1.0%
淀粉酶	0.5%	香精	1.0%
焦磷酸钙	45.0%	糖精钠	0.1%
无水硅酸盐	2.5%	尼泊金甲酯	0.2%
甘油	15.0%	去离子水	余量
70%山梨醇	10.0%		

说明：本品能预防牙龈炎及牙槽脓肿。

配方 2

70%山梨醇	47.778%	CMC-Na	1.05%
甘油	10.198%	硅酸铝镁	0.408%
钛白粉	0.525%	月桂基硫酸钠	4.0%
二氧化硅	20.0%	柠檬酸钠	0.754%
氟化亚锡	0.545%	香精	适量
焦磷酸亚锡	1.04%	色素	适量
糖精	0.2%	去离子水	余量

说明：本品能抗牙斑和牙龈炎。

配方 3

白垩	20%～27%	薰衣草生物浓缩液	0.5%～1.5%
高岭土	5%～12%	柠檬酸	0.2%～0.5%
胶态二氧化硅	1%～3%	三聚甲醛	0.05～0.5%
CMC-Na	0.5%～2%	月桂基硫酸钠	0.5%～2.0%
甘油	12%～20%	香精	0.5%～1.5%
香精油	1%～3%	去离子水	余量
菖蒲油状萃取物	0.3%～0.8%		

说明：本品有消炎、促进牙周组织再生、局部麻醉作用，还有促进组织代谢过程与滋养的作用。

（5）抗结石牙膏

在膏体中加有亚磷酸、酒石酸、水杨酸、己二酸、戊二酸、富马酸、丙二酸及其衍生物等药物，以防止牙结石的形成，它是一种防治口腔疾病的新型牙膏。

配方 1

85%甘油	120.0g	磷酸氢钙二水合物	350.0g
CMC	30.0g	乳酸钙五水合物	70.0g
苯甲酸钠	6.0g	月桂基硫酸钠	10.0g
单氟磷酸钠	1.0g	薄荷油	1.0mL
去离子水	412.0g		

配方 2

葡糖酸铜	0.1%	糖精	0.1%
甘油	0.03%	月桂基硫酸钠	1.5%
氢氧化铝	45.0%	尼泊金甲酯	0.15%
丙二醇	3.0%	尼泊金丁酯	0.03%
60%山梨醇	30.0%	香精	1.0%
CMC-Na	1.0%	去离子水	余量
角叉胶	0.2%		

说明：本配方中有抗结石效果的葡糖酸铜磨料，氨基酸可抑制失活。

（6）除口臭牙膏

由于该类牙膏含有多种药物，具有抗菌、除口臭、去异味、阻止牙垢形成的性能。

配方 1

羟基磷灰石	2.0%	甘油	17.0%
合成硅酸铝	12.0%	起泡剂	0.3%
氢氧化铝	28.0%	去离子水	余量
羟乙基纤维素	1.0%		

说明：本配方可吸收 99%硫化氢、20%甲基硫醇、100%氨和 65.4%乙醛。

配方 2

磷酸二氢钙二水合物	50%	糖精钠	0.1%
甘油	20%	迷迭香提取物	0.1%
CMC-Na	2%	香料	1%
月桂基硫酸钠	1.5%	去离子水	余量

说明：本品的口臭抑制率远远超过其他牙膏。

（7）抗菌牙膏

本品含有杀菌消毒剂，对革兰氏阳性菌与阴性菌及真菌有较强的杀菌作用，无刺激性，可用于各类急、慢性口腔炎症。

配方 1

1.5%～2.6%食用醋	18.0%	硅酸钠	0.5%
碳酸钙	50.0%	甘油	15.0%
羧甲基纤维素钠	1.4%	香精	1.0%
苯甲酸钠	0.5%	亮蓝	0.005%
十二醇硫酸钠	2.0%	去离子水	11.295%

配方 2

5.8%食用醋	8.0%	糖精	0.3%
碳酸钙	50.0%	硅酸钠	0.5%
羧甲基纤维素钠	1.4%	甘油	16.0%
苯甲酸钠	0.5%	香精	1.1%
十二醇硫酸钠	2.5%	去离子水	19.7%

制法：按配方比例，依次称取甘油、羧甲基纤维素钠于制胶缸内，开始搅拌，使羧甲基纤维素钠在甘油中分散均匀，然后将已溶于水的糖精、苯甲酸钠和硅酸钠溶液加入制胶缸，搅拌均匀，并补足余量水，迅速搅拌均匀，加入十二醇硫酸钠搅拌均匀即制得胶水。再按配方比例，将胶水先称入拌合缸内，再依次称入醋酸、碳酸钙、香精和色素，搅拌均匀后，用泵输送至贮缸，贮存 2h，再经研磨和真空脱气，即可用压缩空气送入灌装机灌装、套盒和装箱。

说明：民间早就有利用酸治疗感冒及咽喉疾病等的做法。醋酸可食用，安全性好，且抑菌试验表明，醋酸对致龋齿和牙周病病原菌有明显的抗菌作用。采用醋酸代替中草药和西药用于牙膏中，能明显地起到消炎、脱敏、防龋、除口臭和去烟渍的功效，同时生产成本也比中草药牙膏低。

（8）除烟渍牙膏

该牙膏能清除由于长期吸烟、饮茶和服中药而沉积于牙齿表面的烟渍、污渍和色斑，不损伤牙齿珐琅质。

配方 1

A. 甘油	18%		
CMC-Na	1.1%	C. 氢氧化铝	45%
去离子水	18%	植酸及其盐(除渍剂)	5%
B. 糖精钠	0.4%	月桂基硫酸钠	2.4%
苯甲酸钠	1.0%	香精	适量
去离子水	10%		

制法：将 A 混合溶解，将 B 混合均匀，在缓缓搅拌下成胶体，依次将 C 加入，搅拌均匀后陈化、真空脱气后装管。

说明：本品对清除烟渍、黑斑有良好效果。

配方 2

植酸	9.4%～18.0%	苯甲酸钠	0.5%
协效剂	4.6%～6.0%	香精	0.1%
Tween	0.1%	糖精	0.1%
氢氧化钠	2.2%～4.1%	去离子水	余量

制法：植酸为热敏性物质，制备时应低于50℃。氢氧化钠应配成20%的溶液再使用。

说明：此牙膏能去除一般牙膏难以去除的烟渍，深受烟民喜爱。

（9）增白牙膏

此类牙膏含有增白因子，具有较强的摩擦和吸附作用，抑菌和发泡性好，且有显著的洁齿、增白、防口臭和牙病的功效。

配方1（含氧释放剂的增白牙膏）

99%甘油	61.1%	75%过氧化钙活性物	2.5%
碳酸钙	20%	月桂基硫酸钠	1.4%
水合二氧化硅	16.0%	香味剂	1.0%
二氧化钛	1.5%		

配方2

99%甘油	56.1%	75%过氧化镁活性物	7.5%
碳酸钙	17.0%	月桂基硫酸钠	1.4%
水合二氧化硅	16.0%	香味剂	1.0%
二氧化钛	1.0%		

制法：在干燥混合容器中加入99%甘油，然后在缓慢搅拌下加入二氧化钛及香味剂。研磨下先加入碳酸钙，之后加水合二氧化硅。然后在减压条件下加月桂基硫酸钠，最后在真空下研磨，并一点点地加入过氧化钙，大约需20min，温度控制在50℃以下。

本品含有可控制释放的能清除牙表面污斑，杀死牙蚀斑细菌的氧化剂，从而起到清洁增白牙齿的作用。

4.2 含漱液的主要原料及配方

含漱液包括普通含漱液和防牙病保健含漱液，是漱口时使用的一种口腔卫生用品，尤其适用于不会使用牙刷的婴幼儿和不能使用牙刷的牙周疾病的患者。其优点是使用简便、节省时间，而且不用牙刷等特别用具。

（1）普通含漱液配方

普通含漱液是一种新型的口腔卫生清洁用品，能清除口腔的食物残渣，杀灭口腔中的病菌，消除口臭，达到清洁口腔、保护牙齿的目的。

配方1

乙醇	15.0%	山梨醇	0.1%
甘油	3.0%	苯甲酸钠	0.1%
硫酸锌	0.1%	糖精	0.02%
葡萄糖-1-磷酸钠	0.3%	色素	适量
香精	0.1%	去离子水	余量
EO-PO型聚醚	1.0%		

说明：本配方产品稳定，无硫酸锌沉淀。

配方 2

乙醇	10.0%	聚醚 F-180	0.1%
甘油	20%	十六烷基氯化吡啶	0.1%
香精	16.0%	低聚糖	0.02%
糖精钠	1.5%	去离子水	适量

说明：本品可抑制黏附于口腔细胞上的链球菌。

配方 3

甲基乙烯醚/马来酸酐共聚物游离酸	10.0%	薄荷香精	0.06%
		氟化亚锡	0.1%
96%甘油	15%	95%乙醇	2.5%
色料（FD&C1# 蓝）	0.05%	尼泊金甲酯	0.1%
FD&C10# 黄	0.15%	聚乙二醇 40	0.3%
尼泊金丙酯	0.01%	去离子水	70.75%

制法：将色素溶于乙醇，与甘油、共聚物和聚乙二醇混合，再与水及水溶性物料混合，即制得含漱液。

（2）防龋齿含漱液配方

防龋齿含漱液是在普通含漱液基础上添加了含有氟离子的水溶性氟化物及其他防龋齿的药物而制成的，能坚固牙齿，防治蛀牙。

配方 1

乙醇	5.0%	茶萃取物	0.5%
香精	0.1%	乙氧化硬化蓖麻油	3.0%
糖精钠	0.05%	叶绿素铜	0.02%
苯甲酸酯	0.1%	去离子水	余量

说明：该口腔用品含有茶萃取物、乙氧化硬化蓖麻油及叶绿素铜，具有抗龋齿及预防牙周疾病活性。

配方 2

甘油	5.0%	丙氨酸	0.5%
氢化蓖麻油乙氧基化物	1.5%	热处理葡聚糖酶（100 万 U/g）	0.2%
香精	0.1%		
乙醇	1.0%	磷酸氢二钠	0.01%
尼泊金甲酯	0.2%	柠檬酸	0.05%
糖精钠	0.01%	去离子水	余量

（3）防牙斑含漱液配方

防牙斑含漱液是在普通含漱液基础上添加含有多种有机酸及其衍生物和其他具有去斑的有效成分，可杀死牙斑菌，防止牙斑的生成，达到防治口腔疾病的目的。

配方 1（含酚类非阳离子杀菌剂的抗蚀斑的含漱液）

70%山梨醇	10.00%	苯磺醇	0.25%
甘油	10.00%	Pluronic F127	0.25%
乙醇	15.00%	薄荷香精	0.10%
丙二醇	15.00%	2-叔丁基-5-(4-叔丁基苯基)苯酚	0.3%
月桂基硫酸钠	0.5%	去离子水	48.60%

说明：根据础 Friedel-Crafts 烷基化反应，通过 3-苯基苯酚与叔丁基氯在氧化铅存在下反应，制备了 2-叔丁基-5-(4-叔丁基苯基)苯酚。其杀菌作用（对抗链球菌）显著强于 Tridosan，即二氯苯氧氯酚。

配方 2

乙醇	10.0%	山梨醇	10.0%
香精	0.1%	甘油	10.0%
2,4,4′-三氯-2′-羟基二苯醚	0.03%	聚乙烯基甲基醚酯	10.0%
月桂基硫酸钠	1.6%	去离子水	余量
PEG-300	4.0%		

说明：本配方产物可有效防治牙斑和龋齿。

配方 3（含磷酸酯和铜源化合物的抗蚀斑、抗牙龈炎的漱口液）

70%山梨醇	10.25%	甘油	0.15%
糖精钠	0.08%	薄荷香精	0.24%
乙醇	10.60%	甘氨酸	0.03%
PEG 氢化蓖麻油	0.46%	单磷酸香樱桃酯	0.15%
27.9%烷基硫酸钠溶液	0.75%	单磷酸香兰酯	0.35%
$CuSO_4$	0.05%	去离子水	70.86%

（4）防牙周炎、牙龈炎含漱液

该含漱液是在普通含漱液基础上添加了各种消炎剂，中草药如两面针、厚朴、草珊瑚、三棵针和合成药物如“洗必泰”、氨甲环酸、甲硝唑等，具有消炎祛肿、降火散瘀、止血去口臭等功能，抑制血纤维蛋白的溶解作用，可防治牙龈炎、牙周炎等牙病。

配方 1

乙醇	30.0%	茶叶儿茶素	0.2%
香精	1.0%	洗必泰盐酸盐	0.01%
叶绿酸铜钠	0.1%	去离子水	余量
糖精	0.05%		

说明：本配方产物中的儿茶素可抑制齿龈变形细菌及其胶原酶的生长。

配方 2

丙醇	65.0%	D-泛醇	0.25%
1,2-丙二醇	10.0%	烟酰胺	0.5%
水杨酸苯酯	0.3%	七味素	0.15%
水杨酸甲酯	0.2%	维生素 E 醋酸酯	0.1%
对羟基苯甲酸苄酯	0.2%	糖精	0.3%
邻苯基酚	0.01%	香精	4.0%
月桂基三乙醇胺硫酸盐	0.50%	去离子水	余量
苯氧基乙醇	0.02%		

说明：本配方对牙周炎的防治效果优于一般含漱液。

配方 3

二水合柠檬酸三钠	0.28%	Tween-80	0.2%
聚醚	0.2%	氯化锌	0.2%
血根草提取液	3.0%	甘油	3.0%
香精	0.2%	乙醇	10%
糖精钠	0.08%	去离子水	余量
柠檬酸酐	0.016%		

制法：将各物料分散均匀，制得生物碱含漱剂。

说明：这种含漱剂含血根草生物碱、氯化锌、聚醚，能有效消除牙斑，杀灭口腔内的致病菌，防治牙周病。

(5) 防牙结石含漱液

该含漱液加有亚磷酸、酒石酸、水杨酸、己二酸、戊二酸、富马酸、丙二酸及其衍生物等药物，以防止牙结石的形成。它是一种防治口腔疾病的新型含漱液。

配方 1

乙醇	5.0%	糖精	0.03%
EO-PO 型聚醚(PluronicF-108)	3.0%	磺化丙烯酸低聚物的镁盐	0.1%
香精	0.073%	氯化镁	0.4%
甘油	10.0%	去离子水	余量

配方 2

乙醇	10.0%	聚乙烯磷酸钠	0.05%
甘油	10.0%	氟代亚磷酸钠	0.15%
糖精	0.03%	香精	0.4%
EO-PO 型聚醚(PluronicF-108)	2.0%	去离子水	余量
		焦磷酸四钠	2.0%

配方 3

氯化锌	0.35%	PEG-400	2.0%
香味剂	0.25%	糖精钠	0.03%
甘油	10.0%	乙醇	10%
染料(FC&C1# 蓝)	0.05%	去离子水	余量
焦磷酸钠	0.5%		

说明：氯化锌、焦磷酸钠能有效防治牙结石、消除口臭。使用时每次含 15mL，在口腔内保持 20s 以上。

(6) 防牙垢含漱液

该含漱液具有洁齿、固齿作用，能有效防止牙垢的形成，使口腔气味清新、无口臭。

配方 1（可改善杀菌物在牙组织表面吸收及滞留性能的漱口液）

丙二醇	7.0%	磷酸二钠	0.05%
二氯苯氧氯酚	0.03%	月桂基磷酸钠	0.40%
乙醇	9.84%	山梨醇	15.0%
香精	1.145%	甘油	5.0%
NaF	0.025%	去离子水	62.505%

说明　①功能成分：含一种杀菌化合物（如二氯苯氧氯酚）及一种磷酸单烷基化合物。②保健功能：使杀菌物在牙组织上的吸收与滞留得以增加，有效杀菌。

配方 2

磷酸氢钙二水合物	45.0%	糖精钠	0.2%
甘油	0.03%	K-12	1.2%
山梨醇	9.84%	香精	1.0%
CMC-Na	1.145%	防腐剂	适量
硅酸铝镁	0.025%	2-辛醇	0.3%
角叉菜胶	0.3%	去离子水	余量

配方 3

过氧化脲	8.6%	糖精钠	0.03%
十二醇硫酸钠甘油	0.21%	香精	1.07%
醇	2.15%	去离子水	余量
酒石酸锌铵	2.15%		

制法：将过氧化脲、酒石酸锌铵、糖精钠溶于水后，再加入其他物料，制得含漱水。

说明：在餐后或进食后使用，每次 15～20mL，在口腔内应保留 15s 以上。

（7）脱敏含漱液

该含漱液加有抗敏性药品或复方药物，也可加中草药剂。它能有效地防治牙本质过敏以及因过冷、过热、过甜、过酸或物理性刺激而引起的牙齿酸病症。

配方 1（含牙齿脱敏剂和腐臭抑制剂构成的含漱液）

硝酸钾	12500g	糖精钠	0.038g
单氟磷酸二钠	2000g	环磺酸钠	0.100g
单水十六烷基氯化吡啶	0.125g	甘油	25000g
木糖醇	12500g	Creamophor RH40	15000g
对羟基苯甲酸甲酯	0.375g	色素	0.300g
对羟基苯甲酸丙酯	0.025g	香精	1000g
单水柠檬酸	0.375g	去离子水	至 250000mL
二水柠檬酸三钠	0.875g		

配方 2（含酪蛋白酸盐或各种 CCP 盐的含漱液）

乙醇	12.5%	色素	<0.01%
70%山梨醇	7%	糖精钠	0.065%
Zn CPP（或 Na CPP、CPP-CFP）	5%	氟化钠	0.05%
阴离子聚合物	0%～5%	乙酸钠	0.015%
Tween-20	0.55%	去离子水	余量
0.1%羟苯甲酸甲酯	0.2%	pH	6.5
香精	0.1%		

（8）除口臭含漱液

该含漱液含有多种药物，具有抗菌、除口臭、去异味、阻止牙垢形成的功能。

配方 1

A.	去离子水	83%	C.	乙醇	5%
B.	甘油	10%		薄荷醇	0.5%
	聚氧乙烯(9)月桂醇醚(AEO-9)	1%		薄荷油	0.5%

制法：将 B、C 分别混合溶解，加入 A 中，搅拌溶解后分装。

说明：本品香味爽口，可除口臭，长期使用对消除牙斑有一定作用。

配方 2

A.	去离子水	94%	B.	丁香油	1%
	硼酸	0.75%		柠檬汁	1%
	硼砂	0.05%		乙醇	3%
	苯甲酸钠	0.2%	C.	色素	适量

制法：将 A 用蒸馏水溶解后，再将 B 加入 A 中，搅拌混合均匀，调色过滤分装。

说明：使用时将本品稀释成3%～5%的水溶液。用此溶液漱口，有消毒除臭的功效。

配方 3

组分	用量	组分	用量
A. 去离子水	97.9%	B. 肉桂油	0.2%
Tween-20	1.2%	C. 糖精钠	0.08%
10%氯化三甲基苄基铵	0.6%	D. 苋菜红	0.02%

制法：将上述物料置于混合器中，搅拌混合均匀，过滤后分装。

说明：经常用本品漱口，有杀菌、洁齿、清除口臭的作用。

（9）杀菌含漱液

该含漱液含有杀菌消毒剂，对革兰氏阳性菌与阴性菌及真菌有较强的杀菌作用，无刺激性，可用于各类急、慢性口腔炎症。

配方 1

组分	用量	组分	用量
葡糖酸洗必泰	0.01%	香精	0.5%
乙醇	5.0%	绿茶提取液	0.25%
柠檬酸	0.05%	1#蓝	0.0002%
甘油	7%	4#黄	0.0001%
尼泊金甲酯	0.1%	去离子水	余量

制法：将各物料溶解于热水，混合，即得含漱液。

说明：本配方杀菌效果好，口味宜人，45℃下可稳定1个月。

配方 2

组分	用量	组分	用量
甘油	40.0%	硫氰酸钠	0.5%
Tween-20	12.0%	月桂基硫酸钠	0.5%
乙醇	1.5%	去离子水	余量
碳酸氢钠	1.5%		

说明：本配方经体外试验能抑制99%血液链球菌的生长。

配方 3

组分	用量	组分	用量
乙醇	10.0%	糖精	0.03%
甘油	10.0%	十六烷基氯化吡啶	0.05%
香精	0.4%	低聚糖	0.1%
EO-PO 型聚醚(PluronicF-108)	2.0%	去离子水	余量

说明：本配方能抑制黏附于口腔细胞上的链球菌。

4.3　口香糖的主要原料及配方

口香糖的主要成分是除臭剂、香料，其他成分是胶基、甜味剂、保湿剂和色素。

（1）主要设备

口香糖生产机组、捏和机、夹层锅等。

（2）主要原料

主要是胶基，其次是润湿剂、甜味剂和香精等。

(3) 工艺流程

硬化油脂、乳化剂、色素、香料（↓加入混合均匀）

水溶性物料→配料→溶化→过滤→熬煮→搅拌、降温→混合均匀→入模→压片→切片→烘干→冷却→成型→包装→成品

依次加入各种胶基（↑加入熬煮）

(4) 类型及配方

配方 1（抗龋齿口香糖）

淀粉糖浆	10.0%	面筋蛋白	4%
白砂糖	70%	硬化油脂	1%
食用明胶	12%	乳化剂	0.005%
酯化交联淀粉	4%	色素	0.5%
抗龋齿中草药	2%	香精	0.5%

配方 2（抗蚀斑和治疗口臭的口香糖）

胶基	35.00%	液体香精	1.75%
木糖醇	20.00%	薄荷醇	1.50%
山梨醇粉	37.05%	香精粉	1.5%
70%山梨醇	3.00%	Ambicin N	0.20%

说明：所用胶基中的水分低于终产品的 2%，还含有一种有效的杀菌剂 Ambicin N。该产品可用于抗蚀斑和治疗口臭。

配方 3（含氟化物和柠檬酸的口香糖）

胶基	57.5%	薄荷油	0.8%
60%木糖醇	6.7%	柑橘果	0.7%~1.2%
木糖醇粉	30.0%	氟化物	0.01%
甘油	4.0%		

说明：本品可改善牙齿健康状况。其作用机制是：从微观上柠檬酸使牙釉质的微孔张开，牙齿表面微孔的张开，使氟化物更易渗透接触。并被牙釉质吸收，其结果是氟化物的进一步渗透并深入到牙本质。

第5章

化妆品原料学

5.1 化妆品简介

长久以来，人们对化妆品下了这样的定义：为了保持人身清洁，美化身体，使之增加魅力，改变容貌，或者保持皮肤或毛发的健康，以在身体上涂抹、撒布等方法，或以其他类似的方法而使用的物品，并能对身体起缓和作用者叫作化妆品。随着化妆品的发展，各种“类医药用品”问世，生产出了药用牙膏、防臭化妆品等。按定义规定“必须是起缓和作用的，并不用于诊治或预防疾病，而且使用目的并不同时兼有影响身体构造和机能”。目前，为了方便起见，将类医药用品和化妆品统称为“化妆品”。但必须明确，无论是化妆品或是类医药用品都不同于药品，其使用目的在于卫生方面和美容修饰方面，用来保持人体清洁的，并不是为了达到影响人体构造和机能的目的。希腊文中化妆品的词义为“装饰的技巧”，意思是把人体自身的优点加以发扬，而把缺陷加以弥补。实际上，化妆品已经深入人们的日常生活，不但每天都在使用，而且长期连续使用。尽管有些短期使用对人体没有太大影响，如长期连续使用的话，有的就有可能发生一些不良影响。因此对化妆品的原料及所组成的产品的质和量方面都要有严格的检验。从化妆品的起源上可以看到美容修饰是人类的一种本能欲望，是文化发展的一个标志，只有在确保安全性的基础上，才能使化妆品达到清洁美化人体的目的。

5.2 化妆品与生理学

化妆品直接与人体的皮肤相接触。合理、安全的化妆品能起到保护人体皮肤，美化人的外貌的作用；反之，如果使用不当或质量不好，也会引起皮炎及某些其他疾病。因此，我们在学习化妆品工艺之前，必须对皮肤的正常生理代谢有一个正确的认识。

5.2.1 皮肤及毛发的结构与功能

5.2.1.1 皮肤的结构

皮肤是覆盖于人体最表面的一个重要器官，是保护人体抵御外界刺激和伤害的一道天然屏障。除了可以保护体内的脏器和组织外，还有很多重要功能。成年人的皮肤表面积一般为 $1.5\sim2.0m^2$，皮肤总质量约为体重的5%，若包括皮下组织，总质量达体重的16%，故它是人体最大的器官。皮肤的厚度，随性别、年龄、部位等有所不同。一般来说，男性皮肤比女性皮肤厚，成人皮肤平均厚度约2mm，儿童皮肤仅为1mm厚。眼睑、耳朵、肘窝处皮肤较薄，约为0.4mm，而背部和掌部较厚，约为3～4mm。

皮肤由表及里大致可分为表皮、真皮和皮下组织三层结构，此外还存在毛、指甲和皮肤腺体（汗腺、皮脂腺）等附属器官。

（1）表皮

表皮是皮肤最外面的一层组织，没有血管和神经，直接与外界接触，可以抵御环境的各种侵害，平均厚度为0.2mm。根据细胞的不同发展阶段和形态特点，表皮从外到内由角质层、透明层、颗粒层、棘细胞层与基底层五个分层重叠构成。新生的细胞进入棘细胞层，然后上移到颗粒层，再通过角质层脱落下来。

① 角质层　角质层是表皮的最外层，细胞经常成片脱落，形成鳞屑。角质层水分的主要来源是汗腺分泌的汗液。正常健康皮肤的角质层中应保持10%～20%的水分，以维持皮肤的湿润和弹性，当水分低于10%以下时，皮肤就会干燥甚至皴裂，使皮肤失去弹性，渐渐老化。其水分的维持，一方面由于皮脂膜可以防止水分蒸发，另一方面是由于角质层中含有天然保湿因子（natural moisturizing factor，NMF）。NMF是一种有吸附性的水溶性物质，能有效控制皮肤中的水分，减少水分蒸发，避免皮肤失水干燥，保持皮肤柔软光润的作用。由于NMF能使皮肤保持水分和健康，使之丰满并富有弹性，所以NMF是皮肤最理想的天然保湿剂。NMF的组成比较复杂，主要是由氨基酸类、乳酸盐、吡咯烷酮羧酸及尚未确认物等组成，其组成详见表5-1。

表5-1　天然保湿因子的组成

物质	含量/质量份	物质	含量/质量份
氨基酸类	40	钾	4.0
吡咯烷酮羧酸	12	镁	1.5
乳酸盐	12	磷酸盐	0.5
尿素	7.0	氯化物	6.0
氨、尿酸、肌酸	1.5	柠檬酸盐	0.5
钠	5.0	糖、有机酸、肽	8.5
钙	1.5		

吡咯烷酮羧酸及其钠盐有很好的调湿性，乳酸及其钠盐的调湿性仅次于前者，而且乳酸是皮肤的酸性覆盖物，能使干燥的皮肤润湿并减少皮屑。

② 透明层　透明层一般只见于手掌和脚底的表皮，是由处于角质层与颗粒层之间的2～3层透明、扁平、无核、紧密相连的细胞构成，细胞中含角母蛋白，有防止水分、化学物质和电解质等通过的屏障作用。

③ 颗粒层　颗粒层由2～4层扁平或纺锤状细胞构成，细胞核已经退化，这些细胞中有透明质酸颗粒，对于向角质层转化，起着所谓过渡层的作用。颗粒层细胞间隙中充满了拒水的磷脂质，加强细胞间的黏结并成为一个防护屏障，使水分不易从体表渗入，致使角质层细胞的水分显著减少，成为角质层细胞死亡的原因之一。

④ 棘细胞层　棘细胞层由4～8层呈多边形、有棘突的细胞构成，细胞自下而上渐趋扁平。在细胞间隙流着淋巴液，它连着真皮淋巴管，以它来供给营养。此层是表皮中最厚的一层。有人使用化妆品发生“过敏反应”，表现为皮肤发痒，出现丘疹，甚至局部红肿，这种反应往往与这层细胞有关。最下层的棘细胞有分裂功能，参与创伤愈合。

⑤ 基底层　基底层是表皮的最下层，由一排圆柱状细胞组成，与真皮连接在一起。圆柱状细胞中含有黑色素细胞，当受紫外线刺激时，黑色素细胞可分泌黑色颗粒状物质（即黑色素），构成人体皮肤的主要色泽，使皮肤变黑。黑色素能过滤紫外线，抵御紫外线对人体的伤害，以防止紫外线透过体内。

（2）真皮

真皮位于表皮之下，厚度约3mm。真皮与表皮接触部分互为凹凸相吻合。表皮向下伸入真皮的部分称为表皮突或舒突，真皮向上嵌在表皮突之间的部分叫乳头体。乳头体中有毛细血管网，给无血液表皮提供营养来源，调节体温，并兼排出废物作用。真皮分为上、下两层，上层叫乳头层，下层（内部）叫网状层，两层并无明显分界。

真皮中的各种纤维、毛细血管、神经及皮肤附属器官等均包埋于无定形的基质中。真皮基质的主要成分是含硫酸软骨素和透明质酸等黏多糖和蛋白质的复合物，即蛋白多糖。基质具有亲水性，是各种水溶性物质、电解质等代谢物质的交换场所。透明质酸与真皮的含水量相关。透明质酸分子是随机螺旋体，并互相交错形成网络，允许小分子物质通过，阻碍了一部分大分子。其巨大的保水能力和天然的弹性，随着人的衰老，透明质酸的减少，是导致真皮含水量减少的重要因素。

（3）皮下组织

皮下组织位于真皮下部，是人体脂肪积贮之地，故亦称皮下脂肪组织，由大量的脂肪组织散布于疏松的结缔组织中。皮下组织存在于真皮和肌肉以及骨骼之间，使皮肤疏松地与深部组织相连，令皮肤具有一定的可动性。皮下组织内含有较大的血管、淋巴管、神经、毛囊、汗腺等，与真皮没有明显的分界，富有弹性，能有效地缓冲外来冲击和压力，可以保护其中的神经、血管和汗腺组织及肌肉、骨骼等免受外来的机械性损伤。皮下组织还是很好的热绝缘体，能储藏热量，防止体温的散发。

（4）皮肤的附属器官

皮肤的附属器官主要包括汗腺、皮脂腺、毛发、毛囊和指（趾）甲等。毛发和指（趾）甲是角质化的皮肤，是由皮肤变化而来的。

① 汗腺　汗腺分布全身，按分泌性质的不同，分为小汗腺和大汗腺两种。

② 皮脂腺　皮脂腺位于真皮内，靠近毛囊，除手掌和足跟外，遍布全身，而以头皮、面部、胸部、肩胛间，尤其鼻、前额等处较多。

皮脂是皮脂腺分泌和排泄的产物与表皮细胞产生的部分脂质组成的混合物。皮脂经排泄管从腺口排出到皮肤表面扩散并与从汗腺及角质层排出的水分及其他物质进行乳化，形成表面上的一层油脂面，称为皮脂膜。皮脂膜主要含有游离脂肪酸、角鲨烯、蜡、胆固醇、烃类、甘油一酸酯、甘油二酸酯和甘油三酸酯。这一乳化的脂质膜形成后对表皮构成反压力，与皮脂排出的压力形成动态平衡，可以调节皮脂的排出。

皮脂膜对维持皮肤的正常生理状态起着重要作用，人的皮肤最理想的保护剂莫过于皮脂，皮脂将皮肤表面覆盖，既能防止皮肤干燥，又能赋予皮肤柔软的弹性。因此，要想保护皮肤，首先要注意保护覆盖皮肤的皮脂膜，不要用碱性过大的洗涤用品洗脸、洗头或洗澡，以防止皮脂的大量流失。

③ 毛发　毛发是由角化的表皮细胞构成的弹性丝状物。除手掌、足底、唇红、黏膜、

乳头等处外，周身几乎都被毛发覆盖，有保护皮肤、保持体温的作用。人类的毛发主要是由硬质角蛋白构成的，其中含有C、H、O、N和少量S元素，S的含量约为4%，但这少量的S却对毛发的很多化学性质起着重要的作用。角蛋白是一种具有阻抗性的不溶性蛋白，这种蛋白质所具有的独特性能来自它有较高含量的胱氨酸，其含量一般高达14%以上。其他还含有谷氨酸、亮氨酸、精氨酸、赖氨酸、天冬氨酸等十几种氨基酸。

④ 指(趾)甲　指(趾)甲具有保护指头的功能，为数层密集的角化细胞构成。暴露部位是甲板，隐藏在皮下的是甲根，覆盖甲板周围的皮肤称为甲廓。

5.2.1.2 皮肤的功能

皮肤的生理功能主要有保护作用、感觉作用、调节体温作用、分泌和排泄作用、吸收和代谢作用及参与免疫反应等作用。

(1) 保护作用

皮肤的保护作用即屏障功能，包括抵御外界环境中物理性、化学性、生物性、机械性刺激对机体内组织器官的损害，防止组织内的各种营养物质、电解质和水分流失。

① 对物理性损害的防护　角质层表面有一层脂质膜，可使皮肤柔润，并阻止外界水分渗入皮肤，又可防止皮肤水分蒸发。干燥的角质层表面是电的不良导体。角质层有反射光线及吸收波长较短的紫外线的作用。棘细胞、基底层细胞和黑素细胞可吸收波长较长的紫外线。黑素颗粒还有反射和遮蔽光线的作用，可减轻光线对细胞的损伤。适量的日光照射可促进黑素细胞产生黑素，以增强皮肤对日光照射的耐受性。不同的民族、种族皮肤中的色素含量不同，白种人的皮肤对日光照射的耐受性能不及黄种人和黑种人。

② 对化学物质损伤的防护作用　皮肤表面呈弱酸性，有中和弱碱的能力。角质层细胞排列紧密，可防止化学物质及水分的侵入。实验证明化学物质渗透和通过角质层需要较长时间，但一旦通过了角质层，则较快穿透表皮。角质层的厚薄与皮肤对化学物质的防护作用成正比。掌跖部皮肤角质层最厚，屏障作用最强。

③ 对微生物的防御作用　干燥的皮肤表面以及它的弱酸性不利于细菌的生长与繁殖。正常皮肤表面寄生的细菌主要为棒状杆菌、肠道杆菌、小球菌等。棒状杆菌常寄生在皮脂腺中，它的酯酶可将皮脂中的甘油三酸酯分解成游离脂肪酸，对皮肤表面的葡萄球菌、链球菌有一定的抑制作用。青春期后皮脂分泌的十一烯酸等不饱和脂肪酸增多，可抑制某些真菌的繁殖。

④ 对机械性刺激的防护　柔韧而致密的角质层能防护机械性刺激对皮肤的损害。经常受摩擦和压迫的部位，如掌跖及四肢伸侧，角质层增厚或发生胼胝，增强了对刺激的耐受性。真皮中的胶质纤维及弹性纤维使皮肤有抗拉性及较好的弹性。皮肤受损后的裂口或溃疡面可由纤维细胞及表皮新面愈合。皮下脂肪层的软垫有减轻外界冲击而保护内脏器官的作用。

(2) 感觉作用

分布在皮肤中的各种神经末梢和神经纤维网，将外界刺激引起的神经冲动传至大脑皮层而产生感觉。包括产生触觉、痛觉、冷觉、温觉、压觉、痒觉等单一感觉和干湿、光湿、粗糙、坚硬、柔韧等的复合感觉，使肌体能够感受外界的多种变化，以避免各种损伤。瘙痒是皮肤、黏膜（鼻黏膜、眼结合膜等）的一种特殊感觉，常伴有搔抓反应。痒感在皮肤表面呈点状分布。不同部位对瘙痒的敏感程度不同。外耳道、鼻黏膜、外阴部等处较为敏感。物理化学性刺激、生物性刺激、变态反应等均可引起瘙痒。

（3）调节体温作用

皮肤是热的不良导体，既可防止过多的体内热外散，又可防止过高的体外热传入，在保持人体正常体温以维持机体正常功能方面，皮肤的作用功不可没。皮肤可通过辐射、对流、蒸发、传导四种方式散热来调节体温。当外界气温较高时，皮肤的毛细血管扩张，血流增加，散热加速，使体温不致过度升高。当外界温度降低时，皮肤的毛细血管收缩，同时小部分动脉血液不通过毛细血管而由动静脉吻合直接回到静脉，这样皮肤的血流主要流向内脏，被散失的热量减少。由于立毛肌收缩及分布于皮肤表面的皮脂，阻滞了热量的辐射与蒸发，添加衣服，可减少对流和传导，防止体温过度降低。汗液蒸发可带走较多热量。每毫升汗液的蒸发，约需 2.43J 热量。以人体每昼夜排汗 700mL 计算，需要消耗 1672J 热量，故对调节体温有着重要的作用。夏季出汗多，可防止体温升高，冬季出汗减少，可减少热量的消耗，防止体温降低。阴雨潮湿、气温较高的季节，汗液蒸发减少，不利于散热，令人感觉闷热不适。有些营养性的化妆品具有促进皮肤血液循环、改善皮肤生理机能的作用，这不仅能增进皮肤健康，也有益于皮肤调节人体的正常体温。

（4）分泌和排泄作用

皮肤具有分泌和排泄功能。汗腺分泌汗液，皮脂腺分泌皮脂，对整个人体都是极为重要的。

① 汗液的分泌　汗液分泌是受视丘下部温度调节中枢控制的。正常室温下，只有少数小汗腺有分泌活动，排出汗液少，无出汗的感觉，不易被人所察觉。气温高于 30℃时，活动性小汗腺增加，排汗明显。汗液分泌量的多少能够影响汗的成分。小汗腺的汗液含 99%～99.5%水，0.5%～1.0%无机盐和有机物质。无机盐主要有氯化钠，有机物质主要是尿素、氨基酸、乳酸等。正常情况下汗液呈弱酸性，pH 值约为 4.5～5.0，大量排汗时 pH 值可达 7.0。汗液排出后与皮脂混合，形成乳状的脂膜，可使角质层柔软、润泽，防止干裂。同时汗液使皮肤带有酸性，可抑制一些细菌的生长。另外，汗液排出少量尿素，还有辅助肾脏的作用。但大量排汗可使角质层吸收水分而膨胀，汗孔变窄，排汗困难，容易生长痱子。大汗腺分泌物由其细胞远端破碎而成。为有荧光的奶样蛋白液体，也可有细胞碎屑，其中，除水分外可有脂肪酸、胆固醇和类脂质。正常时汗液无味，排出皮肤表面迅即干燥，如有细菌感染则可散发特殊的臭味。某些人大汗腺常分泌一些有色物质（脂褐素）而呈黄色、棕色或黑色，可见于腋部、腹股沟等处，久之可使衣服染色。大汗腺分泌于晨间较高，夜间较低。

② 皮脂的分泌和排泄　皮脂主要是由皮脂腺体分泌的，小部分是表皮角化过程中角质层细胞供给的角质脂肪。皮脂腺多数生长在毛囊附近，分泌的皮脂有润泽毛发、防止皮肤干裂及一定的抑制细菌在皮肤表面繁殖的作用。皮脂腺中未发现神经末梢，分泌不受神经支配。分泌的皮脂在腺体内积存，使排泄管内的压力增加，而从毛囊口排出。皮脂排出到皮肤表面，与该处的汗液和水乳化后形成一层乳状脂膜，根据此膜的厚度及皮脂的黏稠度可产生一种抵抗皮脂排出的反压力。上述两种压力的相互作用，调节着皮脂的排出量。用脂溶剂除去脂膜后，皮脂分泌增加，约 30min 后皮肤表面皮脂即可恢复原状。皮脂中含有较多的甘油三酸酯（50%以上）、蜡类（26%）、固醇类（4.3%）等。皮

脂分泌受年龄与性别的影响，自青春期后至壮年期较旺盛，至老年则渐减少。雄性激素使皮脂腺增大、分泌增多，雌激素有抑制皮脂腺的功能。皮脂腺中寄生的痤疮棒状杆菌和卵圆糠秕孢子菌的酯酶可将甘油三酸酯分解为游离脂肪酸。若游离脂肪酸排泄不畅，则可刺激毛囊及其周围组织，引起炎症。

（5）吸收作用

皮肤具有防止外界异物侵入体内的作用，但皮肤仍然有一定的渗透能力和吸收作用，因为它不是绝对严密而无通透性的屏障，故某些物质可以通过表皮而被真皮吸收，影响局部或全身。完整的皮肤能吸收脂溶性物质，而对水溶性物质吸收能力较小。若皮肤损伤或发炎时，其吸收力显著增强。如常用的肾上腺皮脂激素、性激素、维生素 A、维生素 D、维生素 E 等，在局部外用时，均可经皮肤吸收，产生全身作用。某些外用药如酚类，当皮肤大量吸收后，即可引起中毒，甚至造成死亡。

日常生活中所接触的各种物质，一般是不可透过表皮或被吸收的。化妆品的基质一般不被皮肤吸收，如凡士林、液体石蜡、硅油等矿物油类完全或几乎不能被皮肤吸收。猪油、羊毛脂、橄榄油等动植物油类则能进入皮肤层、毛囊和皮脂腺。当基质中存在表面活性剂时，表皮细胞膜的渗透性将增大，吸收量也将增加。能否吸收取决于皮肤的状态、物质性状以及混合有该物质的基剂。吸收量取决于物质量、接触时间、部位和涂敷面积等。

皮肤吸收的主要途径是渗透通过角质层细胞膜进入角质层细胞，然后通过表皮其他各层而进入真皮；其次是少量脂溶性及水溶性物质或不易渗透的大分子物质通过毛囊、皮脂腺和汗腺导管而被吸收；仅极少量通过角质层细胞间隙进入皮肤内。通常情况下，角质层吸收外物的能力很弱，但如使其软化，某些物质则可渗透过角质层细胞膜而进入角质层细胞，然后通过表皮各层而被吸收。如皮肤被水浸软后，则吸收能力加强，故可采用包敷的方法使汗液蒸发减少，皮肤的水分增加，因而皮肤的吸收作用加强。皮肤充血时吸收力也会加强。化妆品面膜就是基于这个道理而达到滋养面部皮肤的目的。

综上所述，供皮肤收敛、杀菌、增白等用途的化妆品，采用水溶性药剂为宜，以避免皮肤过度吸收，造成伤害；从皮肤表面吸收到达体内起营养作用的化妆品，以脂溶性药剂为宜。为了促进皮肤对化妆品营养成分的吸收，在涂搽化妆品前，先用皮肤清洁剂脱除皮脂（最好用温水），然后再搽用化妆品，并配以适当的按摩等，均会收到良好的效果。

（6）代谢作用

皮肤表面细胞分裂与分化形成角质层，毛发和指（趾）甲的生长，色素细胞的形成以及汗液的皮脂和形成、分泌等，都要经过一系列的生化过程才能完成，这即是皮肤的代谢功能，对皮肤和肌体起着保护作用。

① 糖代谢　糖原和葡萄糖是细胞中的主要糖类。正常表皮的葡萄糖含量约为 0.08%。糖尿病患者皮肤中的葡萄糖含量增加，故易受细菌及真菌感染。表皮、毛囊、汗腺中均含有酸性黏多糖。真皮基质中也有较多的酸性多糖蛋白，它们对水盐代谢有重要影响。黏多糖类有较高的黏稠度，它们和胶原纤维以静电结合形成网状结构，除对真皮及皮下组织中的组织成分起支持、固定作用外，还有抗局部压力作用。

② 蛋白质代谢　皮肤内的蛋白质可分为三类，即纤维蛋白、非纤维蛋白及球蛋白。

纤维蛋白主要包括表皮细胞中的张力微丝和角质层中的角质蛋白纤维，真皮中的胶原纤维、弹性纤维和网状纤维。弹性纤维富有弹性。胶原纤维是构成真皮的主要成分之一，使皮肤具有韧性和抗张力作用。非纤维蛋白包括控制遗传特性的核蛋白，调节细胞代谢的各种酶，真皮的基质。球蛋白为细胞不可缺少的组成部分，也是基底细胞中 RNA 核蛋白和 DNA 核蛋白的主要成分。

③ 脂类代谢　皮肤表面的脂膜中含有脂类、游离脂肪酸、甘油酯、固醇类等，大多为皮脂腺的分泌物，少量来源于表皮的角质层。表皮内含有 7-脱氢胆固醇，经紫外线照射后可生成维生素 D，被吸收后可防软骨病的发生。皮肤的脂类代谢与表皮细胞的分化及能量供应有密切关系。

④ 水的代谢　皮肤里的水分主要储于真皮内，对于整体的水分起着调节作用，同时是皮肤的各种生理作用的重要内环境。皮肤是人体水分排泄的主要途径之一，机体脱水时皮肤可提供其水分的 5%～7%，以补充血液循环中的水分。

⑤ 电解质代谢　皮肤中的电解质以氯化钠及氯化钾的含量最多，此外，还有微量的钙、镁、铜、磷等。氯化钠主要在细胞外液中，对维持渗透压及酸碱平衡有一定作用。氯化钾主要在细胞浆内，对某些酶有激活作用，对钙离子有抵抗作用，并可调节细胞内的渗透压及酸碱平衡。当皮肤有炎症时应限制盐的摄入，因为皮肤受损伤时，钾含量降低，钠和水分含量增加。钙主要存在于细胞内，对细胞膜的通透性及细胞间的黏性有一定作用。镁与某些酶的活性有关。铜在皮肤中的含量较少，作用却不小。铜是酪氨酸酶的主要成分之一，参与色素形成过程。在有氧条件下，酪氨酸酶可将酪氨酸转化为多巴，多巴被酪氨酸酶进一步氧化为多巴醌，聚合作用后形成黑素小体。磷是细胞内许多代谢物质和酶的主要成分，参加能量储存及转换。另外，表皮角质层及指（趾）甲有较多的硫，参加角质蛋白纤维的合成。

5.2.2　皮肤的类型、pH 值

5.2.2.1　皮肤的类型

依据皮肤角质层内含水量、皮脂分泌量等皮肤特征，可将皮肤分为干性、油性、中性及混合性等类型。

（1）干性皮肤

干性皮肤毛孔细密不明显，皮脂的分泌量少而均匀，无油腻感，皮肤细嫩，肤色洁白，或白里透红，干净、美观。表皮角质层中含水量少，常在 10% 以下，因此这类皮肤经不起风吹日晒，易发红，脱屑，或易干燥、皲裂。易过敏，易生雀斑、色素斑，极少产生粉刺和痤疮。常因情绪波动和环境变换而发生明显的变化。保护不好容易出现早期衰老现象。此类皮肤宜使用碱性小的洁肤用品，如刺激性小的香皂、洗面奶、清洁霜等，洗净后需搽用含油脂较多的护肤化妆品，如冷霜等以滋润皮肤。

（2）油性皮肤

油性皮肤毛孔粗大，皮脂分泌多，皮肤油腻感较重，显得油光满面，易患痤疮和粉刺，肤色较深，但皮肤弹性好，不易过敏，不易起皱纹。皮肤润泽、不易干裂，对外界环境的各种刺激抵抗力强。

这类皮肤应特别注重皮肤的清洁，宜经常用水清洗，可选用肥皂、香皂等去污力强的清洁用品洗脸，宜使用油脂含量少的化妆品，如雪花膏、化妆水等。

(3) 中性皮肤

中性皮肤的皮脂分泌量和含水量适宜，皮肤既不干也不油，不粗不细，介于上述两种类型皮肤之间，对外界刺激也不敏感，是一种正常、健康和理想的皮肤。此类皮肤选用清洁和护肤化妆品的范围也较宽，通常的护肤类化妆品均可选用。

(4) 混合性皮肤

皮肤同时具有两种不同性质类型的皮肤称为混合性皮肤。即前额、鼻梁及下颌等处（面部 T 区）毛孔粗大，皮脂分泌甚多，表现油性皮肤特征，而两颌及外侧皮肤具有干性或中性皮肤特征。女性中约 80%属于混合性皮肤。

(5) 过敏性皮肤

多数过敏性皮肤毛孔粗大，皮脂分泌量也偏多。但主要是这种皮肤在使用化妆品（还有如日光照射、接触某些化学制品等）后会引起皮肤过敏、红肿、发痒、出现皮疹等。这种皮肤的人要慎重选用化妆品。

皮肤的类型还受年龄、季节等影响。青春期过后，油性皮肤就会逐渐向中性及干性皮肤转变。在冬季寒冷、干燥的外界环境中，即使是油性皮肤，也易引起干燥、粗糙；夏季，皮肤分泌机能旺盛，汗液多，中性皮肤也会呈现为油性皮肤。皮肤的状态随外界环境的变化而变化，所以选用化妆品时，也要适当根据上述变化而有所不同。

5.2.1.2 皮肤的 pH 值和中和能

皮肤分泌的皮脂和汗液混合物在皮肤表面形成一层乳化的脂膜（皮脂膜）。它具有阻止皮肤水分过快蒸发、柔化角质层、防止皮肤干裂的作用，在一定程度上有抑制细菌在皮肤表面生长、繁殖的作用。

皮脂膜中主要含有乳酸、氨基酸、尿素、尿酸、盐、中性脂肪及脂肪酸等。由于这层皮脂膜的存在，皮肤表面呈弱酸性，测得皮肤的 pH 值通常是在 4.2～6.5 之间，且皮肤 pH 值常随人种、性别、年龄和身体的部位等不同而略有差异。

由于皮肤表面呈弱酸性，因而具有中和弱碱的能力。即使在皮肤表面涂以碱性溶液，皮肤表面的 pH 值也具有经过一定时间恢复到原有 pH 值的特性，这种性能称为皮肤的中和能，或称皮肤具有缓冲作用。皮肤具有的这种缓冲功能是对来自外部侵害的一种生理上的保护作用。对于皮肤的这种缓冲作用，一般认为其主要因素是皮脂膜中的乳酸和氨基酸或作为角质层成分的角朊在起作用。

皮脂膜中的游离脂肪酸及皮脂膜的弱酸性 pH 值，对皮肤表面的葡萄球菌、链球菌及白色念珠菌等有一定的抑制作用。青春期后皮脂分泌中的某些不饱和脂肪酸，如十一碳烯酸增多，可抑制一些真菌繁殖，故白癣到青春后期可自愈。

综上所述，尽管皮肤自身具有一定的缓冲作用，在化妆品研究和生产中还应特别注意化妆品本身的妆品对正常的皮肤缓冲性的影响。研究证明，具有弱酸性且缓冲作用较强的化妆品对皮肤（特别是缓冲性较弱的皮肤）是最合理的。另外，从皮肤营养的角度考虑，从构成皮脂的成分中，选择皮肤所必需的组分来制定化妆品配方，使化妆品的成分与皮脂膜的组成相同，对皮肤而言，可谓最理想的营养化妆品。

5.2.3　皮肤的老化与保健

5.2.3.1　皮肤的老化

人体衰老或老化是生命生长过程的必然规律，其中以皮肤的变化最为明显。其原因有内因和外因两个方面：内因主要是内分泌、遗传、细胞、组织等；外因包括工作和生活环境、营养状况等。应当指出，细胞是肌体的最基本单位，细胞的有限生命必然反映到肌体生命的有限性上。

目前认为皮肤的老化包括两种明显不同的现象，即自然老化和光老化。前者是随着人体衰老的进程，皮肤发生的自然的、不可避免的老化过程。而后者则是紫外线造成的皮肤光化学性老化过程，两者临床表现不一致，而且在组织学上有质的不同。

自由基学说认为，在生物体内细胞的新陈代谢中会不断地产生氧自由基，这些自由基也会参与人体的生理活动。正常情况下，体内氧自由基的产生和消亡是处于动态平衡状态中，年龄的增大、疾病的影响以及日光的照射都可以增加体内的氧自由基，多余的自由基会和体内的不饱和脂肪酸反应，使细胞膜的不饱和脂肪酸减少，饱和脂肪酸相对增多，从而降低膜的流动柔软性，导致细胞膜功能异常而使肌体处于不正常状态。表现在皮肤上则使皮肤干燥，出现皱纹等老化现象。不饱和脂肪酸与自由基发生过氧化反应生成的最终产物丙二醛（MDA），它会进一步与体内蛋白质、核酸或磷脂类起反应，生成荧光物质，这些荧光物质的积聚表现在皮肤上就是老年色斑。另外，体内氧自由基的增加还会引起结缔组织中胶原蛋白的交联，使其溶解性降低，表现在肌体上就是皮肤无弹性、无光泽、骨骼变脆、眼晶状体变混浊等。

根据这一理论，老化是生物体内氧自由基产生和消亡处于动态平衡的正常状态受到破坏的结果。要想延缓皮肤的老化，可以在化妆品中添加自由基清除剂，以消除自由基对人体造成的伤害，常见的清除剂有维生素 A、维生素 E、维生素 C、β-胡萝卜素、谷胱甘肽、超氧化歧化酶（SOD）、过氧化氢酶、金属硫蛋白（MT）等。

5.2.3.2　皮肤的保健

皮肤是人体自然防御体系的第一道防线，健康美丽的肌肤不仅使人显得年轻，富有朝气，而且能给人以美的享受。健康美丽的皮肤应该是：洁净卫生、滋润、柔滑、有光泽，张力佳而富有弹性，肤色自然、纯正、有生机。因此，保护好皮肤，特别是面部皮肤，对于美化容貌、延缓衰老是非常重要的。

如何防止皮肤的老化是一个复杂的问题，要想从根本上解决老化问题是不现实的，也是不可能的。但只要重视对皮肤采用科学的方法进行护理，就能够减轻和延缓皮肤的衰老过程。科学护理皮肤的积极措施主要有以下几个方面。

（1）注意皮肤的清洁卫生

由于角质层的老化脱落，皮脂腺分泌皮脂，汗腺分泌汗液，以及其他内分泌物和外界尘埃等混杂在一起附着在皮肤上构成污垢。这些污垢不仅会堵塞汗腺和皮脂腺，妨碍皮肤的正常新陈代谢，同时皮脂极易为空气氧化，产生令人不愉快的异味，促使病原菌的繁殖，最终导致皮肤病的发生，加速皮肤的老化。洗脸以温水为宜。水温过热，皮肤会变得松弛，容易出现皱纹。同时也不要使用碱性过强的肥皂或其他洗涤用品，以避免对皮肤的刺激。清洗后使用适合自己肤质的护肤类化妆品，使皮肤保持青春的活力。为了预防皮肤的老化，特别是对面部皮肤，可以经常采用按摩皮肤的方法（多在使用化妆品后进行）。因按摩通过轻微的刺激，可以改善血液和淋巴液的循环，同时也加速了皮肤的新陈代谢，补充皮肤的营养，还可减轻皮肤的疲劳，提高皮肤肌肉的力量，有助于保持皮肤的弹性，延缓皮肤的衰老。

（2）注重营养睡眠

皮肤是机体整体的一部分。平日注重对机体的保养和营养，特别是注重饮食的营养，由此可使得皮肤也获得充足的养分，主要是蛋白质，能增强皮肤的弹性、延缓皮肤的衰老。充足的睡眠、定时作息，才能使机体精力充沛、不易疲劳，对机体的新陈代谢等生理机能起到促进作用。再加上平日保持心态平和，能够有个好心情，就会显得精神焕发，生机勃勃，富有朝气。这都有助于防止皮肤的衰老。

（3）正确使用化妆品

化妆品的正确使用是个不容忽视的问题，只有科学地、有针对性地选择使用化妆品才可起到清洁肌肤、保护皮肤、美化容貌、营养皮肤等作用。

首先必须根据皮肤的类型选择适宜的化妆品类。对于干性皮肤，可以选用养分多、保湿性能较好的、油性较大的 W/O（油包水）型营养冷霜、乳液等以滋润皮肤，还可以用营养化妆水进行修补。对于油性皮肤，由于皮脂分泌多，易受感染，对细菌抵抗力较弱，易生粉刺、痤疮，要注意面部洗净，应选用清爽的乳剂柔软皮肤，还可用收敛性化妆水。对于过敏性皮肤，选用化妆品须谨慎，最好选用较温和的、刺激性小的 O/W（水包油）型雪花膏、蜜类、化妆水等少油的护肤类化妆品。要保持面部皮肤的滋润、光滑、柔软，除需要补充油分外，水分也是一个重要因素。在搽用化妆品前，宜先用温湿毛巾在皮肤上敷片刻，不仅可以补充一部分水分，而且可以柔软角质层，促进皮肤的吸收功能。

5.3 化妆品的主要原料

化妆品是一种由各类原料经过合理调配加工而成的复配混合物。化妆品的特殊功效、质量优劣及其产品的更新换代，除了与原料配方、加工技术和设备条件有关外，对原料的开发和选择也是至关重要的。只有掌握了原料的结构、性能和特点，才能正确、灵活应用，制造出各种功能新颖的优质产品。

化妆品的原料种类繁多，性能各异。根据化妆品原料的性能和用途，大体上可分为基质原料和辅助原料（又称配合原料）两大类。基质原料是化妆品的一类主体原料，它在化妆品配方中占有较大的比重，是在化妆品中起主要功能作用的物质。而辅助原料则是对化妆品的成型、稳定或赋予色、香及其他特性起作用，这些物质在化妆品配方中用量不大，但却极为重要。

5.3.1 油质原料

油质原料包括天然油质原料和合成油质原料两大类，主要是指油脂、蜡类原料，还有烃类、高碳脂肪酸、脂肪醇和酯类等，是化妆品的一类主要原料。

5.3.1.1　油脂

油脂是油和脂的总称。油脂的主要成分是由脂肪酸和甘油所组成的脂肪酸甘油酯（简称甘油三酯）。其结构如下：

$$
\begin{array}{l}
CH_2—O—COR^1 \\
| \\
CH—O—COR^2 \\
| \\
CH_2—O—COR^3
\end{array}
$$

R^1、R^2、R^3 为脂肪族烷基或烯基

动植物界大量存在着由各种脂肪酸以不同比例构成的脂肪酸甘油酯。因此，按其来源又可分为植物性油脂和动物性油脂两大类。通常在常温下为液体者称为油，固体者称为脂。天然油脂中存在的脂肪酸，几乎全部是含有偶数碳原子的直链单羧基脂肪酸。如果脂肪酸碳氢链上没有双键，就称为饱和脂肪酸，如硬脂酸、棕榈酸等，此类油脂一般呈固态；如果碳氢链上含有双键，就称为不饱和脂肪酸，如油酸等，此类油脂一般呈液态。实际上，大多数天然油脂都是混合的脂肪酸甘油酯。

天然油脂资源丰富，种类繁多，从动植物和微生物生成物中都可提取，但是可用作化妆品原料的油脂种类却有限。

（1）植物性油脂

植物性油脂又分为：干性油（碘值＞130），如亚麻仁油、葵花籽油；半干性油（碘值100～130），如棉籽油、大豆油、芝麻油；不干性油（碘值＜100），如橄榄油、椰子油、蓖麻油、山茶油等三大类。化妆品原料使用的油类多半是不干性油，干性油几乎不用。

① 橄榄油　由橄榄树的果实经机械冷榨或用溶剂抽提制得。主要产地在法国、西班牙、意大利等地中海沿岸地区。产品为淡黄色或黄绿色透明液体，有特殊的香味和滋味。橄榄油中的主要成分为油酸甘油酯和棕榈酸甘油酯，还含有少量的角鲨烯。此外，由于橄榄油中含亚油酸较少（约 4%～10%），所以较其他液体油脂不易被氧化。橄榄油素有“植物油皇后”之称，用于化妆品中，具有优良的润肤、养肤作用，能够抑制皮肤表面的水分蒸发，还具有一定的防晒作用。是制造按摩油、发油、防晒油和各类护肤膏霜及唇膏等的重要原料。

② 蓖麻油　由蓖麻种子经压榨而制得。产品为无色或淡黄色透明黏性油状液体，具有特殊芬芳气味。蓖麻油的主要成分是蓖麻酸甘油酯，即甘油酯中脂肪酸主要成分为蓖麻油酸，又称 12-羟基-9-十八烯酸，故蓖麻油比其他油脂亲水性强。可溶于乙醇，可与无水乙醇和冰醋酸混合。由于蓖麻油的密度大，黏度高，凝点低，以及它的黏度和软硬度受温度的影响很小。很适宜于作为化妆品原料，可用作口红的主要基质，使其外观更为鲜艳，黏性好，润滑性也好。也可应用在发蜡、膏霜、乳液和透明香皂中，还可作为指甲油的增塑剂等。

③ 椰子油　从椰子的果实经压榨制得，为白色或淡黄色澄明油状液体（夏季）或固体（冬季），具有椰子特殊的芬芳。椰子油的主要成分是月桂酸甘油酯，其次是肉豆蔻酸甘油酯和棕榈酸甘油酯。椰子油有较好的去污力，泡沫丰富，是制皂不可缺少的油脂原料，但由于椰子油中含有少量的己酸、辛酸、癸酸，故对头发和皮肤略有刺激性，一般不直接用作化妆品的油质原料，但它却是合成表面活性剂的重要原料，所以它可作为化妆品的间接原料。

④ 杏仁油　亦称甜杏仁油，自甜杏仁的干果仁中提取得到，产品为无色或淡黄色透明

油状液体，具有特殊的芬芳气味。杏仁油的主要成分为油酸甘油酯和亚油酸甘油酯。杏仁油的性能与橄榄油极其相似，常作为橄榄油的代用品，在化妆品中可作为按摩油、发油、润肤油及其膏霜类的油性成分，欧美国家特别喜欢用在乳液制品中。

⑤ 花生油　取自花生仁，产品为淡黄色油状液体，具有特殊芬芳的气味。花生油的主要成分为油酸甘油酯和亚油酸甘油酯。花生油对皮肤的渗透性与一般植物油相近，对皮肤无害，是十分有用的润肤剂。它在化妆品中主要替代橄榄油和杏仁油，应用于膏霜、乳液、发油、按摩油和防晒油等制品中。

⑥ 大豆油　由大豆的种子制得的干性油，它属目前世界上天然油脂产量最大的品种。产品为淡黄色至棕黄色油状液体，略带特有的气味。大豆油的主要成分为亚油酸甘油酯和油酸甘油酯。大豆油除食用外，主要用作生产肥皂的原料。由于对皮肤无不良作用，在化妆品中也可作为橄榄油的代用品，但稳定性稍差。

⑦ 玉米油　玉米加工的副产品。玉米油为淡黄色透明油状液体，略有气味。玉米油的主要成分为亚油酸甘油酯和油酸甘油酯。玉米油对皮肤无不良作用，是较好的润滑剂，可替代橄榄油使用。

⑧ 芝麻油　取自芝麻的种子，产品为无色或淡黄色透明油状液体，带有特殊的芝麻香气味。它冷却至零度不凝固，芝麻油的主要成分为油酸甘油酯、亚油酸甘油酯和棕榈酸甘油酯。芝麻油中的一部分不皂化物是其他油脂中没有的，如芝麻明、芝麻酚、芝麻酚林等，使芝麻油具有非常高的抗氧化稳定性，其中芝麻酚起了主要的作用。芝麻油对皮肤无不良作用，主要代替橄榄油用作膏霜类、乳液类的油脂成分以及按摩油等。

⑨ 茶籽油　取自油茶树的种子，产品为无色或淡黄色透明油状液体，味微苦。茶籽油的主要成分为油酸甘油酯。茶籽油的性能优于白油，对皮肤无不良作用，由于茶籽油中含有一定量的氨基酸、维生素和杀菌、解毒成分，利于皮肤吸收，因此可用在化妆品中，作香脂、乳液、中性膏霜等的油质原料。此外，因茶籽油具有滋润、护发功能，且有营养、杀菌、止痒的作用，故也可用于润发制品。

⑩ 米糠油　从米糠中精制提炼而得到的一种淡黄色油状液体，略有气味。米糠油的主要成分为油酸甘油酯和亚油酸甘油酯。此外，还含有少量的生育酚、维生素 E、矿物质、蛋白酶等，因此具有很好的抗氧化稳定性和护肤、营养皮肤的性能，可使肌体柔软并富有弹性，防止皱纹过早出现。此外，米糠油中含有少量的 γ-谷维醇（约 1%～2%）具有吸收紫外线和阻止黑色素生成的作用，故米糠油在化妆品中主要用于防晒和抗皱护肤制品。

⑪ 沙棘油　取自沙棘果实，主要产地在我国华北、西北、四川、云南和西藏等地。产品为棕红色透明油状液体。沙棘油的主要成分为棕榈油酸甘油酯、棕榈酸甘油酯和油酸甘油酯。沙棘油可增强人体代谢功能，治疗烧伤、烫伤、冻伤和其他轻度皮肤损伤，滋润皮肤、毛发，抑制衰老和抗辐射，因此主要用于护肤、护发、沐浴制品，也可用于剃须膏、生发剂和祛斑霜等化妆品。

⑫ 鳄梨油　从一种叫鳄梨树的鳄梨果肉脱水后用压榨法或溶剂萃取法而制得，主要产地为以色列、南美洲、美国、英国等。产品外观有荧光，光反射呈深红色，光透射呈强绿色，可漂白成无色，略带轻微的榛子味，不易酸败。鳄梨油的主要成分为油酸甘油酯和棕榈酸甘油酯。鳄梨油因其颜色深，不宜直接用于化妆品，需要脱色。由于鳄梨油对皮肤无毒、无刺激，对眼睛也无害，故广泛应用于化妆品中。据分析测定，鳄梨油含有各种维生素、甾醇、卵磷脂等有效成分，具有较好的润滑性、温和性、乳化性，且稳定性也好，对皮肤的渗

透力要比羊毛脂和其他植物油（如玉米油、豆油、杏仁油和橄榄油等）强，有助于活性物质的吸收，故可作为乳液、膏霜、香波及香皂等的原料。

⑬ 石栗子油　取自石栗核，主要产于夏威夷、澳洲、菲律宾等地。产品为淡黄色至橙色油状液体。石栗子油的脂肪酸组成以亚油酸、亚麻酸和油酸为主，而亚油酸和亚麻酸都是人体必需的脂肪酸。石栗子油对人体无不良作用，使用安全，它所含必需的脂肪酸对保持表皮的角质层细胞间的脂体结构的完整性起着主要作用，有助于健康皮肤的形成和皮肤屏障作用的恢复，此外，还可减少通过表皮的水分损失。石栗子油是渗透力很高的植物油，易被皮肤吸收，当涂于皮肤表面时，有使皮肤软化、舒缓晒斑和减轻刺激的作用。对表皮烧伤、龟裂皮肤、轻度皮肤病变和伤口愈合有良好的恢复作用。可用于护肤制品和护发制品，如润肤乳液、防晒乳液和膏霜、调理香波以及沐浴露等。

⑭ 澳洲坚果油　取自澳洲坚果核，主要产于夏威夷和澳大利亚东部，产品为淡黄色油状液体，略有油脂芬芳气味。澳洲坚果油脂肪酸的主要成分是油酸和棕榈酸。澳洲坚果油是唯一含有大量棕榈油酸的天然植物油，其脂肪酸组成与人体皮脂相似，可用作皮肤棕榈油酸的来源，起到保护细胞膜的作用，从而延缓了脂质体的过氧化作用，特别是对易受紫外线伤害的皮肤尤为重要。它对皮肤的渗透速度快，在皮肤上留下平滑和不油腻的感觉。它安全无毒，对皮肤无不良作用，且容易乳化，溶于大多数化妆品用的油类，具有较高的分散系数，故主要应用于护肤制品、唇膏、婴儿制品以及防晒制品中。

⑮ 胡桃油　由产于澳大利亚的胡桃（坚果）的种子经压榨而制得。胡桃油的脂肪酸组成中虽然以油酸为主，但也含有较多的在植物油中珍奇的棕榈烯酸，由此提高了它的使用价值，可用于膏霜、乳液制品和唇膏等化妆品中。

⑯ 可可脂　从热带地区可可树种子（可可豆）中经压榨或溶剂提取而制得，主要产于美洲。产品为白色或淡黄色固态蜡，具有可可的芬芳。其甘油酯中脂肪酸的主要成分是油酸、硬脂酸和棕榈酸。可可脂有滋润皮肤的作用，但它被列为可能引起粉刺的油脂。在化妆品中可作为唇膏及其他膏霜类制品的油质原料。

（2）动物性油脂

目前应用于化妆品中的动物性油脂有水貂油、蛋黄油、羊毛脂油、卵磷脂等。动物性油脂一般含有高度不饱和脂肪酸，它们与植物性油脂相比，其色泽和气味等都较差，在具体使用时应注意它的防腐问题。

① 水貂油　从水貂背部的皮下脂肪中取得的脂肪粗油经加工精制后得到，是一种理想的化妆品原料。产品为无色或淡黄色透明油状液体，无腥臭及其他异味，无毒，对人体肌肤及眼睛无刺激作用。水貂油脂肪酸的主要成分是油酸、亚油酸、棕榈油酸和棕榈酸。

水貂油含有多种营养成分，理化特性与人体脂肪极为相似，其最大特点是含有约 20% 的棕榈油酸，它对人体皮肤有很好的亲和性与渗透性，易被皮肤吸收，用后滑爽而不腻，并使皮肤柔软和富有弹性（对干燥皮肤尤为适合），对预防皮肤皲裂和衰老具有明显的效果。此外，它对黄褐斑、单纯糠疹、痤疮、干性脂溢性皮炎、冻疮、防裂和防皱均有一定疗效。水貂油的扩展性比白油高三倍以上，表面张力小，易于在皮肤、毛发上扩展，使用手感好，在毛发上有良好的附着性，并能形成具有光泽的薄膜，改善毛发的梳理性，调节头发生长，使头发柔软、有光泽和弹性。水貂油还有优良的吸收紫外线的作用（超过鳄梨油和芝麻油）和抗氧化性能，对热和氧都相当稳定，贮存时不易变质和酸败。

鉴于水貂油的优异性能，故在化妆品中得到广泛应用，如营养霜、润肤脂、发油、发水、唇膏以及防晒霜等。

② 蛋黄油　用溶剂从新鲜蛋中取得的动物油，主要含脂肪油（约 62%）和磷脂（约 33%），此外，还含有卵磷脂，维生素 A、维生素 D、维生素 E 等。可作为化妆品膏霜的油基成分。

③ 蛇油　从蟒蛇的脂肪经提纯精制而得到，室温下，产品为淡黄色油状液体，略带异味。由于蛇油对皮肤皲裂有良好的治疗功效，用后皮肤凉爽润滑，故主要应用于护肤制品和药用油膏。

④ 羊毛脂油　从无水羊毛脂经过分级蒸馏而制得，产品为黄色至淡黄色黏稠油状液体，略带特殊气味。它对皮肤的亲和性、渗透性、扩散性较好，润滑和柔软作用也较好，易被皮肤吸收，对皮肤安全无刺激，易与其他油类混合，能保持制品流动性和透明。在化妆品中主要用于无水油膏、乳液、卸妆油、浴油和发油等。

⑤ 鲨鱼肝油　取自鲨鱼肝脏，超精炼的鲨鱼肝油几乎为无色、无味的透明油状液体。其甘油酯中脂肪酸的主要成分为棕榈酸、棕桐油酸、油酸和二十二碳六烯酸，此外还含有丰富的角鲨烯、维生素 A、维生素 D 等。

由于鲨鱼肝油含有丰富的角鲨烯，而角鲨烯是皮脂和皮肤天然脂质体的组分，有益于皮肤表面保湿和保持皮肤光滑，因此鲨鱼肝油用于化妆品可模仿天然护肤脂质体的功能，保持皮脂流动性和作为表皮的润滑剂，其护肤作用还包括抑制霉菌的生长，阻止因过度日照引起的皮肤癌的形成，对眼睛的刺激性极微小，对皮肤略有刺激，主要用于护发类化妆品。

⑥ 步鱼油　取自步鱼的脂肪，产品为黄棕色或红棕色油状液体，略带特有气味。其甘油酯中脂肪酸的主要成分为棕榈酸、棕榈油酸、油酸、二十碳五烯酸和二十碳六烯酸，其中二十碳五烯酸的含量最高，故超精炼的步鱼油制成的护肤品，可赋予皮肤舒适感。在化妆品中主要用于营养霜和润肤霜，可使干性皮肤润湿，也可用于香波和护发素，使头发留下平滑感和良好的梳理性。

⑦ 罗非鱼油　主要产地在大西洋和地中海一带。罗非鱼油是将罗非鱼的皮、皮下脂肪或头部等经熬煮，并将其混合液再经脱水后制得的。产品为橙黄色油状液体。罗非鱼油含有由 C_{16}～C_{20} 的不饱和脂肪酸和 C_{18}～C_{20} 的不饱和脂肪醇组成的酯类，以及其他如甘油三酯、游离脂肪酸、脂肪醇等对皮肤有效的成分。含罗非鱼油的化妆品无油腻感，使用后皮肤有清爽、滑润、舒适感。

⑧ 卵磷脂　从蛋黄、大豆和谷类等提取制得，是一种硬脂酸、棕榈酸和油酸的双甘油酯与磷酸胆碱酯的混合物，产品为淡黄色蜡状物质。卵磷脂具有乳化、抗氧化、滋润皮肤的功效，是一种良好的天然乳化剂，常应用于化妆品的润肤膏霜。

5.3.1.2　蜡类

蜡是指高碳脂肪酸和高碳脂肪醇构成的酯。这类酯加入化妆品中可增强化妆品的稳定性，调节黏稠度，减少油腻感。侧链的脂肪酸和侧链的脂肪醇生成的酯不会堵塞毛孔，同时凝点较低，使用感觉好。应用于化妆品的蜡类有植物性蜡类和动物性蜡类。植物性蜡类有巴西棕榈蜡、小烛树蜡、霍霍巴蜡、木蜡等；动物性蜡类有蜂蜡、鲸蜡、羊毛脂等。

（1）植物性蜡类

① 巴西棕榈蜡　亦称卡那巴蜡。它是从南美洲巴西产的卡那巴棕榈树的叶或叶柄中提

取的蜡。精制产品为白色或淡黄色脆硬蜡状固体，具有愉悦的气味。其主要成分为蜡酸蜂花醇酯和蜡酸蜡酯。将它添加到其他蜡类中，可提高蜡质的熔点，增加硬度、韧性和光泽，也有降低黏性、塑性和结晶的倾向。对皮肤无不良作用，化妆品中主要用于唇膏以增加其耐热性，并赋予光泽，还可用于睫毛膏、脱毛蜡等需要较好成型的制品。

② 小烛树蜡　主要生长在墨西哥、美国加利福尼亚和得克萨斯州南部等温差变化较大、少雨干燥的高原地带。小烛树蜡是从小烛树的茎中提取得到的。产品是一种淡黄色半透明或不透明的固体蜡。精制的小烛树蜡有光泽和芳香气味，略带黏性。其主要成分是碳氢化合物、蜡酯、高级脂肪酸、高级醇等。在化妆品中的应用同巴西棕榈蜡，主要用作唇膏等锭状化妆品的固化剂。

③ 霍霍巴蜡　霍霍巴蜡是一种透明、无臭的浅黄色液体。其主要成分是分别为二十碳以上的脂肪酸和脂肪醇构成的蜡酯。霍霍巴蜡最突出的优点是不易氧化和酸败，无毒，无刺激性，而且具有易于被皮肤吸收和良好的保湿性等特点，深受化妆品制造业的青睐。许多国家已将霍霍巴蜡应用于润肤膏、面霜、香波、头发调理剂、唇膏、指甲油、婴儿护肤用品、清洁剂等制品中。

④ 木蜡　亦称日本蜡，它是从生长在日本的野漆树的果皮中取得的。产品为淡奶色蜡状物，略具酸涩气味，不硬但有韧性、可延展性和黏性。木蜡虽称之为蜡，其主要成分其实是以棕榈酸为主的甘油三酯，为植物性脂肪或高熔点脂肪。木蜡可与蜂蜡、可可脂和其他甘油三酯配伍，易被碱皂化形成乳液。在化妆品中，主要用于乳液和霜类制品。

（2）动物性蜡类

① 蜂蜡　亦称“蜜蜡”，是从蜜蜂（土蜂）腹部蜡腺体分泌出来的蜡质，是构成蜂巢的主要成分，故蜂蜡是从蜜蜂的蜂房中取得的蜡。天然蜂蜡一般为淡黄色至棕褐色无定形蜡状固体，带有蜂蜜的香味，稍硬。蜂蜡的主要成分为棕榈酸蜂蜡酯（$C_{15}H_{31}COOC_{31}H_{63}$）和固体的虫蜡酯（$C_{25}H_{51}COOH$）与碳氢化合物。

蜂蜡与其他蜡类不同，含有大量游离脂肪酸，因此可经皂化作乳化剂用。自古以来蜂蜡一直是制造冷霜的原料，由于其熔点高，也是制造发蜡、胭脂、唇膏、眼影棒、睫毛膏等美容化妆品的原料。此外，它还有抗细菌、抗真菌、愈合创伤的功能，因此又可用它制造香波、洗发剂、高效去头屑洗发剂（治疗因真菌引起的多头屑症）等。

② 鲸蜡　亦称鲸脑油，是从抹香鲸的头盖骨腔内提取的一种具有珍珠光泽的结晶状固体，产品呈白色透明状，其精制品几乎无臭无味，质脆易成粉末。长期置于空气中易氧化、酸败和变黄。鲸蜡的主要成分为鲸蜡酸、月桂酸、豆蔻酸、棕榈酸、硬脂酸等。鲸蜡对皮肤无不良作用，在化妆品中主要用于制造冷霜和需要较好光泽及稠度的乳液，也可用在唇膏和固溶体油膏状制品中。

③ 虫胶蜡　亦称紫胶蜡，是来自繁殖于紫胶树上的紫胶虫的分泌物。将紫胶虫分泌出来的紫胶脂经加工后即可得紫胶蜡。产品质硬而脆，熔点高。紫胶蜡的主要成分为蜡酯（脂肪酸与脂肪醇的化合物）、少量游离脂肪酸、醇类和烃类，与蜂蜡成分相似但硬度更高，可用于制造眉笔等化妆品。

④ 羊毛脂　羊的皮脂腺分泌物，它附着于羊毛上能使羊毛润滑，并有挡风雨、抗日晒的作用。羊毛脂是从洗涤羊毛的废水中经高速离心机分离提取出来的一种带有强烈臭味的黑色膏状黏稠物，再经脱色、脱臭后即为精制羊毛脂。产品为黄色半透明油性的黏稠软膏状半

固体。羊毛脂可分为无水和有水两种，含水羊毛脂含水约25%～30%，溶于氯仿和乙醚后，能将水析出。羊毛脂的主要成分为各种脂肪酸与脂肪醇的酯，属低熔点蜡。羊毛脂有很好的乳化、润湿和渗透作用，易于被皮肤和毛发吸收，具有柔软皮肤、防止脱脂和防止皮肤皲裂的功效，并能与多种原料配伍，是一种良好的化妆品原料。广泛应用于护肤膏霜、防晒制品及护发制品中，也可用于香皂、唇膏等美容化妆品。

5.3.1.3 烃类

烃是指来源于天然矿物（主要是石油）经加工精制得到的一类碳氢化合物。它们的沸点高，多在300℃以上，无动植物油脂的皂化值与酸值。根据烃的性质与结构，可将其分为脂肪烃、脂环烃和芳香烃三大类。烃类在化妆品中的主要作用是它的溶剂作用，用来净化皮肤表面。此外，它在皮肤表面形成疏水性油膜，抑制皮肤表面水分的蒸发，提高化妆品的保湿效果。烃类物质可用作化妆品原料的有液体石蜡、固体石蜡、微晶石蜡、地蜡、凡士林等。

（1）液体石蜡

液体石蜡亦称白油或石蜡油。它是从石油分馏的高沸点（330～390℃）馏分经碳化、中和、脱色、脱蜡等处理后而得到的。产品是一种无色透明、无味、无臭的黏稠状液体。液体石蜡是一类液态烃类的混合物，其主要成分为正异构烷烃的混合物，具有化学惰性，对光和热也比较稳定，不易被微生物分解。通常使用的白油是按黏度不同来分类的。化妆品用白油有7号、11号、18号、24号等规格。低黏度白油与高黏度白油性质不同。低黏度白油洗净与润湿效果好，柔软效果差；后者则相反，高黏度白油洗净与润湿效果差，而柔软效果好。根据这些特性，白油广泛应用于发油、发蜡、发乳、雪花膏、冷霜、婴儿霜和剃须膏等各种膏霜和乳液等化妆品中。

（2）凡士林

凡士林亦称矿物脂，它是由石油原油真空蒸馏后的残油部分经硫酸、加氢、活性白土精制而成。产品为白色或淡黄色均匀膏状物。凡士林的主要成分为高碳烷烃（异构）和高碳烯烃的混合物。它具有无味、无臭、化学惰性好，黏附性好、价格低廉、亲油性和精度高等特点，且对皮肤无不良作用，因此常用作护肤膏霜、发用类、美容类等各种化妆品的油质原料，如清洁霜、营养霜、美容膏、发蜡、染发膏、脱毛膏、唇膏和眼影膏等。在医药方面，凡士林几乎能与所有的药物配伍，可作为软膏基质或含药物化妆品中各种软膏制品的重要基质而被广泛应用。

（3）固体石蜡

固体石蜡简称石蜡，是由石油的含蜡馏分经冷冻脱蜡、脱油精制而得。产品为无色或白色、无臭、无味的半透明蜡状固体，熔点为50～60℃，其化学性质较为稳定。石蜡对皮肤无不良作用，应用于化妆品中，主要作为发蜡、香脂、胭脂膏、唇膏等的油质原料。

（4）地蜡

地蜡是由一种天然矿蜡经精制处理后得到的，产品为白色或微黄色脆硬又无定形结晶的无臭、无味的蜡状固体。地蜡的主要成分为高碳（通常指碳原子数在C_{25}以上）的直链、支链和环状高分子量的烃类混合物，其碳链长度可达C_{40}～C_{60}，甚至更高，分子量范围为500～

1200g/mL。化妆品用的地蜡可分为两个等级，一级品的熔点为 74～78℃，主要作为乳液制品的原料；两级品的熔点为 66～68℃，主要作为唇膏、发蜡等的重要固化剂。

（5）微晶蜡

微晶蜡亦称无定形蜡，它是从提炼润滑油后的残留物中，用溶剂萃取及化学处理的方法经过脱蜡精制而得到。产品为无臭、无味的白色无定形非晶形固体蜡，属高熔点蜡。

5.3.1.4　合成油质原料

合成油质原料主要是从各种油脂或原料经过加工合成的改性油脂和蜡。不仅组成与原料油脂相似，保持其优点，特别是在纯度、物理性能、化学稳定性、微生物稳定性以及对皮肤的刺激性和皮肤的吸收性等方面都有明显的改善和提高，因此合成油质原料已广泛应用于各类化妆品中。

（1）角鲨烷

角鲨烷是由深海中的角鲨鱼肝油中取得的角鲨烯加氢反应制得的，产品为无色透明、无臭、无味的油状液体。它的主要成分为肉豆蔻酸、肉豆蔻脂、鱼鲨烯、角鲨烷。据研究表明，人体皮肤皮脂腺分泌的皮脂中约含有 10% 的角鲨烯，2.4% 的角鲨烷，人体可把角鲨烯转变为角鲨烷，所以角鲨烷对皮肤的刺激性相当低，能使皮肤柔软，加速其他活性物向皮肤中渗透。与矿物油系烷烃相比，角鲨烷油腻感弱，并且具有优良的皮肤渗透性、润滑性、透气性和安全性。角鲨烷与大多数化妆品原料的配伍性好，故是一种极其稳定的、可用作高级化妆品的油质原料，如各类护肤膏霜、乳液、化妆水、唇膏、眼影膏和护发素等。

（2）羊毛脂衍生物

羊毛脂是一种天然的动物性蜡，其组成非常复杂。羊毛脂虽是一种性能良好的原料，但是由于其色泽及气味问题，在化妆品中用量不宜过多。尤其放置过久的羊毛脂，其色泽、气味及黏着性等都会有所改变，对过敏体质的人还会引起不良反应。另外，由于它属油溶性的，使其应用受到了一定的限制。为此，近年来进行了大量的羊毛脂的改性研究。羊毛脂经过精制、蒸馏、皂化、氢化、酯化、乙酰化、乙氧基化、丙氧基化或季铵化等加工方法，可产生一系列羊毛脂的衍生物。目前已经制得了许多具有很好性能的羊毛脂衍生物，并且这项研究工作仍在继续进展之中。

① 羊毛脂醇　由羊毛脂经水解制得。产品为无色或微黄色蜡状固体，略有特征气味。不溶于水，但可吸收 4 倍量的水，比羊毛脂有更好的保水性，对皮肤有很好的润湿性、渗透性和柔软性。

$$\underset{\text{羊毛脂}}{RCOOR'} + H_2O \longrightarrow \underset{\text{羊毛脂酸}}{RCOOH} + \underset{\text{羊毛脂醇}}{R'OH}$$

因它具有降低表面张力的能力，而有乳化性和分散性，故可作为 W/O 型乳液的乳化（助）剂，并对 O/W 型乳液有稳定作用。由于羊毛脂醇的性能优于羊毛脂，目前已替代羊毛脂广泛应用于各类化妆品中，如婴儿制品、干性皮肤护肤品、各类膏霜、乳液以及美容化妆品等。

② 羊毛脂酸　是由羊毛脂水解后，再进一步脱臭精制得到的一种黄色蜡状固体。微有蜡质气味，与三乙醇胺等碱性物质作用，能制成 O/W 型乳化剂。羊毛脂酸还可进一步生成

许多羊毛脂衍生物。羊毛脂酸对皮肤有良好的滋润作用，在化妆品中，可用于制造粉类化妆制品作润湿剂和分散剂，尤其适用于剃须膏。

③ 乙酰化羊毛脂　由无水羊毛脂经乙酰化反应后并再精制得到的。产品呈象牙色至黄色半固体状。乙酰化羊毛脂具有羊毛脂的所有优点，并有较好的抗水性能和油溶性，能形成抗水薄膜，以减少水分的蒸发，对皮肤无刺激、无毒，是很好的柔软剂，此外还具有增溶、分散能力。由于它性能温和、安全而被广泛使用，主要用于乳液、膏霜类护肤品及防晒化妆品中，它与矿物油混合，则可用于婴儿油、浴油、唇膏、发油和发胶等化妆品。

④ 聚氧乙烯羊毛脂　在羊毛脂的游离脂肪酸的羟基上加成环氧乙烷所得到的产品。这种反应称为羊毛脂的乙氧基化。

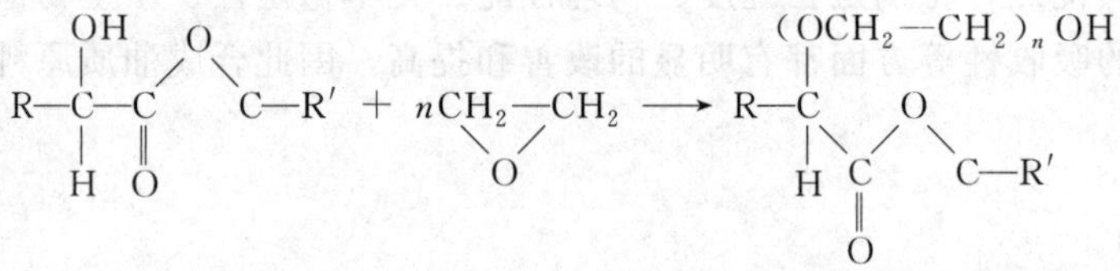

其外观通常为淡黄色软蜡状固体。依据加成的环氧乙烷物质的量的不同，可得到具有不同性质（如水分散性、水溶性、表面活性等）的产品。因此可分别作为粉类化妆品中的分散剂，或是配制液体香波类等化妆品的乳化剂、增溶剂和分散剂，也可用于各类护肤和护发制品中。

⑤ 聚氧乙烯羊毛醇醚　由羊毛醇与环氧乙烷进行加成反应制得的。

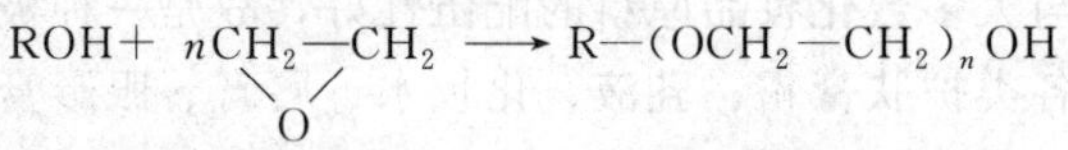

产品为黄色略带特征气味的软蜡状固体。依据加成的环氧乙烷物质的量的不同，可具有不同的水溶性、增溶性和形成凝胶的性质，是一种优良温和的乳化剂和有效的增溶剂。由于聚氧乙烯羊毛醇醚对皮肤和眼睛无刺激、无毒、安全性好，故在化妆品中主要用于润肤水、清洁剂、乳液、卸妆油膏等。

⑥ 乙酰化羊毛脂醇　由羊毛脂醇与乙酸或乙酐反应制得。产品为淡黄色、低黏度的油状液体，略有特征气味。对皮肤有润滑性、渗透性和柔软性，能在皮肤及头发表面形成一层保护膜，具有增溶、分散的能力，在化妆品中可作润肤、调理、柔软剂等使用，还有减少化妆品的油腻感和调节黏度的功能。

⑦ 氢化羊毛脂醇　由羊毛脂经氢化或钠还原等方法制得，产品为白色至淡黄色蜡状固体。氢化羊毛脂醇比羊毛脂的吸水性强，保湿性好，其保水性是羊毛脂的1.5倍，乳化性能强，且不黏稠，在矿物油中溶解度好，防腐性也较羊毛脂优良。在化妆品中，主要代替羊毛脂用于要求色浅、耐氧化、耐酸败的各类化妆品，如晚霜、雪花膏、剃须膏、唇膏、发胶、指甲油等。

⑧ 羊毛脂酸异丙酯　由羊毛脂与异丙醇进行酯交换反应得到。

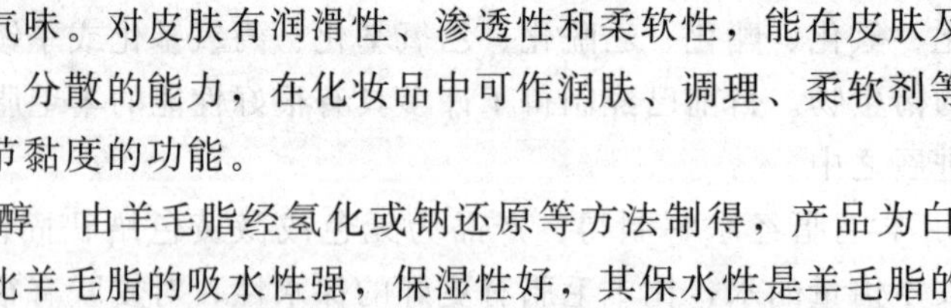

羊毛脂　　异丙醇　　羊毛脂酸异丙酯　　羊毛脂醇

产品为淡黄色至黄色膏状物。亲水性强，具有 W/O 型乳化活性，对眼睛和皮肤无毒，无刺激，在皮肤上延展性好，添加于化妆品中可减少产品的油腻感，有光泽，能使皮肤具有润滑、舒适感。还能改善固态物的润湿性和颜料的分散性，故在化妆品中主要用于膏霜、乳液和防晒油等产品中，以减少矿物油的油腻感，它也是唇膏理想的润滑剂和光亮剂。

⑨ 羊毛脂酸季铵盐　主要是先通过羊毛脂酸与二甲基丙基胺等进行缩合反应，得到中间体，再与硫酸二甲酯、氯化苄等进行季铵化得到的。它是一类阳离子表面活性剂，兼备了羊毛脂及其季铵盐的特性，并具有对眼睛刺激性小、易清洗和能与阴离子表面活性剂混溶等优点，应用面广。

如由羊毛脂酸与 1,1-二乙基丙二胺先进行缩合反应，得到中间体，再与氯化苄反应生成羊毛基酰胺季铵盐。

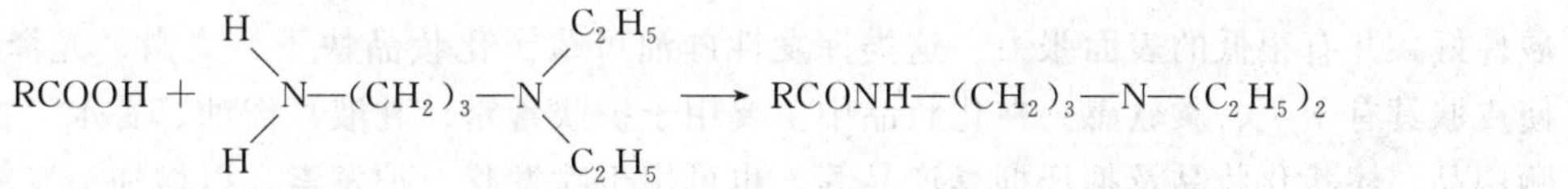

羊毛脂酸　　1,1-二乙基丙二胺　　中间体

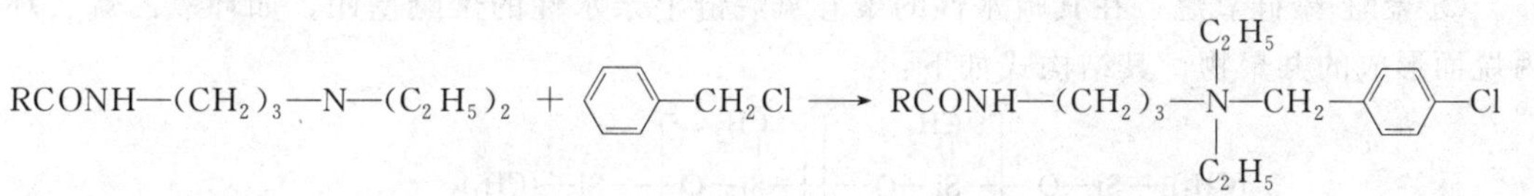

中间体　　氯化苄　　羊毛基酰胺季铵盐

得到的这种阳离子表面活性剂较十八烷基二乙基苄基氯化铵的毒性低，有抗革兰氏阴性和阳性菌的效果。在化妆品中可作为调理剂，用于护肤和护发产品中。

⑩ 液体羊毛脂　羊毛脂经除去固体成分后，其主要成分为低分子脂肪酸和羊毛脂醇的酯类。它对皮肤的亲和性、渗透性、扩散性和柔软作用较好，可用于化妆品中的婴儿乳液、油类制品及用作唇膏色素的溶剂和毛发类制品。

⑪ 硬质羊毛脂　用溶剂分出液体羊毛脂后，再用溶剂采用结晶法取得的产品称为硬质羊毛脂。其熔点为 50～60℃，这是一种类似蜂蜡的硬质蜡，在化妆品中可用在唇膏、发蜡中，以增加光泽。

（3）聚硅氧烷

聚硅氧烷又称硅油，属于高分子聚合物，它是一类无油腻感的合成油质原料。聚硅氧烷及其衍生物（有时又统称为有机硅）是化妆品的一种优质油性原料。具有生理惰性和良好的化学稳定性，无臭，无毒，对皮肤无刺激，有较低的表面张力和很强的拒水性，能在皮肤表面形成均匀防水透气的保护薄膜。具有良好的护肤润肤效果，几乎可以应用到各类化妆品中。

① 二甲基聚硅氧烷　又称二甲基硅油，为无色、无味的透明液体。根据分子量的大小具有不同的黏度，以适应不同的需要。二甲基硅油对头发具有柔软作用，并赋予特别的光泽，可增进皮肤滑爽细腻感，且无油腻感，因其疏水性强，可以帮助其他组分在皮肤和头发上扩展。因此，二甲基硅油常用来替代传统的油性原料如石蜡、凡士林，制造出高级的化妆品，它主要应用于护肤膏霜、乳液、香波、防晒油、唇膏等产品。

② 环状聚硅氧烷　又称环体硅油，主要有八甲基环四硅氧烷和十甲基环五硅氧烷，又简称为 D4 和 D5 环体硅油，基结构式分别为：

D_4：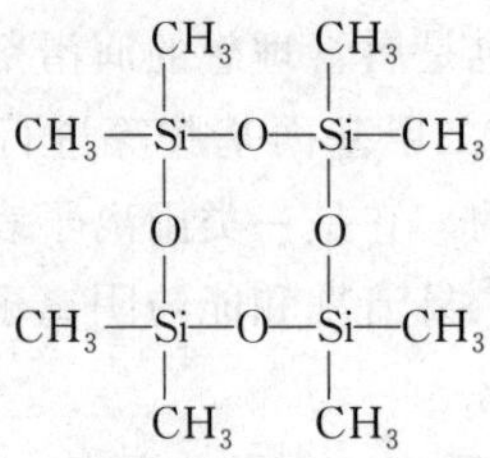　D_5：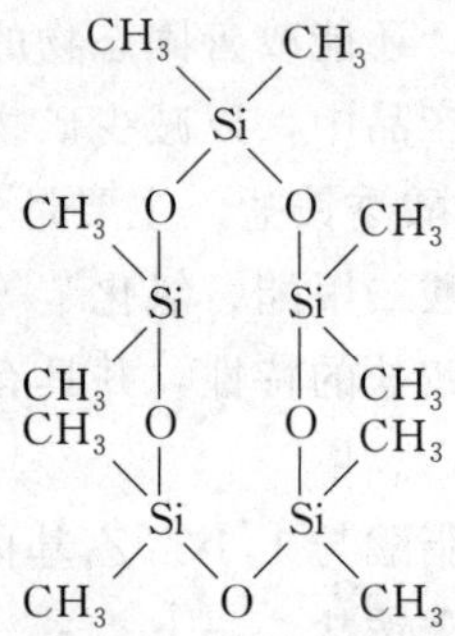

环体硅油（D4、D5 和它们的混合物）为无色透明液体，黏度低，挥发性、流动性和铺展性好，并有很低的表面张力。这类挥发性硅油可赋予化妆品快干、光滑、光泽好等性能，使皮肤具有干爽、柔软感。在化妆品中主要用于护肤膏霜、乳液、浴油、香水、古龙水、防晒用品、棒状化妆品及抑汗抑臭产品等，也可用于喷发胶、护发素，以增加头发的光泽和干爽性，此外它还可用于指甲油等美容化妆品颜料的乳化剂。

③ 聚醚-聚硅氧烷　在其疏水性的聚硅氧烷链上亲水性的聚醚基团，如环氧乙烷、环氧丙烷而形成的共聚物，其结构式如下：

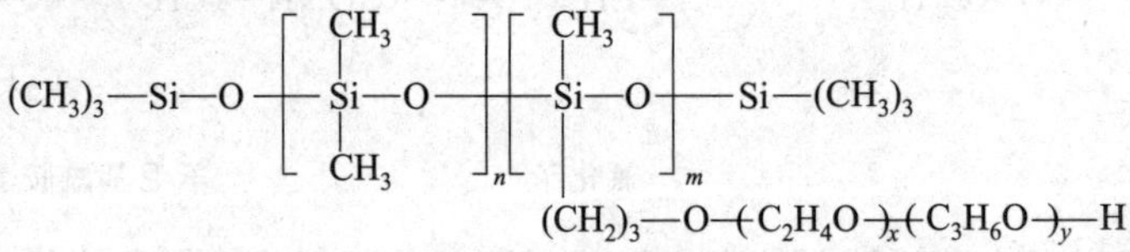

经上述方法改性后，使其具有非离子性，明显降低了表面张力，具有较好的水溶性，俗称水溶性硅油。它的一些特性随着共聚物中环氧乙烷与环氧丙烷的比例变化而变化，这种水溶性硅油也能与乙醇、硬脂酸及许多有机组分相溶。在化妆品中，它可以作为调理剂，改善头发的梳理性，且具有防尘（抗静电）的效果。此外它还具有稳定泡沫的作用，使皮肤更有滑爽、柔软的感觉，常用于香波、发胶、浴液、须后液、剃须摩丝、护肤乳液以及香水和古龙水等化妆品中。

④ 胺基改性硅油　聚二甲基硅氧烷中的甲基被氨烷基所取代的有机硅化合物，其结构为：

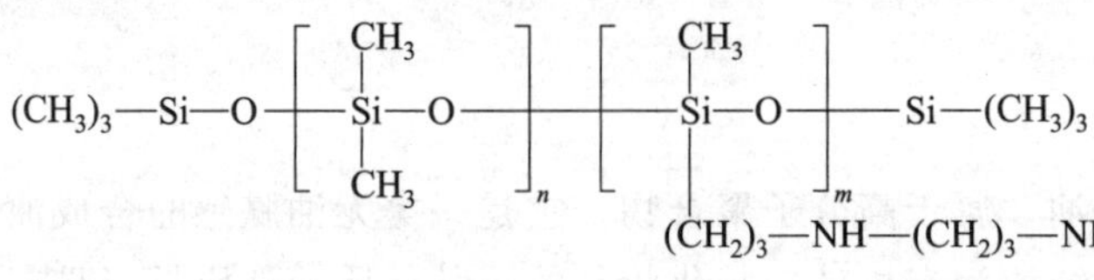

这类硅油能改进润湿和润滑性，与阳离子型和非离子型乳化剂相容性甚好，在化妆品中常用于发乳、护发素等制品，可增加头发的光泽及柔软性和梳理性，改善固发效果，并易于洗去。

（4）脂肪酸

高碳脂肪酸是构成动植物油脂或蜡类的主要成分。这类化合物可用通式 RCOOH 表示。主要是碳链长度为 C_{12}～C_{22} 的脂肪酸，具体包括饱和脂肪酸和不饱和脂肪酸，其选择取决于配方的功能需求（如清洁、乳化、滋润或增稠）。品种有月桂酸、肉豆蔻酸、棕榈酸、硬脂酸、油酸等，其中硬脂酸的用量约占一半以上。

① 月桂酸　又名十二(烷)酸，产品为白色结晶性蜡状固体，主要取自椰子油及棕榈油，市售的月桂酸多是月桂酸与辛酸或月桂酸与肉豆蔻酸的混合物。在化妆品中，一般是将月桂酸用氢氧化钠、氢氧化钾或三乙醇胺中和后生成肥皂，作为制造化妆品的乳化剂和分散剂。由于其水溶性、起泡性好，泡沫稳定而细腻，故主要用于香皂、洗面膏及剃须膏等制品中。

② 肉豆蔻酸　又名十四酸，产品为白色结晶固体，是由椰子油、棕榈油皂化水解分离得到的，市售的肉豆蔻酸多为混合物，和月桂酸一样，主要用于香皂、洗面膏及剃须膏等制品中。

③ 棕榈酸　又名十六酸，产品为白色结晶性蜡状固体，由棕榈油等水解分离得到。市售的棕榈酸多为混合物，作为油性原料主要应用在化妆品的膏霜和乳液中，也是各种表面活性剂及酯类的重要原料。

④ 硬脂酸　又称十八酸，产品为白色或微黄色片状结晶固体，硬脂酸可由牛羊油或硬化的植物油进行水解分离而制得。由于从牛脂所得的硬脂酸常含有油臭味油酸，工业上常用挤压法分离油酸，挤压次数愈多，则油酸含量愈低，颜色也就愈白，故硬脂酸可分为单压、双压和三压硬脂酸。其物化性质见于表 5-2。

表 5-2　不同挤压次数的硬脂酸的物化性质

分类	油酸含量/%	颜色	熔点/℃	碘值
单压硬脂酸	10～15	黄色	52～53	10～15
双压硬脂酸	＜8	白色	53～54	5～8
三压硬脂酸	＜2	洁白	54～56	3～5

硬脂酸依原料及制法不同，其性质亦随之有所差别，市售的硬脂酸多含有棕榈酸与油酸，三者组成比例不同，性质也有不同。硬脂酸是膏霜类（如雪花膏、粉底霜、剃须膏等）的重要组成，可以影响膏霜的稠度和硬度。此外，它也可用于发乳、化妆水和唇膏中，是合成表面活性剂的重要原料。

⑤ 山嵛酸　又名二十二酸，产品为无色针状结晶或蜡状固体，其熔点为应用于化妆品中脂肪酸的最高者，故它的耐温性好，乳化时含水量高且又稳定，为硬脂酸所没有的特性。在化妆品中一般作为制造高级化妆品的油质原料，也可用于制造高熔点软膏制品。

⑥ 油酸　一种不饱和脂肪酸，产品为无色或淡黄色，具有特殊油臭味的油状液体。置于空气中，则逐渐呈深棕色或深红色，且油臭味更浓。油酸对头发、皮肤具有柔软性、渗透性，并稍有杀菌作用，是制造各种表面活性剂的重要原料。此外，它也可用于雪花膏、剃须膏、冷霜、发油和指甲光亮剂等产品中。

⑦ 异构脂肪酸　如带甲基支链的饱和硬脂酸（即异硬脂酸），其分子结构式为：

$$\begin{array}{c}CH_3—(CH_2)_6—\underset{\displaystyle|\atop\displaystyle CH_3}{CH}—(CH_2)_8COOH\end{array}$$

甲基支链在碳链中部随机分布，可通过核磁共振光谱分析来确定其位置。现已发现异硬脂酸及其衍生物与鸟类（水鸟）分泌在羽毛上的蜡成分极为相似，这种蜡能保证羽毛在任何气候条件下都处于极佳状态。故将异硬脂酸及其衍生物应用于化妆品中，使用更多的是异硬脂酸的衍生物，这是因为该系列原料摩擦系数低，与皮肤相容性好，可赋予化妆品新感觉，极佳的细腻感和润滑感。根据美国 FDA 认定，异硬脂酸及其衍生物应用在化妆品中是安全的。目前，在国际市场上已有各种品级的异硬脂酸产品。化妆品级的异硬脂酸的规格是色泽低、碘值低、凝点低（室温下是液体）和不皂化物含量低等。

（5）脂肪醇

醇的一般通式为ROH。在化妆品中，低碳醇主要用作香料、油脂类的溶剂，同时还有杀菌的功效，如乙醇、异丙醇、丁醇、戊醇等。而高碳脂肪醇则作为油质原料，如月桂醇、鲸醇、硬脂醇等。多元醇是分子内含有两个羟基以上的醇，大多具有润湿、柔软皮肤的效能，防止皮肤干燥，故在化妆品中多用作保湿剂。此外，也可作为黏度调节剂、凝点降低剂、香料的溶剂和定香剂，如丙二醇、丙三醇、山梨醇等。

① 月桂醇　又称十二醇，分子式 $C_{12}H_{25}OH$，为无色或白色半透明固体，略有油脂的特殊气味，熔点为24℃，故在夏天为无色透明油状液体。月桂醇很少作为化妆品的直接原料，而多为表面活性剂原料。

② 鲸醇　即鲸蜡醇，又称十六醇或棕榈醇，分子式 $C_{16}H_{33}OH$，为白色半透明结晶状固体，由棕榈酸丁酯加氢还原制得或经白鲸蜡提制。本品遇碱不起化学作用，与浓硫酸发生磺化反应。化妆品用鲸醇常含有约10%～15%的十八醇。鲸醇本身虽无乳化作用，但它是一种良好的助乳化剂。用于化妆品中，由于对皮肤具有柔软性能，可使皮肤产生柔软、平滑感觉，是很有用的润肤剂。可用它作为膏霜、乳液的基本油质原料，广泛应用于各种化妆品中。

③ 硬脂醇　又称十八醇，分子式 $C_{18}H_{37}OH$，为白色无味蜡状小片晶体。在化妆品中，它是制备膏霜、乳液制品的基本原料，也是一种乳化稳定剂，常与十六醇匹配使用，以调节制品的稠度和软化点，此外，也可用于唇膏等产品中。

④ 油醇　是不饱和醇，分子式 $C_{18}H_{35}OH$，为白色或淡黄色透明液体。市售油醇多为 C_{16}～C_{18} 不饱和醇的混合物，从抹香鲸等鱼肝油中制得。油醇渗透性好，对头发和皮肤具有柔软作用，赋予皮肤平滑、柔软和清新的感觉。在化妆品中，主要用于发用制品（如发油、染发膏）、乳液制品和唇膏中。

⑤ 胆甾醇　又称胆固醇，分子式 $C_{27}H_{46}O$，它存在于所有动物的细胞和组织中，也含在皮脂中。为白色鳞片状，具有光泽带油腻感的结晶体。因它具有增加皮肤营养及毛发光泽的作用，在化妆品中主要用于护肤和护发制品。

⑥ 植物甾醇　广泛分布于植物界（大豆、胡萝卜等）。如在大豆油中，含 β-谷甾醇（$C_{29}H_{50}O$）约50%，豆甾醇（$C_{29}H_{46}O$）约35%，菜油甾醇（$C_{28}H_{48}O$）约15%。植物甾醇的化学结构类似胆甾醇，其溶解性、乳化作用、乳化稳定性及对皮肤的作用都类似胆甾醇，故可用作胆甾醇的代用品。

⑦ 异构醇　将异硬脂酸还原可得到异硬脂醇，为白色或淡黄色、无味的油状物。其性质和油醇相似，但抗氧性好，不油腻，可使皮肤有细腻与清爽感觉，在化妆品中可作为霜乳的油性成分，还可作为唇膏中色素的溶剂。异硬脂醇的衍生物，如异硬脂醇异硬脂酸酯、异硬脂醇新戊酸酯、异硬脂醇芥酸酯、异硬脂醇苯甲酸酯等均有许多优良特性，如无油腻感，防水性、铺展性好，对皮肤有柔软、细腻的感觉，很适合于作为化妆品护肤类产品中的油性成分或溶剂。

（6）脂肪酸酯

化妆品用酯类多数是由高级脂肪酸与低分子量的一元醇（如甲醇、乙醇、丙醇等）酯化所得，其一般反应式为：

$$\underset{\text{脂肪酸}}{RCOOH}+\underset{\text{醇}}{R'OH}\rightleftharpoons\underset{\text{酯}}{RCOOR'}+H_2O$$

这类酯与油脂有互溶性，且黏度低，延展性好，对皮肤渗透性好，在纯度、物理性能、化学稳定性、微生物稳定性以及对皮肤的刺激性和皮肤的吸收性等方面都较天然油脂优越。因此，它们既能替代天然油脂，又能赋予乳化制品一些特殊功效。此外，它们也是色素和香精的理想溶剂。所以脂肪酸酯是一类很有发展前景的化妆品原料。

① 硬脂酸丁酯　又称十八酸丁酯，分子式 $C_{17}H_{35}COOC_4H_9$，为无色或淡黄色油状液体或结晶，在化妆品中可作为指甲油、唇膏等美容化妆品的可塑剂、溶剂、润滑剂。类似的产品还有硬脂酸甲酯（$C_{17}H_{35}COOCH_3$）、肉豆蔻酸丁酯（$C_{13}H_{27}COOC_4H_9$）、月桂酸己酯（$C_{11}H_{23}COOC_6H_{13}$）、肉豆蔻酸肉豆蔻酯（$C_{13}H_{27}COOC_{14}H_{29}$）。

② 肉豆蔻酸异丙酯　称十四酸异丙酯，分子式 $C_{13}H_{27}COOC_3H_7$，为无色透明油状液体，具有良好的延展性，与皮肤的相容性好。能赋予皮肤适当油性，不易水解，对皮肤无刺激，是很好的润肤剂、润滑剂，可用于护发、护肤及美容化妆品等。

③ 棕榈酸异丙酯　又称十六酸异丙酯，分子式 $C_{15}H_{31}COOC_3H_7$，为无色或淡黄色的无臭、无毒透明液体。它具有良好的渗透性，对皮肤有很好的相容性、延展性，且不易水解、氧化和酸败，也是油脂类物质的良好溶剂。将其加入化妆品膏霜中，可使膏体细腻、光亮、无油腻感，所以适用于各种护肤、护发及美容化妆品（如唇膏）中。

④ 棕榈酸-硬脂酸异丙酯　又称十六-十八酸异丙酯，为淡黄色液体，对皮肤有良好的渗透、滋润和软化效果，无刺激性、无过敏，与矿物油、植物油完全互溶，可改善油腻感，与香精、香料也能很好共溶。可用于各种护肤、护发及美容化妆品中作为油性原料，也可用作唇膏的稳定剂。

⑤ 硬脂酸异辛酯　又称十八酸异辛酯，分子式 $C_{17}H_{35}COOC_8H_{17}$，为无色至浅黄色透明液体。它与皮肤的相容性好，具有很好的触变性、延展性和流动性，在化妆品中主要用于膏霜类制品。由直链脂肪酸与支链醇构成酯的类似产品还有月桂酸异己酯（$C_{11}H_{23}COOC_6H_{13}$）、棕榈酸异己酯（$C_{15}H_{31}COOC_6H_{13}$）、棕榈酸异辛酯（$C_{15}H_{31}COOC_8H_{17}$）、硬脂酸异鲸蜡酯（$C_{17}H_{35}COOC_{16}H_{33}$）及貂油脂肪酸异丙酯等。

⑥ 油酸甲酯　分子式 $C_{17}H_{35}COOCH_3$，油酸甲酯在常温下为透明油状液体，无臭、无毒，对皮肤无刺激、无过敏反应，能与矿物油或动植物油互溶，可用作油、香料及水溶性物质的共溶剂。在化妆品中可用作头发光亮剂及油类化妆品的添加剂。类似的产品还有油酸癸酯（$C_{17}H_{35}COOC_{10}H_{21}$）。

⑦ 蓖酸（次亚油酸）甲酯　结构式 $CH_3(CH_2)_5CH(OH)CH_2CH{=}CH(CH_2)_7COOCH_3$，蓖酸甲酯为无色或淡黄色略具有特异臭味的油状液体。在化妆品中可作为唇膏红色染料溶剂，也是染发水的最佳柔软剂。

⑧ 亚油酸乙酯　结构式 $CH_3(CH_2)_4CH{=}CHCH_2CH{=}CH(CH_2)_7COOC_2H_5$，亚油酸乙酯可防止头发脆化及脱毛，与维生素 F 复配，可促进皮肤吸收效果，且具有杀菌作用。在化妆品中主要用于各种特殊用途（如防止皮肤干裂、发炎、湿疹等）的乳化制品中。

⑨ 蓖酸十六酯　由蓖麻油衍生所得的一种酯蜡，结构式 $CH_3(CH_2)_5CH(OH)CH_2CH{=}CH(CH_2)_7COO(CH_2)_{15}CH_3$，为无臭、无味半结晶性固体。在化妆品中可作为膏霜、发乳、唇膏等的油性原料。

⑩异硬脂酸异丙酯　异硬脂酸的一种主要衍生物，分子式 $C_{17}H_{35}COOC_3H_7$，具有极优的铺展性，可以替代肉豆蔻酸异丙酯。在化妆品中主要用于膏霜、乳液和浴油等制品中。

⑪ 邻苯二甲酸二乙酯　为支链酸与多元醇所构成的酯，简称 ODEP，其结构式为：

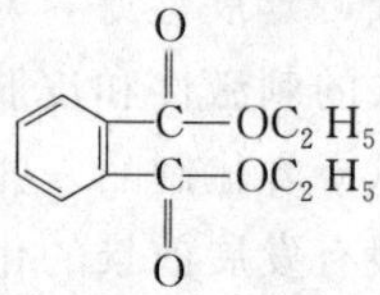

为无色、苦味透明油状液体。在化妆品中主要用作指甲油等的增溶剂和香料保留剂。类似的产品有邻苯二甲酸二甲酯（DMP)、邻苯二甲酸二丁酯（DBP)、邻苯二甲酸二辛酯（DOP）等。

⑫ 硬脂酸单甘油酯　又称甘油单硬脂酸酯，或单甘酯，其结构式为：$\begin{array}{l} CH_2OH \\ | \\ CHOH \\ | \\ CH_2O(CH_2)_{16}CH_3 \end{array}$。

它为纯白色或淡乳色蜡状固体，具有特殊的脂肪气味，无毒。在化妆品中，可用作 W/O 型乳状液的乳化剂，是制造膏霜类产品的很好原料。

⑬ 乙酰甘油酯　也称为甘油醋酸酯，为淡黄色油状液体或白色蜡状固体。具有热稳定性和抗酸化性，对皮肤无刺激、无毒，可帮助皮肤吸收有效成分，具有较好的成膜性。在化妆品中可应用于各种膏霜、乳液中，也可用于唇膏、粉条等制品中。

⑭ 异硬脂酸甘油酯　异硬脂酸的一种衍生物，其单酯为半固体状，可作为膏霜、乳液制品的乳化剂。它可取代部分单甘酯，以降低产品的硬度。其三酯为黏稠液体，在制备护肤、护发、美容化妆品时，可用它取代三油酸酯，也可作为美容化妆品中的润湿剂、色素分散剂等。类似的产品有异硬脂酸聚甘油酯和异硬脂酰琥珀酸甘油酯等。

⑮ 硬脂酸三甘油酯　又称为硬脂精或硬脂，结构式：

$$\begin{array}{l} CH_2OCO(CH_2)_{16}CH_3 \\ | \\ CHOCO(CH_2)_{16}CH_3 \\ | \\ CH_2OCO(CH_2)_{16}CH_3 \end{array}$$

为白色粉状或片状固体，无臭。在化妆品中可用于粉底、片剂润滑剂、稠度调节剂和棒状化妆品成核剂等。类似的产品有棕榈酸三甘油酯（又称棕榈精或软脂)、癸酸三甘油酯、月桂酸三甘油酯、肉豆蔻酸三甘油酯。

5.3.2　粉质原料

粉质原料是构成爽身粉、香粉、粉饼、胭脂粉等各种粉类化妆品的基质原料。在化妆品中主要起滑爽、遮盖、吸收、延展等作用。化妆品中常用的粉质原料主要有无机粉质原料和有机粉质原料，如滑石粉、高岭土、膨润土、钛白粉、锌白粉、硬脂酸锌、硬脂酸镁和聚乙烯粉等。近年来，新开发的粉剂有尿素甲醛泡沫、微结晶纤维素、混合细粉、丝粉和表面处理粉末等。

由于这些原料一般含有对皮肤有毒性的重金属，应用时，应注意重金属含量不要超过质量标准规定的含量。

5.3.2.1 无机粉质原料

（1）滑石粉

滑石粉为天然矿产硅酸盐，主要成分为含水硅酸镁（$3MgO \cdot 4SiO_2 \cdot H_2O$）。化妆品用滑石粉的细度可分为 200 目、325 目、400 目等多种规格，其色泽洁白、滑爽、柔软，有滑腻感，且延展性好，对皮肤不产生任何化学作用。主要用作香粉、爽身粉、胭脂、粉饼等各种粉类化妆品的重要原料。

（2）高岭土

高岭土又称白（陶）土或磁（陶）土，也是一种天然矿产硅酸盐，其主要成分为含水硅酸铝（$Al_2O_3 \cdot 2SiO_2 \cdot 2H_2O$）。高岭土为白色或淡黄色细粉，有滑腻感，对皮肤的黏附性能好，有抑制皮脂及吸收汗液的性能。在化妆品中与滑石粉配合使用，有缓和及消除滑石粉光泽的作用，主要用作香粉、粉饼、水粉、胭脂、粉条及眼影等化妆品的原料。

（3）膨润土

膨润土又名皂土，其主要成分为 Al_2O_3 与 SiO_2，为胶体性硅酸铝，是具有代表性的无机水溶性高分子化合物，不溶于水，但与水有较强的亲和力，遇水膨胀到原体积的 8～10 倍。其悬浮液很稳定，尤其 pH 值在 7 以上时。加热后会失去吸收的水分。易受电解质影响，在酸、碱过强时，则产生凝胶。在化妆品中主要用于乳液制品的悬浮剂和粉饼等。

（4）碳酸钙

天然的碳酸钙是以大理石、方解石、石灰石等矿石研磨精制而成的粉末，常称为“重质碳酸钙”。而人工碳酸钙是将天然石灰石经过沉淀制取法制得的，即先将天然石灰石燃烧生成的生石灰（氧化钙）投入水中而成熟石灰。再次吹入二氧化碳气体，即得到呈白色粉末状的沉淀碳酸钙（又称“轻质碳酸钙”）。天然碳酸钙的颗粒较粗，色泽较差，化妆品中很少应用。轻质碳酸钙按其颗粒大小分为几个等级，在化妆品中主要用于香粉、粉饼、胭脂、爽身粉等制品中，能除去滑石粉的闪光。此外因它有良好的吸收性，故也可作为香精的混合剂。

（5）碳酸镁

碳酸镁为无臭、无味的白色轻柔粉末，它有很好的吸收性（比碳酸钙高 3～4 倍）。在化妆品中主要用于香粉、水粉等制品中作为吸收剂。生产粉类化妆品时，常常先用碳酸镁和香精混合均匀吸收后，再与其他原料混合。因它吸收性强，用量过多会吸收皮脂而引起皮肤干燥，故一般用量不宜超过 15%。

（6）钛白粉

钛白粉是一种重要的白色颜料，主要成分是二氧化钛（TiO_2），为无臭、无味、白色无定形微细粉末，具有极强的遮盖力（是粉末中最强者，为锌白粉的 2～3 倍），且着色力也是白色颜料中最大的（为锌白粉的 4 倍）。当其粒度极微（粒径为 30μm）时，对紫外线透过率最小。它的吸油性及附着性也很好，只是其延展性较差，不易与其他粉料混合均匀，故最好与锌白粉混合使用，以便克服此不足。在化妆品中，可作防晒化妆品及香粉、粉饼、水粉、粉条、粉乳等重要的遮盖剂，其用量可在10%以内。

（7）锌白粉

锌白粉又称锌氧粉，主要成分为氧化锌（ZnO），是无臭、无味的白色粉末，外观略似钛白粉。锌白粉也具有较强的遮盖力和附着力，且对皮肤具有收敛性和杀菌作用。在化妆品中主要用于香粉类制品，也可用于制造增白粉蜜及理疗性化妆品，其用量为15%～25%。

（8）硅藻土

硅藻土的化学组成是水合二氧化硅，由天然硅藻加工而成。它是单细胞水生植物硅藻的化石残留骨架，具有多孔的结构，吸油量高，是廉价的粉体填充剂。在化妆品中主要用于各类粉剂和粉饼，也可用于面膜。

5.3.2.2 有机粉质原料

（1）硬脂酸锌

硬脂酸锌属于金属脂肪酸盐类，亦称金属皂，分子式（$C_{17}H_{35}COO)_2Zn$，为无定形、稍有刺激气味的白色微细粉末。这类粉剂对皮肤具有润滑、柔软及附着性，在化妆品中主要用作香粉、粉饼、爽身粉等粉类制品的黏附剂，以增加产品在皮肤上的附着力和润滑性，也可作W/O型乳状液的稳定剂。

（2）硬脂酸镁

硬脂酸镁为轻柔略有特异臭味的白色粉末。具有金属皂一般特性，其应用与硬脂酸锌大致相同。

（3）聚乙烯粉

聚乙烯粉种类较多，有粗粉和微米级的细粉。微米级的细粉很软，加入化妆品制剂中有光泽、遮盖力好，呈乳白色。在化妆品中主要用于各类含粉化妆制品。粗粒聚乙烯粉上要用作磨砂粉。

（4）纤维素微珠

纤维素微珠组成为三醋酸纤维素或纤维素，是高度微孔化的球状粉末，类似于海绵球。其质地很软，手感平滑，吸油性和吸水性很好，化学稳定性极好，可与其他化妆品原料配伍，赋予产品很平滑的感觉。可作为香粉、粉饼、湿粉等粉类化妆品的填充剂，也可作为磨砂洗面奶的摩擦剂，其清洁作用优良，质软平滑。

（5）聚苯乙烯粉

聚苯乙烯粉是由纯的交联苯乙烯构成的球形粉末，主要用于粉类和乳液类化妆品。如用于粉饼会有很好的压缩性，可改善粉类黏着性，且赋予光泽和润滑感，它是替代滑石粉和二氧化硅的高级填充剂。

（6）聚四氟乙烯微粉

聚四氟乙烯微粉是微末级的乳白色微粉，无臭、无味，可自由流动，有很好的黏结性，对皮肤的黏着力好，赋予皮肤光泽和润滑感。在化妆品中主要作为粉饼的黏结剂和填充剂。

（7）聚甲基丙烯酸酯微球

聚甲基丙烯酸酯微球是粒径 5～10μm（90%）的球形颗粒，无毒、无刺激，使用时很润滑，用后肤感平滑。在化妆品中主要用于香粉、粉饼、胭脂和湿粉等。

（8）合成蜡微粉

合成蜡微粉是合成蜡或合成蜡与玉米谷蛋白用喷雾法制得的微米级粉末，为乳白色可自由流动的粉末，形状均匀，压缩性好，对皮肤的附着性好，主要在粉饼、胭脂等产品中用作黏结剂。

5.3.2.3　其他粉质原料

（1）尿素甲醛泡沫

尿素甲醛泡沫是用于皮肤制品的塑胶粉末制品，为刚性的碎泡沫固体，其吸水吸油能力强。

（2）微结晶纤维素

微结晶纤维素内含玉米穗制成的微孔纤维素，吸油率高，透气性为纤维素的 2～3 倍，兼有纤维素特有的柔软皮肤的触感和吸收性，发散皮脂和汗的机能好，故也可用作粉底霜、修颜膏的原料。

（3）混合细粉

混合细粉是将尼龙 12 摩擦使之带电，并在其表面吸满氧化钛的粒子制得的。其涂布性是氧化钛的 2 倍，透明度高，透气性好。由于尼龙 12 的亲油性和氧化钛的亲水性使之能适当地吸收水分和汗液。

（4）丝粉

丝由纺织工业中常用的工艺进行脱胶，然后用酸或碱处理，以使蛋白质分子水解，再用合适的工艺进行洗涤和干燥，最后研碎至感触不到细度的粉末。丝粉的特点是易于涂抹，可牢固黏附于皮肤上，并赋予天鹅绒的光泽，具有极高的吸收力，吸收 3 倍体积的水后仍能保持粉体的外观，为此能适用于香粉的拼料。

（5）表面处理粉末

以某些物质涂覆于各种粉末的表面，并改变其性质，经过这种处理的粉末称为表面处理粉末。表面处理的方法大致分为油脂处理法、金属皂处理法和聚硅氧烷处理法三种。一般的无机粉质原料大多呈亲水性，经表面处理后即可成为亲油性粉末，这样就可以得到在油中分散均匀，又可牢固附着于皮肤的粉末。而且其分散性和触感亦好，用于各类含粉化妆品中效果较好。

5.3.3　胶质原料

胶质原料大都是水溶性的高分子化合物，它在水中能膨胀成凝胶，应用在化妆品中会产生多种功能作用：如使固体粉质原料黏结成形而用作黏合剂；可对乳状液或悬浮液起稳定作用而作为乳化剂、分散剂或悬浮剂；此外，还具有增稠或凝胶化作用及成膜性、保湿性和稳泡性等，因而成为化妆品的重要原料之一。

化妆品中所用的水溶性高分子化合物主要分为天然的和合成的两大类。天然水溶性高分子化合物（淀粉、植物树胶、动物的明胶等）的质量不稳定，易受到气候、地理环境的影响，还易受细菌、霉菌的作用而变质，且产量也有限。而合成的水溶性高分子化合物（聚乙烯醇、聚乙烯吡咯烷酮等）性质稳定，对皮肤刺激性低，且价格低廉，所以逐渐取代了天然水溶性高分子化合物而成为胶质原料的主要来源。但由于天然水溶性高分子化合物独有的“纯天然”特性，故在化妆品中仍占有相当重要的地位。

5.3.3.1 天然水溶性高分子化合物

(1) 淀粉

淀粉的主要成分是碳水化合物，为白色无味细粉，是从含淀粉成分较高的植物种子或块茎（玉米、谷物、马铃薯等）经过磨细（与水一起）、过筛、干燥等工序制成的。它不溶于冷水，但在热水中形成凝胶。在化妆品中可作为香粉类制品中的一部分粉剂原料，以及胭脂中的胶合剂和增稠剂。

(2) 果胶

果胶广泛存在于水果中，是一种多糖类胶，一般为白色粉末或糖浆状的浓缩物，在适当的条件下能凝结成胶冻状。在化妆品中可用作乳化制品的稳定剂，也可作为化妆水、面膜、酸性牙膏的胶黏剂。

(3) 黄原胶

黄原胶又名汉生胶，是从一种称为黄单胞杆菌属的微生物经人工培养发酵而制得的。是一种分子量较高（超过 100 万）的天然碳水化合物，为乳白色粉末。由于黄原胶具有良好的假塑性、流变性及配伍性质，故在化妆品中多用作发乳的原料，也适宜于作为酸性或碱性制品的胶合剂或增稠剂。

(4) 琼脂

琼脂是一种复杂的水溶性多糖化合物，是从红海藻纲的某些海藻中提取的亲水性胶体，为无气味或稍有特征气味的半透明白色至浅黄色的薄膜带状或碎片，也可呈颗粒及粉末。其口感黏滑，不溶于冷水，但可溶于沸水，慢慢地溶于热水。质量分数为 1.5％的琼脂溶液在 32～39℃温度之间可以凝结成坚实而有弹性的凝胶，生成的凝胶在 85℃以下不熔化。此外它能吸收大量的水，并发生溶胀，质量分数为 5％～10％的琼脂即具有高黏度。

琼脂主要用作胶凝剂、乳化剂、分散剂、胶体稳定剂和絮凝剂，在化妆品中用于制备防止皮肤干裂的甘油啫喱和凝胶类制品，也可用作增稠剂。而在化妆品的微生物检验中，琼脂用于制备培养基。

(5) 鹿角菜胶

鹿角菜胶是从鹿角菜或爱尔兰苔等海藻中提取制得的一种胶类，为黄色或棕色粉末，无臭、有胶水味。在化妆品中主要用作粉饼的胶黏剂，也可在乳液制品中作为增稠剂和悬浮剂。

（6）褐藻酸钠

褐藻酸钠存在于海带和裙带菜等褐藻类中，由这类海藻与碱共煮抽离钠盐精制而成。它是天然水溶性高分子化合物中用途较为广泛的一种褐藻胶，为白色、淡黄色的无味、无臭粉末。其水溶液为无色、无味、无臭、透明黏稠液体，黏度较高，当褐藻酸钠溶液干燥后，就形成透明的薄膜。褐藻酸钠用于食品工业中，可制造果冻制品。在化妆品中，主要用作增稠剂、稳定剂、成膜剂。

（7）刺梧桐树胶

刺梧桐树胶是从产自印度、菲律宾的一种树汁中提取得到的。为白色或微棕色粉末，在水中膨胀成凝胶，可作黄芪胶的代用品，在化妆品中可用作发乳、指甲油等的原料。

（8）黄芪胶

黄芪胶是从豆科胶黄芪及其同属类植物的皮部裂口中分泌黏液的凝聚物。白色至浅黄色半透明角质薄片，无臭、无味，是一种很好的胶合剂及增稠剂。一般常与阿拉伯树胶合并使用，在化妆品中可用作粉底制品的黏合剂，也用于发乳等制品。

（9）阿拉伯树胶

阿拉伯树胶是最早应用于化妆品的一种胶黏剂。是从非洲塞内加尔、埃及及阿拉伯各地的胶树中得到的一种树胶。为淡黄色、无色或琥珀色不透明的形状各异、大小不一的树脂状固体，亦有研碎成粉末或制成片状的。能溶于两倍量的水中，其饱和溶液呈半透明黏稠液，略呈酸性，遇铁、硼砂、硅酸钠等则产生沉淀或凝胶。阿拉伯树胶在化妆品中可作为助乳化剂和增稠剂，也常用作指甲油的成膜剂，发用制品的固发剂以及面膜、扑面粉中的黏稠剂。

（10）明胶

明胶又称白明胶，是由牛皮或猪皮等经去脂而制得的动物胶，是一种蛋白质的聚合体。这种呈黄色、无臭、无味的胶体可制成片状或粉状，在化妆品中主要用作护肤膏霜、乳液、护发制品、剃须摩丝等制品的增稠剂、成膜剂、乳化剂和乳液稳定剂。

5.3.3.2　半合成水溶性高分子化合物

（1）甲基纤维素

甲基纤维素（MC）是一种纤维素醚，主要成分是纤维素的甲醚，是由纤维素的羟基衍生得到的，其结构式为：

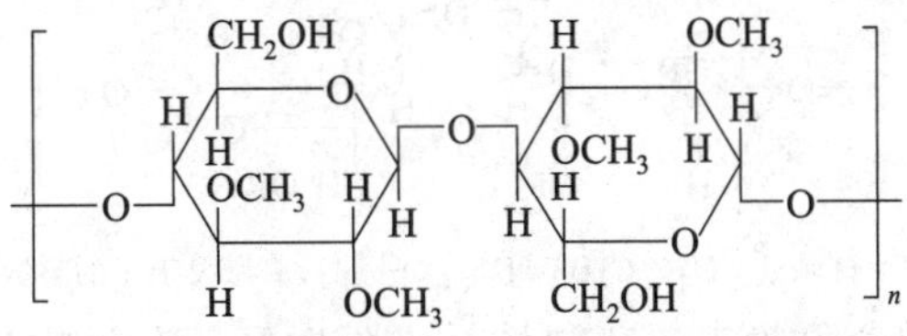

甲基纤维素为白色、无味、无臭纤维状固体（粉末），它可溶于冷水，但不溶于热水，在温水中仅呈膨胀，其水溶液黏度及其溶解度则随甲基化聚合度大小而不同。MC 能在水中膨胀成透明、黏稠的胶性溶液，其石蕊试纸反应呈中性。其水溶液若加热至 60～70℃，则黏度增加而凝胶，因此凝胶化温度（称为凝胶温度）常随 MC 浓度及其平均分子量增大而降低。在化妆品中主要作为胶黏剂、增稠剂、成膜剂等。

（2）乙基纤维素

乙基纤维素（EC）是甲基纤维素的同系物，为白色、无味、无臭的微细粉末，化学性质稳定，不溶于水，但可溶于各种有机溶剂，成膜坚韧。在化妆品中主要作为增稠剂、成膜剂。

（3）羧甲基纤维素钠

羧甲基纤维素钠（CMC）主要成分是纤维素的多羧甲基醚的钠盐，其结构式为：

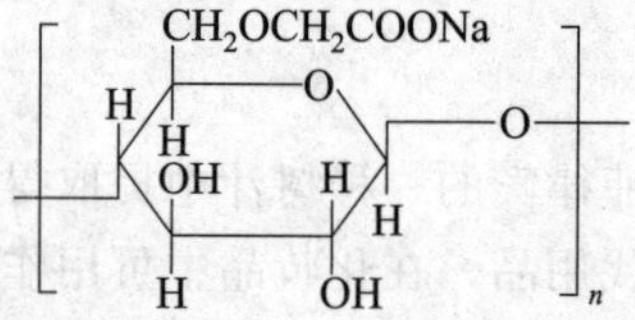

CMC为白色、无味、无臭的粉末或颗粒，易分散于热水及冷水中成凝胶状。当溶液pH值为2～10时稳定，pH<2产生沉淀，pH>10则黏度显著降低。在化妆品中可作为胶合剂、增稠剂、乳化稳定剂、分散剂等，是应用较广的一种水溶性高分子化合物。

（4）羟乙基纤维素

羟乙基纤维素（HEC）是由纤维素中的羟基与环氧乙烷进行加成反应所得：

$$[C_6H_7O_2(OH)_3]_n + 3n\,\underset{\diagdown O \diagup}{CH_2-CH_2} \xrightarrow{NaOH} [C_6H_7O_2(OCH_2CH_2OH)_3]_n$$

它是一种非离子的水溶性高分子化合物，为淡黄色、无臭的颗粒状粉末。对皮肤和眼睛几乎无毒性、无刺激性，是一种水溶性高效增稠剂和性能优良的胶合剂。由于它是一种非离子聚合物，因此能与各种表面活性剂、溶剂相溶。在化妆品中有着极其广泛的应用，如在护发素、香波中用作增稠剂，可使产品的黏度从液态到凝胶状。在护肤产品中作为乳液的稳定剂，由于它具有良好的成膜性，在清洗后皮肤表面可形成一种薄膜状的保护层。在水剂型的化妆品中，HEC也可用作悬浮剂。而在粉剂化妆品中可用它作为黏合剂，如添加了HEC而制得的睫毛油和眼影剂，在卸妆时能很容易地用清水洗掉。此外，在剃须膏产品中，又可用它作为泡沫稳定剂。

（5）羟丙基纤维素

羟丙基纤维素（HPC）是一种非离子纤维素醚，结构式为：

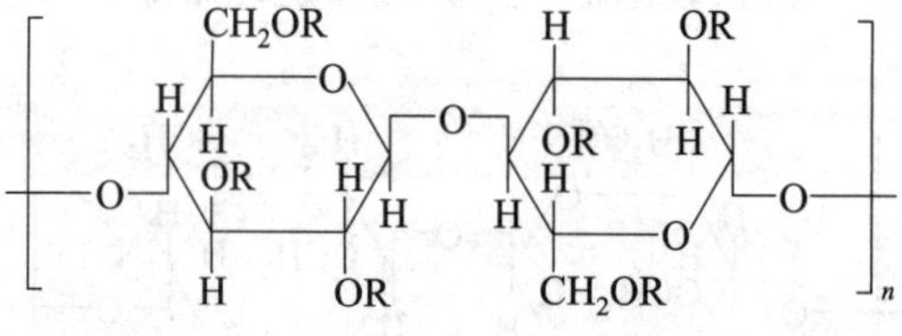

（R＝H或$\left[CH_2-CH(CH_2)-O\right]H$；$n$为大于1的整数）

HPC为无味、无臭的白色粉末，热塑性、成膜性好。在化妆品中，主要用作香波、浴液、乳液和固发剂等制品的分散剂、稳定剂和成膜剂等。

（6）阳离子纤维素聚合物

阳离子纤维素聚合物又称聚纤维素醚季铵盐，是由纤维素或其衍生物进行季铵化后得到的产物，实际上是一类阳离子表面活性剂，对蛋白质有牢固的附着力。其代表性结构式为：

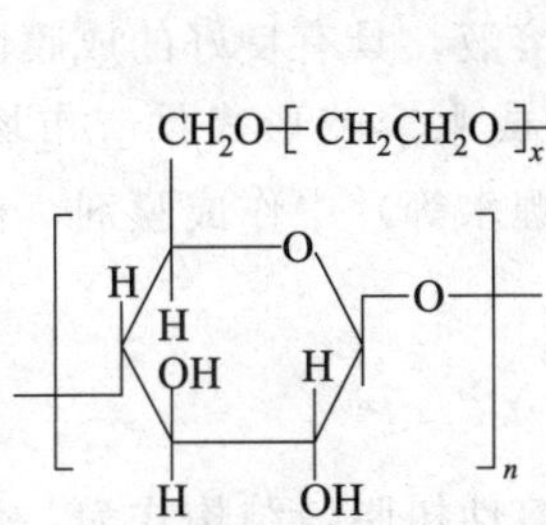

由于它以从自然、再生资源衍生出来的纤维素为主要成分，因此具有很多优良的性质，如对头发和皮肤有很好的护理调节作用，使头发保持光泽，使皮肤表面有一种如丝般平滑的舒适感，富有弹性，对头发末梢分叉具有修补作用等。此外，阳离子纤维素聚合物与阴离子、两性和非离子表面活性剂都具有良好的配伍性和相溶性，对人体的皮肤和眼睛无刺激、无过敏性，是安全的。因此，在化妆品中聚纤维素醚季铵盐原料广泛用于护肤和护发制品，如二合一香波、护发素、润肤乳等。

（7）瓜尔胶及其衍生物

瓜尔胶是一种天然胶，它来自瓜尔树的瓜豆，其结构为天然聚糖，类似于纤维素胶，可溶于水。对瓜尔胶分子链进行改性，可以制得一系列的衍生物，主要有两类。

① 阴离子瓜尔胶　如羟丙基瓜尔胶，其主要成分是羟丙基半乳甘露聚糖，外观为略带有特征气味的淡黄色粉末，具有增稠、稳泡作用，可以与其他表面活性剂配伍，也可与电解质氯化钠（钙）配伍，可作 O/W 型乳状液的稳定剂，在化妆品中常用于香波、润肤露、护发素、霜乳等制品。

② 阳离子瓜尔胶　它是将瓜尔胶季铵化后得到的产品。其主要成分为瓜尔胶羟丙基三甲基氯化铵，外观为浅黄色粉末，具有增稠、调理、抗静电作用，可与阴离子、两性和非离子表面活性剂配伍。它无毒、无刺激、无副作用，对头发具有良好的调理性，使头发柔软具有光泽。在化妆品中多用在二合一香波、护发素、护手霜等产品中。

5.3.3.3　合成水溶性高分子化合物

（1）聚乙烯醇

聚乙烯醇（PVA）的结构式为：

$$\left[CH_2-\underset{\displaystyle OH}{\underset{|}{CH}} \right]_n$$

是将聚醋酸乙烯酯经皂化而制得的。产品为白色或淡黄色粉末，化妆品用 PVA 均为其水溶液，PVA 对水溶解性及溶液黏度与其聚合度有很大关系。利用 PVA 的成膜性，在化妆品中可用它作润肤剂面膜和喷发胶等的原料，也可作为乳液的稳定剂。

（2）聚乙烯吡咯烷酮

聚乙烯吡咯烷酮（PVP）的结构式为：

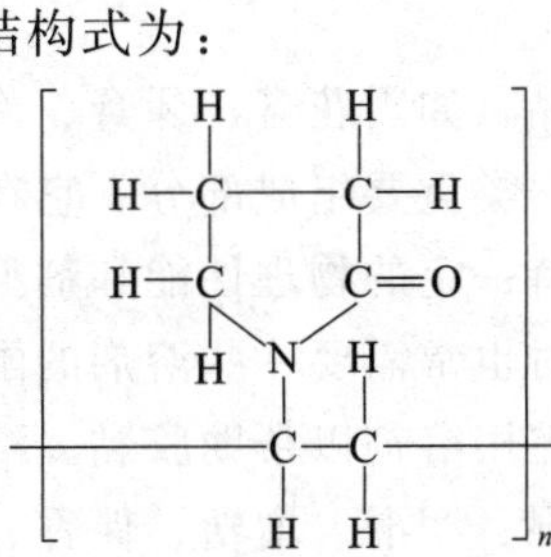

产品为白色或淡黄色无臭、无味粉末或透明溶液，具有良好的成膜性，其薄膜是无色透明的，硬且光亮。PVP 有多种黏度级别，以粉末或水溶液形式供应市场，在化妆品中的应用很广，如在固定发型产品（摩丝、喷发胶、啫喱水等）中作成膜剂，在膏霜及乳液制品中作稳定剂，此外还可作为分散剂、泡沫稳定剂等。

（3）丙烯酸聚合物

丙烯酸聚合物是由丙烯酸聚合得到的一种水溶性树脂，结构式为：

$$\left[\!\!-CH_2-\underset{\underset{COONa}{|}}{CH}-\!\!\right]_n$$

其商品名称为 Luviskol，一般为白色无臭粉末，易溶于水，溶液为无色、无臭黏液。溶液若干燥后，则呈透明韧硬薄膜。其在化妆品中有着广泛的应用，主要用作膏霜、面膜、防晒化妆品、剃须膏、护发染发等制品的增稠剂、固着剂、分散剂、乳化稳定剂等。美国 Goodrich 化学有限公司这类系列产品的商品名称为 Carbopol，我国也有相应的类似产品称作卡布波尔。应用卡布波尔树脂时，可根据要求选择合适的型号，如在化妆品中常使用的 Carbopol 940（卡布波尔-Ⅰ型）、Carbopol 934（卡布波尔-Ⅱ型）。

目前已开发出有关聚丙烯酸衍生物的一些产品，如美国开发出的：辛基丙烯酰胺/丙烯酸酯共聚物、辛基丙烯酰胺/丙烯酸盐/丁基乙醇胺甲基丙烯酸酯共聚物等，是一类两性的丙烯酸聚合物，作为一种高性能的头发定型树脂，应用于头发定型剂、喷发胶和摩丝等制品。

（4）聚氧乙烯

聚氧乙烯又称为聚环氧乙烷，其结构式为：$\left[\!\!-O-CH_2-CH_2-\!\!\right]_n$。

当 $n=1$ 时，称环氧乙烷；$n=200\sim300$ 时，称为聚乙二醇；当 $n>300$ 时，才称为聚氧乙烯，是一种白色、无臭、稳定的化合物。聚氧乙烯粉末或水溶液对皮肤和眼睛都无刺激。在化妆品中它可作为胶合剂、增稠剂和成膜剂，用于乳霜、剃须膏等制品。

5.3.3.4 胶性硅酸镁铝

胶性硅酸镁铝是一种天然的无机黏合剂，由含有硅酸镁铝的矿石精制而得。商品名为 Veegum，是无臭、无味、柔软的白色薄片或细粉。这类矿物凝胶具有高度的亲水性、触变性和成胶性，还具有较好的增稠性、扩散性、悬浮性和持水保湿性。在化妆品中可用于香波、乳液等制品，可以作为 CMC 的替代品，且价格比 CMC 低，故应用它有较好的经济效益。

5.3.4 溶剂原料

溶剂是膏状、浆状及液体化妆品（如雪花膏、牙膏、冷霜、洗面奶、唇膏、指甲油、香水、花露水等）配方中不可缺少的一类重要组成部分。它在制品中主要起溶解作用，与配方中的其他成分互相配合，使制品保持一定的物理性能和剂型。许多固体型化妆品的成分中虽不含有溶剂，但在生产过程中，有时也常需要一些溶剂的配合，如制品中的香料、颜料需借助溶剂进行均匀分散，粉饼类产品需用溶剂以帮助胶黏。溶剂除了主要的溶解性能以外，在化妆品中，这类原料还有挥发、润湿、润滑、增塑、保香、收敛等作用。

5.3.4.1　去离子水

水是一种优良的溶剂，水的质量对化妆品产品的质量有重要的影响。化妆品所用水，要求水质纯净、无色、无味，且不含钙、镁等金属离子，无杂质。但天然水或自来水中皆含有一定量的杂质、无机盐类及某些可溶性有机物等。水中溶解的无机盐是以离子状态存在的，如有钙、镁、钾、钠、铁、铜等阳离子和氯离子、硫酸根、碳酸根等阴离子。通常把含有较多量的钙、镁离子的水称作硬水；而把不含或少含钙、镁离子的水称作软水。如果水中的硬度（钙、镁离子）是由碳酸氢钙或碳酸氢镁所引起的，称此硬度为暂时硬度，因为经过煮沸后的水中所含碳酸氢钙或碳酸氢镁会分解成为难溶的碳酸钙和氢氧化镁而沉淀析出，水的硬度即可降低。如果水的硬度是由钙和镁的硫酸盐或氯化物等所引起的，称此硬度为永久硬度，而永久硬度不能用加热的方法软化。天然水大多同时具有暂时硬度和永久硬度。

化妆品所用的水必须是经过处理的去离子水。现在常用的制备去离子水的处理方法是用离子交换树脂进行离子交换使硬水软化，使其 pH 值为 7。

5.3.4.2　醇类

（1）乙醇

乙醇又称酒精，分子式 C_2H_5OH，是无色、易挥发、易燃的透明液体，有酒的香味，沸点 78.3℃，是一种性能优良的溶剂，还具有灭菌、收敛等作用。70%酒精溶液可作消毒剂。在化妆品中，酒精是制造香水、花露水、发水等的主要原料。

（2）异丙醇

异丙醇的分子式 $(CH_3)_2CHOH$，为无色、可燃、具有丙酮芳香的透明液体，沸点 82.4℃，稍有杀菌作用，可替代酒精用于化妆品中，用作溶剂和指甲油中的偶联剂。

（3）正丁醇

正丁醇的分子式 $CH_3(CH_2)_3OH$，为无色透明、具有芳香味的挥发性液体，易燃，沸点 117～118℃。在化妆品中是制造指甲油等的原料。

（4）戊醇

戊醇的分子式 $CH_3(CH_2)_4OH$，为无色液体，137.8℃。在化妆品中用作指甲油的偶联剂。

5.3.4.3　酮类

（1）丙酮

丙酮分子式为 CH_3COCH_3，为无色、有特殊气味的透明液体，易挥发、易燃，沸点 56.5℃，是一种很重要的有机溶剂。但它有毒（毒性中等），在化妆品用作指甲油去除剂的原料，亦为油脂、蜡等的溶剂。

（2）丁酮

丁酮又称甲基乙基甲酮，分子式为 $CH_3COCH_2CH_3$。为无色透明液体，具有丙酮气味，易挥发，易燃，沸点 79.6℃，可与丙酮合并使用。在化妆品中可用作油脂、蜡等的溶剂，用在指甲油等制品中。

5.3.4.4 醚、酯类

(1) 二乙二醇单乙醚

二乙二醇单乙醚分子式为 $HOC_2H_4OC_2H_4OC_2H_5$，为无色透明、具有芳香气味的液体，沸点 195℃，可作为染料、树脂的溶剂。在化妆品中用于指甲油等制品。

(2) 乙酸乙酯

乙酸乙酯又称醋酸乙酯，分子式为 $CH_3COOC_2H_5$。具有香蕉芳香，故俗称香蕉水。为无色、无毒液体，易挥发，易燃，沸点 77.06℃，在水中分解呈醋酸气味，能溶解多种有机物。其蒸气对皮肤黏膜具有刺激性，它的最大容许浓度（maximum allowable concentration，MAC）为 4×10^{-4}。在化妆品中它是制造指甲油的重要溶剂。

(3) 乙酸丁酯

乙酸丁酯分子式为 $CH_3COOC_4H_9$，为无色透明、具有果实芳香的液体，易燃，沸点 126.6℃。其蒸气对皮肤具有刺激性，最大容许浓度（MAC）为 2×10^{-4}。在化妆品中主要用于指甲油，作为调节指甲油挥发速度的溶剂，亦是油脂、蜡等的溶剂。

(4) 乙酸戊酯

乙酸戊酯分子式为 $CH_3COOC_5H_{11}$，为无色、透明中性油状液体，具有梨和香蕉芬芳气味，沸点 148℃，与丙酮混合有适当挥发速度，作为硝化纤维溶剂。在化妆品中应用于指甲油等制品。

5.3.4.5 芳香族溶剂

(1) 甲苯

甲苯分子式为 $C_6H_5CH_3$，为无色液体，易挥发，易燃，有臭味，沸点 110.7℃，能溶解多种有机物及油脂，有毒（毒性小于苯）。在化妆品中可用作指甲油的溶剂。

(2) 二甲苯

二甲苯分子式为 $C_6H_5(CH_3)_2$，为无色透明液体，易燃，性能同甲苯，挥发性较甲苯差，有毒，沸点 137～143℃，在化妆品中用作指甲油的溶剂。

芳香族类溶剂（甲苯、二甲苯等），因其毒性较高（MAC 为 35×10^{-6}），在化妆品应用中，严禁在皮肤上使用，仅允许用于非皮肤上使用的化妆品中，如指甲油。

(3) 邻苯二甲酸二乙酯

邻苯二甲酸二乙酯及其同系物邻苯二甲酸二丁酯在化妆品中主要用作指甲油等增溶剂及香料保留剂。

5.3.5 保湿剂

要使皮肤光滑、柔软和富有弹性，必须使皮肤中角质层的含水量保持最佳状态。一般认为，含水量应在10%～20%之间，含水量低于10%，皮肤就会干燥、粗糙甚至皲裂。

皮肤保湿机理其一是吸湿，其二是防止皮肤内部水分的散发。具有保持、延缓或阻止水分挥发的作用，尤其在低湿度下更能显出这种特性的化合物，称为保湿剂。所以它是化妆品中的一类重要原料。保湿剂在化妆品中有时还可起到抑菌和留香的功效，在化妆品中保湿剂的用量一般为4%～8%，最好不要超过10%。

保湿剂基本上可以分为多元醇类保湿剂和生物天然型保湿剂两大类。

5.3.5.1 多元醇类保湿剂

多元醇类保湿剂是一类低挥发性、高沸点且具有强吸湿性的保湿剂。

（1）甘油

甘油又称丙三醇，是化妆品中最早使用的一种保湿剂，为动植物油脂进行皂化反应（制造肥皂）时的副产物，经脱脂、脱臭、脱色后精制而得。产品为无色、无臭、澄清且具有甜味的黏稠液体，沸点147.9℃/0.53kPa；290℃/101.3kPa。它有着很强的吸湿性，为化妆品的优质保湿剂或柔软剂，主要应用于O/W型乳状液中，也可用于膏霜类、化妆水、头发水、牙膏等制品中。

（2）丙二醇

丙二醇为无色、无臭、略具甜味的黏稠液体，黏度比甘油低。在化妆品中，丙二醇可与甘油并用，或替代甘油用作保湿剂或润滑剂。此外它也可作为色素、香精油的溶剂。

（3）1,3-丁二醇

1,3-丁二醇的化学结构式为：$CH_3CHOHCH_2CH_2OH$，为无色透明黏稠液体，几乎无气味，稍有甜味，沸点207.5℃。它除了具有保湿性能外，还具有良好的抑菌作用，对皮肤无刺激性，在化妆品中可用于膏霜、化妆水、牙膏等制品中，也可作为香精油、色素的溶剂。但因它常掺杂有丁四醇而影响使用效果，故较少使用。

（4）聚乙二醇

聚乙二醇（PEG）分子式为$CH_2OHCH_2(OCH_2CH_2)_nOH$。它是由环氧乙烷脱水缩聚而得，一般为无色、无臭。PEG有广泛的用途，分子量低（小于600）的PEG在化妆品中可替代甘油或丙二醇，作为保湿剂、增溶剂或润滑剂，用在膏霜、香波等制品中。

（5）山梨醇

山梨醇又称山梨糖醇，是以葡萄糖为原料，在催化剂作用下加压氢化后，经蒸发、喷雾、干燥等工艺而制得的。纯山梨醇为白色、无臭的结晶粉末，略有微甜清凉的感觉，无毒，具有吸湿特性，化学性质稳定，不易受空气氧化，耐热性好，无刺激性。山梨醇具有良好的保湿性能，与甘油不相上下，黏度略高，在日化工业中得到广泛应用，是生产非离子表面活性剂的重要原料，也是化妆品中膏霜类等制品的优良保湿剂。与甘油并用，保湿效果良好。

5.3.5.2 生物天然型保湿剂

这类亲水性物质多为天然保湿因子，能增强角质层的吸水性和结合水的能力。

（1）透明质酸

透明质酸简称 H. A，化学结构式为：

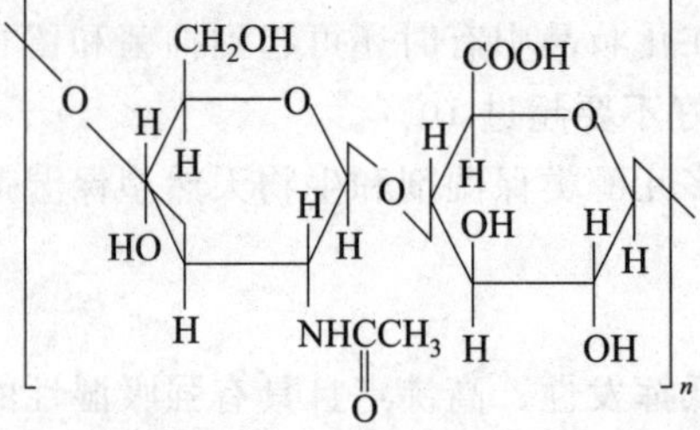

H. A 是从动物组织（牛眼玻璃体、牛脐和鸡冠等）中提取的一种酸性黏多糖物质，为白色无定形海绵状固体，无臭，有较强的吸湿性。易溶于水成黏液，即使在低浓度下还可具有高黏度，以及高的黏弹性和渗透压，因此有很强的保水性，且润滑作用好，故是一种性能极佳的理想保湿剂。

（2）胶原蛋白

一般是白色、透明的粉状物，分子呈细长的棒状，分子量为 2～300kD 不等。胶原蛋白具有很强的延伸力，不溶于冷水、稀酸、稀碱溶液，具有良好的保水性和乳化性。胶原蛋白不易被一般的蛋白酶水解，但能被动物胶原酶断裂，断裂的碎片自动变性，可被普通蛋白酶水解。当环境 pH 为酸性时，胶原的变性温度为 38～39℃。

作为保湿剂，胶原蛋白很被推崇，事实上，胶原蛋白并非想象中的护肤。胶原蛋白的分子太大，根本被皮肤阻隔在外，无法有效利用护肤成分。因此，胶原蛋白只能作为保湿剂使用。而不幸的是，保湿效果也没有预期的好。

（3）糖蛋白

糖蛋白是分支的寡糖链与多肽链共价相连所构成的复合糖，主链较短，在大多数情况下，糖的含量小于蛋白质。在糖蛋白中，糖的组成常比较复杂，有甘露糖、半乳糖、岩藻糖、葡糖胺、半乳糖胺、唾液酸等。

可溶性蛋白多糖即可溶于水的糖蛋白，可用于抗皱、保湿产品，增加皮肤水含量，改善皮肤皱纹，增加细胞活性，调节皮肤状态，也适用于护发产品。

5.3.6 其他辅助原料

除基质原料外的所有原料都叫辅助原料，它们是为化妆品提供某些特定性能而加入的原料，如香料（详见第 6 章）、色料、防腐剂、抗氧化剂、乳化剂等。

5.3.6.1 色料

在美容化妆品中，要适当地使用色料，使皮肤显现自然而健康的化妆效果。色料分有机合成色素（包括染料、色淀、颜料）、无机颜料和天然色素。

（1）有机合成色素

染料必须对被染的基质有亲和力，能被吸附或溶解于基质中，使被染物具有均匀的颜色。染料分为水溶性的和油溶性的两种。水溶性染料的分子中含有水溶性基团（磺酸基），而油溶性染料的分子中不含可溶于水的基团。按生色基团来分，可分成：①偶氮系染料，在化妆品中许可使用的染料中多属于偶氮系列。水溶性偶氮染料用于化妆水、乳液、香波等的着色。油溶性偶氮染料用于乳膏、头油等油性化妆品的着色。②咕吨系染料，用于口红、香水、香料等的着色。③氮萘系染料，用于肥皂、香波、化妆水的着色。④三苯甲烷系染料，非常易溶于水，呈现绿色、青色、紫色，用于化妆水和香波的着色，缺点是耐光性不好，对碱敏感，用时需经过试验。⑤蒽醌系染料，有青色、绿色、紫色，耐光性好，水溶性的用于化妆水、香波的着色，油溶性的用于头油等的着色。其他染料还有靛蓝系染料、亚硝基系染料等。

色淀是指不溶于水的染料和颜料。色淀分两种：一种是通过钙盐、钡盐、锶盐使难溶于水的染料形成不溶于水的色淀颜料；另一种是用硫酸铝、硫酸锆等沉淀剂使易溶性染料生成沉淀，并吸附在氧化锆上形成染料沉淀。用于口红、胭脂等。

（2）颜料

颜料是一种不溶于水、油、溶剂并能使他种物质着色的粉末。颜料比色淀有较好的着色力、遮盖力、抗溶性和耐久性，广泛用于口红、胭脂及演员用化妆品中。常用的无机颜料称作矿物性颜料，对光稳定性好，不溶于有机溶剂，但其色泽的鲜艳程度和着色力不如有机颜料。主要用于演员化妆用底粉、香粉、眉黛等化妆品。化妆品用的主要无机颜料有：氧化锌、二氧化钛都是白色；氧化铁为红色；氢氧化铬、群青为青色；紫群青为紫色；氢氧化亚铁为黄色；氧化铬为绿色；炭黑、四氧化三铁为黑色。

能产生珍珠光泽效果的基础物质叫珍珠颜料或珍珠光泽颜料，常用于口红、指甲油、固体香粉等系列产品。供化妆品用的珠光原料有鱼鳞片、氯氧化铋、氧化钛、云母等。

（3）天然色素

取自动植物的天然色素，由于着色力、耐光、色泽鲜艳度和供应数量等问题，已经大部分被有机合成色素代替。一些普通稳定的天然色素仍用于食品、医药品和化妆品。如胭脂红、红花苷、胡萝卜素、姜黄和叶绿素等。胭脂虫红是从寄生在仙人掌上的雄性胭脂虫干粉中提取出来的红色色素，其主要成分是胭脂红酸，作为唇膏色素的原料。红花苷是从红花花瓣中提取的红色素，它不溶于水，微溶于丙酮和醇，有鲜艳的红色。

叶绿素广泛存在于植物体中，常和胡萝卜素共存，是植物进行光合作用的重要因子。共有 5 种叶绿素，分为 a、b、c、d、e，其中叶绿素 a（$C_{35}H_{72}MgN_4O_5$）含量最高，是用乙醇作为溶剂，从蚕粪中萃取制得。

胡萝卜素是绿叶植物中重要色素之一，常见于一切动植物组织中，它是胡萝卜、奶油、蛋黄的主要色素，是维生素 A 的前身，以数种异构体而存在，α-胡萝卜素熔点为 175℃，β-胡萝卜素是棕色晶体，熔点为 181～182℃，不溶于水，稍溶于乙醇和乙醚。

5.3.6.2　防腐剂

在化妆品中常加有蛋白质、维生素、油、蜡等，另外还有水分。为了防止化妆品变质，需要加入防腐剂。对用于化妆品的防腐剂要求较高，一般要求含量极少就能抑菌，颜色要淡、味轻、无毒、无刺激、贮存期长、配伍性能好、溶解度大，这样才能满足上述要求。适用于化妆品的防腐剂不多，特别是用于面部、眼部化妆品内的防腐剂选择更须慎重。有的国家规定了化妆品中防腐剂的用量，如在 100g 化妆品中规定防腐剂的质量分数：安息香酸占 0.2%、安息香酸盐占 1.0%、水杨酸占 0.2%、水杨酸盐占 1.0%、酚占 0.1%、清凉茶醇及其盐占0.5%、脱氢乙醇及其酯占0.5%、对羟基苯甲酸1.0%、对氯间甲酚占0.5%、硼酸占0.5%。为了获得广谱的抑菌效果，经常把2～3种防腐剂混合后使用。

防腐剂品种很多，按其结构可分成几类：酸类如安息香酸、水杨酸、脱氢乙酸、山梨酸；酚类如对氯间甲酚、对异丙基间甲酚、邻苯基苯酚、对羟基苯甲酸（甲、乙、丙、丁酯）（其商品名是尼泊金）；酰胺类如2,4,4′-三氯代-*N*-碳酰苯胺；季铵盐类如烷基三甲基氯化铵、烷基溴化喹啉、十六烷基氯化吡啶；醇类如乙醇，有很好的防腐作用，在pH值为4～6的溶液中，乙醇浓度为15%时已有效。在pH值为8～10的溶液中，乙醇浓度须在17.5%以上。二元醇、三元醇的抑菌效果较差，浓度要在如40%以上才有效。异丙醇抑菌效力与乙醇基本相同，有些香料也有抑菌效果，如丁香酚和香兰素。另外还有柠檬醛、橙叶醇、香叶醇、玫瑰醇等。

使用防腐剂必须有所选择，有些化妆品如卷发剂、染发剂、收敛剂、爽身粉、香水、化妆水等，因产品本身不具备微生物生长的条件，配方中没有水分，不需要加防腐剂；pH值高于10或低于2.5的产品，乙醇含量超过40%的产品，甘油、山梨醇等在水相中的含量高于50%及含有高浓度香精的产品都属于不需要加防腐剂的范围。由于很多防腐剂只能在很狭窄pH值范围内发挥较好的效果，因此，选用防腐剂时应注意其pH值。还必须考虑配方中各成分对防腐剂的影响，尤其是配方中用了非离子型表面活性剂的产品。通过抑菌试验确定选用何种防腐剂。如果是乳化体，对油相则加油溶性防腐剂，对水相则加水溶性防腐剂，两者配合使用能取得较好的效果。对易污染的产品，选用防腐剂，应考虑再污染的问题。对于中性高营养成分又含大量水分的产品，必须采用高效和较多量的防腐剂。

5.3.6.3 抗氧化剂

化妆品中多含有动植物油脂、矿物油，这些组分在空气中能自动发生氧化，而降低化妆品的质量，甚至产生有害于人体健康的物质，因而，必须加抗氧化剂防止化妆品自动氧化。抗氧化剂大致分为苯酚系、醌系、胺系、有机酸、酯类以及硫黄、磷、硒等无机酸及其盐类。如丁基羟基茴香醚（BHA）、二丁基羟基甲苯（BHT）、五倍子酸丙酯、维生素E等。BHA在低浓度时，抑制氧化的能力大，对动物油脂的效果好，BHT对矿物油效果好，五倍子酸丙酯在低浓度时，对植物油的效果较好。如果使用上述抗氧化剂的混合物比单独使用某一种抗氧化剂的效果更好，这说明抗氧化剂的混合物起到增效作用。为了达到化妆品的安全性和质量要求，抗氧化剂必须满足以下条件：①只加入极少量就有抗油脂氧化变质的作用。②抗氧化剂本身或它在反应中生成的物质，必须是完全无毒性。③不会带给化妆品异味。④价格较便宜。抗氧化剂在含油脂的化妆品中用量一般是0.02%～0.1%（质量分数），常用于化妆品中的抗氧化剂如下。

① 2,6-二叔丁基-4-甲基苯酚(BHT)　分子量220.19，白色晶体粉末，无臭，无味，不溶于水、氢氧化钾溶液和甘油。能溶于许多溶剂，在乙醇中溶解度为25%（20℃），在豆油中溶解度为30%（25℃），在猪油中的溶解度为40%（40℃），热稳定性好。

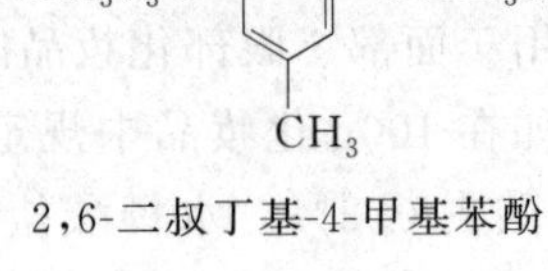

2,6-二叔丁基-4-甲基苯酚

② 丁基羟基茴香醚　分子量 180.25，它与五倍子酸丙酯、柠檬酸、磷酸有很好的协同效果。

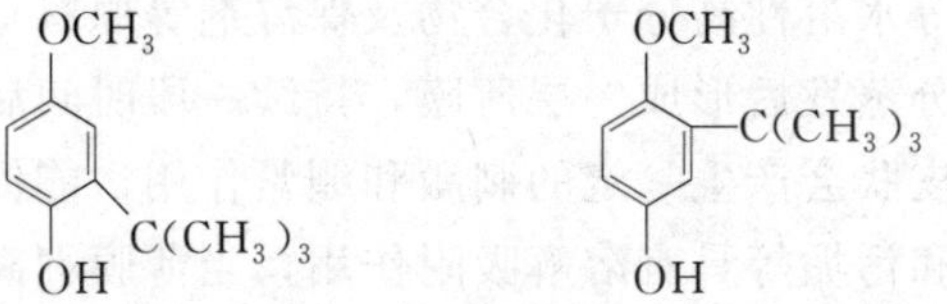

3-叔丁基-4-羟基茴香醚　　2-叔丁基-4-羟基茴香醚

③ 五倍子酸丙酯（也称没食子酸丙酯）　结构式为

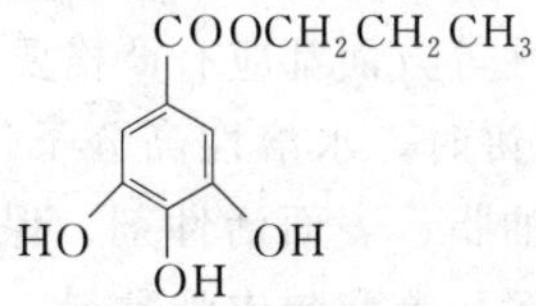

五倍子酸丙酯

分子量 212.20，是白色或浅黄色粉末，能溶于醇和醚，含量为 98.5%～102.5%，熔点 146～148℃，在水中溶解度约为 0.1%，也是一种食用防腐剂，无毒性。其他抗氧化剂有维生素 E、去甲二氢愈创木酸（NDGA）、磷脂等。

5.3.6.4　水溶性高分子化合物

水溶性高分子化合物是化妆品中常用的添加剂之一，它的分子中大都含有羟基、羧基或氨基等亲水基，性能随结构不同而不同。当它与水发生水合作用时，呈球形或凝胶状态。人们把这种黏性液体称为黏液质。水溶性高分子化合物在化妆品中主要作用是对分散体系起稳定作用（或称胶体保护作用），对乳液、蜜类半流体起增黏作用，对膏霜类半固体起增稠或凝胶化作用，还具有成膜性、黏合性、气泡稳定作用、保湿作用。

① 胶体保护作用　如黄芪胶粉、羧甲基纤维素钠、聚乙烯醇、丙烯酸聚合物等常加到乳液类化妆品或含有无机粉末的化妆打底用的美容化妆品中，以提高乳液的稳定性。

② 半流体的增黏、凝胶化作用　有些乳液型化妆品，当从瓶口倾出时像水一样，这无论从稳定性角度，还是从产品外观和使用性能方面来看，都不能令人满意。若在化妆品中添加水溶性高分子化合物后，即可赋予化妆品适当黏度，既没有黏糊感，也具有拉丝现象。使用后给人舒适的感觉。实际上，能满足这种要求的水溶性高分子化合物有海藻酸钠、甲基纤维素、聚丙烯酸钠、聚乙二醇，可用于乳液类化妆品。

③ 乳化和分散作用　一些水溶性高分子化合物（如聚乙烯醇、聚丙烯酸、聚乙二醇等）是表面活性物质，但不是表面活性剂，若用来乳化油类物质时，还需提供较多能量。近年来，随着高效率乳化机械设备的开发利用，有了利用水活性高分子化合物作乳化剂的可能性。若在某些疏水性高分子化合物（如聚丙二醇的分子中）引入亲水基环氧乙烷而得到分子量为几千的嵌段共聚物，使其具有良好的分散作用和低起泡性，同时对皮肤的刺激性和毒性都很低，较适用于化妆品。

④ 成膜作用　水溶性高分子化合物的水溶液，当水分蒸发后，便生成网状结构的薄膜。这是该化合物在化妆品中的重要作用之一。喷发剂、发型固定液、护发水、发膏等内含水溶性高分子化合物水溶液，使用时都发挥出成膜作用，当水分或乙醇蒸发后，形成高分子化合

物的薄膜，而达到护发、定型的目的。

面膜是在护肤用品中应用水溶性高分子化合物的一个代表。面膜是用聚乙烯醇、聚丙烯酸衍生物或纤维素衍生物等水溶性高分子化合物及保湿剂等原料一起溶于水，而制成的均匀膏体，涂布在皮肤上，水分蒸发后形成一层薄膜，持续一段时间后可剥离掉。伴随水溶性高分子薄膜的形成过程，对皮肤会产生一定的刺激和绷紧作用，能促进血液循环，同时对皮肤表面和毛孔存在的排泄物和污垢等具有溶解吸附作用，当薄膜剥离时一起被清除掉。

“去皱制品”中也使用水溶性高分子化合物，起着与面膜相同的作用，只是不能很快剥离，持续利用其收缩功能，可赋予皮肤弹性，使眼角等处的细小皱纹逐渐消失。显然，这类化妆品需长时间留在脸部皮肤上，因此，对其安全性和皮肤代谢功能的影响，以及与皮肤的亲和性，膜的弹性、柔软性、透明性等方面都应有严格要求。

⑤ 黏合性　在制美容化妆品粉饼时，水溶性高分子化合物被用作胶黏剂，该胶黏剂的胶黏强度要适当。一般是与少量的油脂、表面活性剂、保湿剂一起使用，常选用海藻酸钠、羧甲基纤维素、甲基纤维素、聚乙烯醇等配制成胶黏剂。用于粉饼和定妆化妆品。

⑥ 保湿作用　水溶性高分子化合物具有一定的保湿功能，但比多元醇的保湿作用小得多。它只是通过其亲水基与水作用形成氢键而显示出一定的保湿作用。

⑦ 泡沫稳定作用　水溶性高分子化合物常用于与泡沫有密切关系的化妆品中，如剃须膏、泡沫浴剂、洗发香浓、体用气溶胶制品。

5.3.6.5　中草药和瓜果类原料

随着人民生活水平的提高和科学技术的发展，人们不仅要求化妆品具有美容的作用，而且还要有营养、预防、保健的效果。这就要求把中草药瓜果类原料更多地引入化妆品中。

① 化妆品中用的中草药种类及其作用　化妆品中所用的中草药是由中草药萃取液或浓缩物进行调配而成的。中草药配入化妆品中的基本都是外用药，但也有内服的美容中药。如治粉刺、雀斑、老年斑用的药有荆芥、薄荷、甘草、川芎、桃仁、柴胡、黄连、半夏等；对皮肤有白皙效果的有当归、芍药、白术、大黄等；防肥胖用的有黄芪、连翘、柴胡等；解毒美肤用的有枸杞叶等。

② 在化妆品中用的瓜果类原料　瓜果类早已是化妆品的原料，因为瓜果中含有丰富的维生素、有机酸、蛋白质、矿物质等，都是化妆品的必要成分。主要用于化妆品的瓜果有：黄瓜、胡萝卜、莴苣、番茄、苹果、香蕉、杏、樱桃、葡萄、柠檬、草莓等。

比如胡萝卜中含有胡萝卜素、糖、果胶、微量元素、维生素，能用来治疗各种疾病，用于皮肤营养霜、美容蜜、面膜中。柠檬含有的成分有糖、柠檬酸、果胶、蛋白质、维生素C、维生素 B_1。

第6章 化妆品工艺学

6.1 化妆品的增溶与乳化

几乎所有类型的化妆品都使用表面活性剂。利用表面活性剂的增溶作用增加一些不溶或难溶于水的有机物在水中的溶解度，使之混合成透明或者半透明的产品，并广泛应用于化妆品生产中，如将香精和精油增溶于水中制成花露水、古龙水和化妆水，配制凝胶状透明的洗发、护发、护肤和沐浴制品。

6.1.1 增溶作用

表面活性剂在水溶液中形成胶团以后，使不溶于水或难溶于水的有机化合物的溶解度显著增加，这种作用称为增溶作用。增溶作用与表面活性剂在水溶液中形成胶团有关，在达到 *cmc* 前并没有增溶作用，只有在达到 *cmc* 后增溶作用才明显表现出来。而且表面活性剂浓度越高，生成的胶团数越多，增溶作用越强。

影响增溶作用的因素很多，例如表面活性剂和被增溶物的结构、有机物添加剂、无机盐及温度等皆影响增溶能力。从表面活性剂结构来讲，长的疏水基碳氢链要比短的增溶性强，疏水基有支链或不饱和结构，使增溶性降低。具有相同亲油基的各类表面活性剂，对烃类和极性有机物的增溶作用顺序是：非离子型表面活性剂＞离子型表面活性剂＞阴离子型表面活性剂。

从被增溶物来讲，脂肪烃与烷基芳烃的增溶量随其碳数的增加而减少，随其不饱和程度及环化程度的增加而增加。对于多环芳烃，增溶量随分子大小的增大而减小。支链化合物与直链化合物的增溶程度相差不大。被增溶物的增溶量随极性增大而增高。例如，正庚烷的一个氢原子被羟基（—OH）取代而成正庚醇，增溶量就显著增加。有机物添加物如非极性化合物增溶于表面活性剂溶液中，可使极性有机油的增溶程度增加。反过来，当溶液中增溶了极性有机物后，非极性有机物的增溶程度同样会增加。但增溶了一种极性有机物时，会使另一种极性有机物的增溶程度降低，这是因为两种极性有机化合物争夺胶团位置的结果。极性有机物的碳链越长，极性越小，使非极性有机物增溶程度增加得越多。带有不同官能团的有机物，因极性不同，使烃增加的增溶能力亦不同，它们使烃增加增溶能力的顺序为：RSH＞RNH_2＞ROH。

中性电解质加入离子型表面活性剂水溶液中，可增加烃类等非极性有机物的增溶量，但却减小极性有机物的增溶量。中性电解质的加入，使离子型表面活性剂的 *cmc* 大为降低，并且使胶束聚集数增加，胶束变大，其结果是增加了碳氢化合物的增溶量。但中性无机电解质的加入，使胶束分子的电斥力减弱，排列得更加紧密，从而减少了极性有机化合物增溶的可能位置，使其增溶量降低。中性电解质加入含聚氧乙烯型非离子表面活性剂水溶液中时，会使胶束聚集数增加，从而增大烃类的增溶量。

温度对增溶作用的影响，因表面活性剂及被增溶物的不同而异。对于离子型表面活性剂，温度升高，对极性与非极性物的增溶量增加。对于聚氧乙烯型非离子表面活性剂，温度升高时，非极性的烃类、卤代烷、油溶性染料增溶程度有很大提高。极性物的增溶则有不同情况，增溶量往往随温度上升(到达浊点以前）而出现一最大值，在升高温度时，极性有机物的增溶降低。其原因是继续提高温度，加剧了聚氧乙烯基的脱水，聚氧乙烯基易卷缩得更紧，减少了极性有机物的增溶空间。对于短链极性有机物，在接近浊点时，此种增溶作用的降低更加显著。

当表面活性剂分子之间存在着强的相互作用时，会形成不溶的结晶或液晶。因为在硬的液晶结构中，供增溶作用可利用的空间较有弹性胶束的小，故形成的液晶会限制增溶作用。某些非表面活性物质的增加能阻止表面活性剂液晶相的生成，使有机物在水中的溶解度增加，这一作用称为水溶助长作用，这类物质称为水溶助长剂。水溶助长剂的结构与表面活性剂有些相似，在分子内都含有亲水基和疏水基，但与表面活性剂不同，水溶助长剂的疏水基一般是短链、环状或带支链的，如苯磺酸钠、甲苯磺酸钠、二甲苯磺酸钠、异丙基苯磺酸钠、1-羟基-2-环烷酸盐、2-羟基-1-萘磺酸盐和 2-乙基已基硫酸钠等。

水溶助长剂能与表面活性剂形成混合胶束，但由于其亲水基部分大，疏水基小，倾向于形成球形胶束，而不倾向形成层状胶束或液晶结构，因而阻止液晶形成，从而增加表面活性剂在水中的溶解度以及胶束溶液对有机物的溶解能力。

6.1.2 乳化作用

影响乳状液性能(如粒径、稳定性、类型）的因素很多，如乳化方法、乳化剂的结构和种类，相体积、温度等。其中乳化剂的结构和种类的影响最大。选择适宜的乳化剂，不仅可以促进乳化体的形成，有利于形成细小的颗粒，提高乳化体的稳定性；而且可以控制乳化体的类型(O/W 型或 W/O 型)。

一般地，作为乳化剂必须满足下列条件。

① 在所应用的体系中具有良好的表面活性，产生低的界面张力。这就说明，此种表面活性剂有趋集于界面的倾向，而不易留存于界面两边的体相中，因此，要求表面活性剂的亲水、亲油部分有恰当的比例。在任一体相中有过大的溶解性，都不利于产生低界面张力。

② 在界面上形成相当结实的吸附膜。从分子结构的要求角度，希望界面上的吸附分子间有较大的侧向引力，这也和表面活性剂分子的亲水、亲油部分的大小、比例有关。因此当制备乳化体时，作为乳化剂使用的表面活性剂的亲水亲油平衡值(HLB 值）是制取稳定乳化体的重要因素。一些常用乳化剂的 HLB 值，见表 6-1。

表 6-1 常用乳化剂的 HLB 值

商品名	化学名	类型	HLB 值
Span 85	失水山梨醇三油酸酯	非离子型	1.8
Span 80	失水山梨醇单油酸酯	非离子型	4.3
Span 65	失水山梨醇三硬脂酸酯	非离子型	2.1

续表

商品名	化学名	类型	HLB 值
Span 60	失水山梨醇单硬脂酸酯	非离子型	4.7
Span 40	失水山梨醇单棕榈酸酯	非离子型	6.7
Span 20	失水山梨醇单月桂酸酯	非离子型	8.6
Tween 80	聚氧乙烯失水山梨醇单油酸酯	非离子型	15.0
Tween 60	聚氧乙烯失水山梨醇单硬脂酸酯	非离子型	14.9
Tween 40	聚氧乙烯失水山梨醇单棕榈酸酯	非离子型	15.6
Tween 20	聚氧乙烯失水山梨醇单月桂酸酯	非离子型	16.7
Atlas G-1704	聚氧乙烯山梨醇蜂蜡衍生物	非离子型	3
Atlas G-1790	聚氧乙烯羊毛脂衍生物	非离子型	11
Atlas G-2133	聚氧乙烯月桂醚	非离子型	13.1
Atlas G-1441	醇羊毛脂衍生物	非离子型	14
Atlas G-3720	聚氧乙烯十八醇	非离子型	15.3
Atlas G-3920	聚氧乙烯油醇	非离子型	15.4
Atlas G-2162	聚氧乙烯氧丙烯硬脂酸酯	非离子型	15.7
Atlas G-2129	聚氧乙烯单月桂酸酯	非离子型	16.3
Atlas G-3930	聚氧乙烯醚	非离子型	16.6
Atlas G-2159	聚氧乙烯单硬脂酸酯	非离子型	18.8
Aldo 28	甘油单硬脂酸酯	非离子型	3.8～5.5
Myri 49	聚氧乙烯单硬脂酸酯	非离子型	15.0
Myri 51	聚氧乙烯单硬脂酸酯	非离子型	16.0
Myri 53	聚氧乙烯单硬脂酸酯	非离子型	17.9
Brij 35	聚氧乙烯月桂醚	非离子型	16.9
	油酸钠(油酸的 HLB=1)	阴离子型	18
	油酸钾	阴离子型	20
K-12	月桂醇硫酸钠	阴离子型	40

当配方中的各种组成大致确定后，即可对乳化剂进行选择，通常可先计算油相所需要的 HLB 值，然后用一系列适合 HLB 值与化学类型的乳化剂来试验，以期获得理想的黏度、使用性能和稳定性等。

制备不同油相的乳化体对乳化剂的 HLB 值要求也不同，当油相为混合物时，其所需 HLB 值也像乳化剂的 HLB 值一样，具有加和性。在化妆品配方中，只有使乳化剂所能提供的 HLB 值与油相所需要的 HLB 值相吻合，才能得到性能良好且稳定的乳化体。

例如，若乳化体配方 O/W 型，质量分数如下：

蜂蜡	5%	甘油	4%
矿物油	26%	乳化剂	10%
植物油	18%	水	36%

计算需要的 HLB 值。

已知乳化油相所需要的 HLB 值分别为：

蜂蜡 HLB=15，矿物油 HLB=10，植物油 HLB=9，故混合油相所需 HLB 值为

$$\text{HLB 值}=\frac{5\times15+26\times10+18\times9}{5+26+18}=10.14$$

由此可知，可以选用 HLB 值约为 10 的乳化剂。如果采用两种以上的乳化剂配合，亦可用同样方法计算得其 HLB 值。

例如，以 45% Span 60 与 55%的 Tween 60 混合，即可符合上述要求，计算如下：查表得知 Span 60 的 HLB 值为 4.7，Tween 60 的 HLB 值为 14.9，故

$$\text{HLB 值}=\frac{4.7\times45+14.9\times55}{45+55}=10.31$$

选择乳化剂时应注意下面几个问题：

① 一个强亲水性与一个强亲油性的乳化剂相混合，乳状液的稳定性会有所降低。当选用两种乳化剂配成混合乳化剂时，HLB 值不要相差过大，一般不超过 5 为宜，否则所配乳化体的稳定性不好。当选用两种以上时，其 HLB 值最高最低值可以相差大一些。

② 选用多个 HLB 值呈等差变化（如 HLB 值分别 6、8、10、12、14、16）的乳化剂组成混合乳化剂，所配乳化体稳定。

③ 混合乳化剂中各组分用量要主次有别，以保证乳化体的类型及其稳定性。制备 O/W 型乳化体以水溶性乳化剂为主，其余各乳化剂用量按 HLB 值顺序，在主乳化剂两侧按一定比例递减。制备 W/O 型乳化体时以油溶性乳化剂为主，其余各乳化剂也按一定比例递减。

④ 由于温度升高，或表面活性剂浓度增大等影响，乳化剂的实际 HLB 值会有所下降。因此，在选用乳化剂及确定配比时，通常应使乳化剂所提供的 HLB 值略高于乳化油相所需要的 HLB 值。

⑤ 除了选择合适乳化剂配比，以使乳化剂的 HLB 值与油相所需 HLB 值相吻合外，乳化剂在化妆品中的用量一般考虑如下：

$$w=\frac{\text{乳化剂质量}}{\text{油相质量}+\text{乳化剂质量}}=10\%\sim20\%$$

一般，制备稳定乳化体所要求的 HLB 值，与乳化剂浓度的关系并不大。但对某一乳化体，在保证稳定性的前提下，乳化剂用量越少越好。油相的量与所得乳化剂量的比值称为该乳化剂的效率。数值愈大，效率愈高。不同的乳化剂有不同的效率，应尽量选择效率较高的乳化剂。

在符合上述各项条件的基础上，经过调配试验，就容易得到令人满意的、稳定的乳化体。多重乳状液是一种以 O/W 型和 W/O 型乳液共存的复合体系。它可能是油滴里含有一个或多个水滴，这种含有水滴的油滴被悬浮在水相中形成乳状液，这样的体系称为水/油/水（W/O/W）型乳状液。含有油滴的水滴被悬浮于油相中所形成的乳状液，则构成油/水/油（O/W/O）型乳状液。

6.2 化妆品的配方设计与生产工艺

6.2.1 膏霜类化妆品

在研究膏霜类化妆品的配方时，采用组成与皮脂膜相同的油分是较理想的，但各人的皮肤差异较大，分泌出的皮脂组成和百分含量亦有差异（见表 6-2）。

表 6-2 皮脂的构成

构成	质量分数/%	平均质量分数/%
游离脂肪酸	2.2～56.0	25.0
角鲨烯	1.3～17.3	5.0
其他烃类	0.5～10.0	2.0
蜡类（硬脂酸酯以外）	12.3～25.0	20.0
硬脂酸酯	1.5～4.5	3.0
游离硬脂酸酯	0.7～20.0	1.5

续表

构成	质量分数/%	平均质量分数/%
三甘油酯	5.5～37.5	25.0
单和二甘油酯	3.0～13.5	10.5
未确定成分和微量成分	5.0～12.0	8.5

6.2.1.1 雪花膏类化妆品

雪花膏类化妆品属于弱油性膏霜，具有舒适而爽快的使用感，油腻感较少，其代表性就是雪花膏、粉底霜、剃须后用膏霜等。

（1）雪花膏

雪花膏是一种以硬脂酸为主要油分的膏霜，由于涂在皮肤上即似雪花状溶入皮肤而消失，故得名。雪花膏在皮肤表面形成一层薄膜，使皮肤与外界干燥空气隔离，能抑制表皮水分的蒸发，保护皮肤不致干燥、开裂或粗糙。

① 配方

物料	质量分数/%	物料	质量分数/%
化合硬脂酸	3～7.5	不皂化物(如脂肪醇)	0～2.5
游离硬脂酸	10～20.0	精制水	60～80.0
多元醇(如甘油)	5～20.0	香精	适量
碱(按氢氧化钾计)	0.5～1.0	防腐剂	适量

在设计配方时，应掌握下列几点：配方中硬脂酸的用量（质量分数）一般为15%；一般需把15%～30%的硬脂酸中和成皂，假定其中25%的硬脂酸被中和成皂，其余75%即为游离硬脂酸；碱的种类较多，在选用不同碱时，用量会有差别。虽然雪花膏组成比较简单，生产历史也较长，但原料的选择对制品影响较大。

a. 硬脂酸　天然来源的硬脂酸是一种脂肪酸的混合物，其中含有硬脂酸45%～49%，棕榈酸48%～55%，油酸0.5%。对于一压、二压硬脂酸，由于碘值高，其中含有的油酸较多，会影响制品的色泽，还会引起储存过程中的酸败，故不宜用作雪花膏的原料。一般选用三压硬脂酸作为雪花膏的油性成分。

b. 碱类　用氢氧化钠、碳酸钠及硼砂等的制品稠度高，光泽性差；而用氢氧化钾、碳酸钾的制品呈软性乳膏，稠度和光泽性较适中。采用氢氧化钾与氢氧化钠比为10∶1（质量比）的复合碱，制品的结构和骨架较好，且有适度光泽。

c. 多元醇　有甘油、山梨醇、丙二醇、二甘醇单乙醚、1,3-丁二醇等，其中1,3-丁二醇在空气湿度不同的情况下，均能保持皮肤相当的湿度。在雪花膏中分别加入同样量的丙二醇、85%的山梨醇及甘油，制品的稠度依次增大。多元醇在制品中除了对皮肤有保湿作用外，还能消除制品起“面条”现象。

d. 水质　制造雪花膏用的水质与其他制品要求相同，必须是经过紫外灯灭菌，培养检验微生物为阴性的去离子水。

e. 珍珠光泽　雪花膏常具有珠光，是由脂肪酸结晶的析出所致。用低黏度丙二醇时，极易生成珠光，但配用高碳醇和单硬脂酸甘油酯时，能抑制这种光泽的生成。

② 生产工艺　膏霜类化妆品生产工艺具有通用性，主要包括原料预热、混合乳化、搅拌冷却、静置冷却、包装等工艺过程。

a. 原料加热　将油相原料甘油、三压硬脂酸等投入设有蒸汽夹套的不锈钢加热锅内，边混合边加热至 90～95℃，维持 30min 灭菌，加热温度不超过 110℃，否则油脂色泽逐渐变黄。在另一不锈钢夹套锅内加入去离子水和防腐剂等，边搅拌边加热至 90～95℃，维持 20～30min 灭菌，再将碱液（浓度为 8%～12%）加入水中搅拌均匀。

b. 混合乳化　测量油脂加热锅油温，并做好记录，开启加热锅底放料阀，使升温到规定温度的油脂经过滤器流入乳化搅拌锅，然后启动水相加热锅，搅拌并开启放料阀，使水经过油脂过滤器流入乳化锅内，这样制备下批产品时，过滤器不致被固体硬脂酸所堵塞。

硬脂酸极易与碱起皂化反应，无论加料次序如何，均可以进行皂化反应。乳化锅有夹套蒸汽加热和温水循环回流系统，500L 乳化锅搅拌器转速约 50r/min 较为适宜。密闭的乳化锅使用无菌压缩空气，用于压出雪花膏。

c. 搅拌冷却　在乳化过程中，因加水时冲击产生气泡，待乳液冷却至 70～80℃时，气泡基本损失，这时进行温水循环冷却。初期夹套水温为 60℃，并控制循环冷却水在 1～1.5h 内由 60℃下降至 40℃，均相应可控制雪花膏停止搅拌的温度为 55～57℃，整个冷却时间约 2h。

在冷却过程中，如果回流水与原料温差过大，骤然冷却，会使雪花膏变粗；温差过小，则会延长冷却时间，所以温水冷却时在每一阶段均需很好地控制。香精在 58℃时加入。

d. 静置冷却　乳化锅停止搅拌后，用无菌压缩空气，将锅内成品压出，经取样检验合格后须静置冷却到 30～40℃才可以进行装瓶。如装瓶时温度过高，冷却后体积会收缩，温度过低，则膏体会变稀薄。一般以隔一天包较为适宜。

e. 包装　雪花膏是水包油型乳剂，且含水量为 70%左右，水分很易挥发而发生干缩现象，因此包装密封很重要，也是延长保质期的主要因素之一。沿瓶口刮干后，盖以硬质塑料薄膜，内衬有弹性的厚塑片或纸塑片，将盖子旋紧，在盖子内衬垫塑片上应留有整圆形的瓶口凹纹。另外包装设备、容器必须注意卫生。

（2）粉霜

粉霜兼有雪花膏和香粉的使用效果，不仅有护肤作用，同时有较好的遮盖力，能掩盖面部皮肤表面的某些缺陷。粉霜大致有两种类型：一种是以雪花膏为基体的粉霜，适用于中性和油性皮肤；另一种是以润肤霜为基体的，含有较多油脂和其他护肤成分，适用于中性和干性皮肤。一般多是在雪花膏或润肤霜中加入二氧化钛和氧化铁等颜料配制而成。

① 配方

物料	质量分数/%	物料	质量分数/%
硬脂酸	12.0	丙二醇	10.0
十六醇	2.0	氢氧化钾	0.3
甘油单硬脂酸酯	2.0	精制水	71.7
香料	0.5	氧化铁(黄色)	0.4
二氧化钛	1.0	防腐剂	适量
氧化铁(赤色)	0.1	抗氧剂	适量

② 生产工艺

粉霜制备过程可参照雪花膏制备操作技术。将粉料先加入多元醇中搅拌混合，用小型搅拌机调和成糊状，经 200 目筛过筛或胶体磨研磨均匀备用，当雪花膏或润肤霜在 70～80℃时，加入正在搅拌的乳液中，使之搅拌均匀。由于粉料是以第三相存在于乳剂中，加入粉料后乳剂有增稠现象，所以粉霜制造过程应延长搅拌时间和降低停止搅拌的温度。以雪花膏为基体制成粉霜，停止搅拌的温度是50～53℃，能得到较为适宜稠度和光泽度较好的制品。

6.2.1.2 润肤霜类化妆品

润肤霜类制品是介于弱油性和油性之间的膏霜。润肤霜的目的在于使润肤物质补充皮肤中天然存在的游离脂肪酸、胆固醇、油脂的不足，使皮肤中的水分保持平衡。经常使用润肤霜能使皮肤保持水分和健康，逐渐恢复柔软和光滑。能保持皮肤水分和健康的物质称为天然保湿因子(NMF)。使水分从外界补充到皮肤中去是比较困难的，最好的方法是防止表皮角质层水分过量损失，而天然保湿因子有此功效。但NMF组成复杂，至今存在着未知成分。因此润肤霜中要加入润肤剂、保湿剂和柔软剂，如羊毛脂衍生物、高碳醇、多元醇等。最近又提出了吡咯烷酮羧酸用做NMF组分之一添加于制品中。润肤霜类化妆品有润肤霜、营养霜、夜霜、手霜、按摩霜、婴儿霜等多种。

（1）制备原理与配方设计

在设计润肤霜配方时，要根据人类表皮角质层脂肪的组成，选用有效的润肤剂和调湿剂；还要考虑到制品的乳化类型及皮肤的pH值等因素。

① 润肤剂　润肤剂能使表皮角质层水分减缓蒸发，免除皮肤干燥和刺激，可选用羊毛脂及其衍生物、高碳脂肪醇、多元醇、角鲨烷、植物油、乳酸等。

② 调湿剂　调湿剂是一种可以使水分传送到表皮角质层并产生结合作用的物质。

皮肤水分的含量、润滑直接和调湿有关。天然保湿因子能避免皮肤干燥，所以在配方中加入的组成物质，应与天然保湿因子相类似。吡咯烷酮羧酸及其钠盐都是很好的调湿剂，乳酸和它的钠盐调湿作用仅次于吡咯烷酮羧酸钠，而且乳酸是皮肤的酸性覆盖物，能使干燥皮肤润湿和减少皮屑。

③ 乳化剂　由于制品是水包油型乳剂，以亲水性乳化剂为主，即HLB＞7，辅以少量亲油性乳化剂，即HLB＜7，配成“乳化剂对”用于制造水包油型润肤霜。对于化妆品乳化剂，首先要考虑它的实用价值，能保护皮肤或毛发。乳化剂的HLB值越高，对皮肤的脱脂作用越强。如果过多地采用HLB值高的乳化剂，可能会引起某些人的皮肤干燥或刺激，因此要尽可能减少乳化剂的用量。另外润肤霜pH值应控制在4.0～6.5，与皮肤的pH值相似。

物料	质量分数/%	物料	质量分数/%
硬脂酸	10.0	羊毛脂衍生物	2.0
蜂蜡	3.0	丙二醇	10.0
十六醇	8.0	三乙醇胺	1.0
角鲨烷	10.0	香料	0.5
单硬脂酸甘油酯	3.0	防腐剂	适量
聚氧乙烯单月桂酸酯	3.0	精制水	49.5

（2）生产工艺过程

水包油型润肤霜的制造技术适用于润肤霜、清洁霜、晚霜等制品。虽然润肤霜所采用的原料品种较多，但其生产工艺设备和环境等要求与雪花膏生产工艺基本类似，不再重复，主要介绍水包油型乳化剂的制备方法。

某些乳化剂虽然采用同样配方，由于操作时加料方法和乳化搅拌机械设备不同，乳化剂的稳定性及其物理现象也会各异，因此，在实际生产时可根据产品要求和配方情况选择适宜的方法。

① 加料方法　乳化时根据不同的配方原料，加料方法会有所不同，下面几种方法是生产化妆品时常用的。

a. 初生皂法　即把脂肪酸溶于油脂中，碱溶于水中，然后两相搅拌乳化的方法。则可得到稳定的乳液，如雪花膏的制造。

b. 水溶性　乳化剂溶于水中，油溶性乳化剂溶于油中，然后两相混合乳化。此法水量少时为水/油型乳液，当加水量多时变为油/水型乳剂，这种方法所得内相油脂的颗粒较小。

c. 水溶和油溶性乳化剂都溶入油中，然后将水加入油中乳化，此法得到内相油脂颗粒也比较小。

d. 交替加入法　在乳化锅内先加入乳化剂，然后边搅拌边逐渐交替加入油和水的方法。

② 制备　制备油腻型乳化剂大致有四种方法：均质刮板搅拌机制备法、管型刮板搅拌机半连续法、锅组连续制备法、低能乳化法。目前大多采用均质刮板搅拌机制备法，适用于小批和中批量生产；管型刮板机半连续制备法，适用于大批量生产。均质刮板搅拌机主要由两部分组成。

a. 均质搅拌机　它由涡轮及涡轮外套固定的扩散环所组成。涡轮转速 1000～3000r/min，可无级调速，均质搅拌机使乳化剂有湍流、撞击分散、剪切等作用。

b. 刮板搅拌机　它是由另一只电机驱动的副板搅拌机，转速 0～150r/min，依靠锅壁的搅拌机框架上的数块副板叶片，随时移去锅壁的乳剂，降低了锅壁的热传导阻力，夹套冷却水能较快地使乳剂冷却。均质刮板搅拌机适宜制造油/水型润肤霜、粉霜、晚霜和蜜类产品。

6.2.1.3　润肤霜类化妆品

冷霜是保护皮肤的用品，广泛用于按摩或化妆前调整皮肤，其中掺和营养药剂、油脂等。专用于干性皮肤的制品也较多。使用这种膏霜进行按摩，能提高按摩效果和增强冷霜的渗透性，所以逐渐用作按摩霜。

质量好的冷霜，乳化体应光亮、细腻，没有油水分离现象，不易收缩，稠度适中，便于使用。典型的冷霜是蜂蜡-硼砂体系制成的水/油膏霜。

（1）原理和配方

蜂蜡-硼砂制成的水/油型乳剂是典型的冷霜。蜂蜡游离脂肪酸的成分主要是蜡酸，又名二十六酸（$C_{25}H_{51}COOH$），含量约 13%，它与硼砂和水、生成的氢氧化钠起皂化反应生成二十六酸钠，在制造冷霜过程中起乳化作用，使油相与水相乳化，形成膏体。

物料	质量分数/%	物料	质量分数/%
蜂蜡	10.0	液体石蜡	50.0
硼砂	1.0	其他	余量
精制水	33.0		

（2）生产工艺

冷霜制品根据包装容器形式不同，配方和操作也有些差别，大致可分为瓶装冷霜和盒装冷霜，瓶装冷霜要求在 38℃时不会有油水分离现象，乳剂的稠度较低，滋润性较好。盒装冷霜的稠度和熔点都较高，要求质地柔软，受冷不变硬，不渗水，耐温要求 40℃不渗油，凡是盒装冷霜都是属于水/油型乳剂，装入铁盒或铝盒不会生锈或干缩。

冷霜的生产过程基本和雪花膏生产过程相似，仅存在一些细微差异。搅拌冷却时，冷却水温度维持在低于 20℃，停止搅拌的温度约为 25～28℃，静置过夜，次日再经过三辊机研磨，经过研磨剪切后的冷霜，混入了小空气泡，需要经过真空搅拌脱气，使冷霜表面有较好的光泽。

均质刮板搅拌机也适用于制造冷霜，刮板搅拌机对冷霜的热交换有利，待冷却至 26～30℃时，同时开启均质搅拌机，使内相剪切成更小颗粒，稠度略有增加，其稠度可按需要加以控制，而且均质搅拌在真空条件下操作，可以省去目前一般工艺的三辊机研磨和其脱气过程。优点是稠度可以控制，操作简单，可缩短制造过程和时间。另外，虽然冷霜的外相是油，没有腐蚀性，制造设备与冷霜接触的部件仍要采用不锈钢，因铁或铜离子易使冷霜中不饱和脂肪酸酸败和使冷霜变色、变味。

6.2.2　香水类化妆品

6.2.2.1　香水的原料

香水的主要原料是香精、酒精，其次是色料和水。

香水用的香精要求香气文雅持久，不刺鼻，不刺脑，香型固定、突出。香水香精的配制大都是艺术性的，与人们的情绪相关联。总的来说，分为花香型和情绪型。花香型是以自然界的香花为基调，模仿自然界的花香调和而成的。有单一花香的单香型，如玫瑰香精、茉莉香精等；还有多种花香的多香型，也就是各种花簇的香型，如康乃馨、百花香型，具有多种花香的香气，芬芳诱人，让人有置身于百花丛中之感。情绪型又称为幻想型，其中有的是模仿实物调和而成的；有的是调香者依据其幻想中的优雅香味调和而成的，表现出森林、原野、景色、风俗、地理、人物、情绪、喜乐、绘画等方面的想象。以檀香为主剂的“东方香型”，在我国、日本、印度、东南亚一带深为人们所喜爱；飞蝶型，犹如从昆虫、植物等散发出来的芳香气味，使人有一种彩蝶飞舞，花香齐来的春日之感。

香水所用的酒精，作用是溶解香精，挥发香气。要求不含刺激性强的醛类和异臭的高级醇。最好是米酒精，经过精制的玉米酒精也能符合要求。马铃薯和红薯酿制的酒精质量较差，一般不用。

香水的色料一般为嫩黄，必要时可加入适量色料。但天然香料本身就有色，如水蒸气蒸馏获得的蔷薇类花精油为浅黄绿色，有机溶剂提取的花精油(茉莉、晚香玉、水仙等）呈深褐色或浅绿色。各种调和香料也有特殊的色调。因此，一般来说，香水几乎不另着色。关于所用的水，以蒸馏水为最好，用去离子水亦可，有时也用含矿物质不多的自来水。

6.2.2.2　香水的配制

香水中的香精一般为 10%(有的用量达 18%～30%)，酒精 70%～90%之间(以纯品计)，水占 20%～25%，若用药用酒精，一般不另行加水。

香水的制造，首先在酒精内溶解按配方配制的调和香料，也可以将配方中的各组分逐次地溶解在酒精内，徐徐搅匀。然后将其密封在容器内，放在低温（20℃为宜)，避光处贮存，待熟化后过滤使用。熟化时间一般为数月。时间过短，熟化没有完成，时间过长，可能引起化学成分的变化。香水越陈越香，原因与前面所说的调和香料的熟化是相同的。香料和酒精间，香料各成分间的相互作用（即醇化过程），使香水初配时的粗糙气味逐渐变为文雅、柔和及圆润。香水成熟后要经过数次过滤以除去沉淀物，有时还用碳酸镁或滑石粉等粉料置于溶液中用于吸去杂质或酒质。

在制造时，若发现香气不浓，可能是香精用量不足，或香精配得不好，质量不行；若香气不持久，可能是定香剂过少或不合要求，有重的酒味，可能是酒精的脱酒质处理不良，或者是随配随用，香精未充分溶解，更没有熟化。若出现浑浊或发黑，主要是香水配制时，温度过高，可溶性杂质未被滤净，以致当温度降低后，杂质结晶析出；或者香料中有变色成分，或是瓶内残留有碱质，水质不纯，含铁量高等。凡此种种造成香水质量变差，必须注意。

6.2.2.3 香水的选择和使用

（1）香水的选择

优良的香水应该香气文雅浓郁、持久纯正，没有浓酒味和其他不愉快气味，溶液澄清、透明、无沉淀黑点和浑浊现象，色泽柔和、美观，用在织物上不留色痕。香水在选用时，应按这些要求来衡量。闻香味时，不要直接凑到瓶口上，应在手背上滴1～2滴，待酒精挥发后，再用鼻子去闻。因为手上香水被体温加热，闻得的香味自然和实际使用一样。

（2）香水的用法

香水最好直接喷洒，抹搽在清洁的皮肤上。特别的情况，如皮肤很弱的人，直接搽在皮肤上有不舒服感时，可以用衣服、裙子边包一点脱脂棉，间接接受香水的喷洒。在使用香水时，注意要和其他化妆品（有的人同时使用多种化妆品）的香味保持均衡，不要洒得过多。

6.2.2.4 香水配方举例

花香型调和香料多可用来制造香水。这里列举一些花香型香水及幻想情绪型香水、香精的配方实例，可供调香、制造香水或使用香水时参考。所列香精并不局限于只作香水，其他化妆品也可应用。

（1）花香型香水配方举例（组分配比均为质量分数）

① 金合欢香水（1）

金合欢香精	10.00	乙醇	87.00
麝香浸液	3.00		

其中金合欢香精配方为：香柠檬油5%，肉桂酸甲酯2%，山楂花香精28%，依兰油4%，橙花香精42%，茉莉香精3%，玫瑰香精7%，异丁子香酚1%，香酮3%，檀香油5%。

② 金合欢香水（2）

金合欢香精	7.50	玫瑰净油	1.00
灵猫香浸液3%	2.00	安息香树脂	1.00
茉莉净油	0.50	乙醇	88.00

其中金合欢香精配方：乙酸苄酯1%，芳樟醇2%，松油醇3%，香柠檬油2%，肉桂酸甲酯2%，橙叶油(法国产）5%，邻氨基苯甲酸甲酯35%，茴香醛28%，丁子香油2%，依

兰油3%，茉莉净油1%，玫瑰净油2%，橙花醇1%，甲基苯基(甲)酮7%，麝香酮3%，檀香油2%，岩兰油1%。

③ 茉莉花香水

茉莉香精(1)	9.00	灵猫香净油	1.00
茉莉香精(2)	4.50	麝香酮	1.00
茉莉净油	0.60	龙涎香酊剂3%	2.00
橙花净油	0.30	麝香酊剂3%	3.00
玫瑰净油	0.20	乙醇	80.0
癸醛10%	0.10		

其中茉莉香精（1）配方为：乙酸苄酯20.0%，芳樟醇10.0%，苯乙醇20.0%，苯乙酸对甲苯酯0.5%，牻牛儿醇乙酸酯6.0%，肉桂酸乙酯1.0%，依兰油7.0%，羟基香茅醛30.0%，十一(碳)烷酸内酯0.5%，戊基肉桂醛5.0%。

而茉莉香精（2）配方为：乙酸苄酯20.0%，苯乙醇10.0%，鸢尾浸膏0.5%，甲基紫罗兰酮5.0%，吲哚0.5%，依兰油5.0%，茉莉净油3.0%，苯乙酸苯酯10.0%，羟基香茅醛30.0%，戊基肉桂醛10.0%，康乃馨香精6.0%。

④ 橙花香水

橙花香精	10.00	灵猫香净油	0.10
苦橙花香精	4.00	龙涎香酊剂3%	2.00
橙花净油	0.50	麝香酊剂3%	3.00
茉莉净油	0.40	乙醇	80.0

其中橙花香精配方为：乙酸苯酯3.0%，苯甲酸甲酯1.0%，芳樟醇10.0%，苯乙醇20.0%，苯乙酸异丁酯2.0%，橙花醇10.0%，乙酸芳樟酯4.0%，橙叶油（法国）40.0%，邻氨基苯甲酸甲酯1.0%，橙花净油3.0%，甲基苯基（甲）酮50%，癸醛0.1%，异丁子香酚0.9%。

苦橙花香精配方为：芳樟醇25.0%，松油醇8.0%，橙花醇5.0%，苯乙酸橙花酯8.0%，乙酸芳樟酯7.0%，橙叶油（法国）30.0%，吲哚（10%）0.8%，羟基香茅醛5.0%，邻氨基苯甲酸甲酯5.0%，戊基肉桂醛4.0%，癸醛（10%）0.2%，苯乙酸1.0%。

⑤ 紫罗兰花香水

巴马紫罗兰香精	10.00	桂皮净油	0.50
维多利亚紫罗兰香精	4.00	檀香油	0.20
玫瑰油	0.10	龙涎香酊剂3%	3.00
麝香酊剂3%	2.00	灵猫香净油	0.10
乙醇	80.00	麝香酮	0.10

其中巴马(Parma，意大利城市）紫罗兰香精配方为：乙酸苯酯10.0%，香柠檬油10.0%，庚炔酸甲酯1.0%，鸢尾浸膏2.0%，甲基紫罗兰酮50.0%，紫罗兰叶净油2.0%，α-紫罗兰酮15.0%，苯基异丁香酚4.0%，依兰油2.0%，茉莉净油2.0%，桂皮净油2.0%。

而维多利亚紫罗兰香精配方为：香柠檬油10.0%，庚炔酸甲酯1.0%，鸢尾浸膏1.0%，甲基紫罗兰酮40.0%，胡椒醛6.0%，紫罗兰叶净油1.0%，茴香醛4.0%，β-紫罗兰酮10.0%，甲基异丁香酚5.0%，依兰油6.0%，茉莉香精10.0%，桂皮净油2.0%，羟基香茅醛4.0%。

⑥ 玫瑰香水

合成玫瑰油香精	2.00	白玫瑰香精	5.00
红玫瑰香精	7.00	玫瑰油(保加利亚)	0.20
玫瑰净油	0.50	麝香酊剂 3%	5.00
茉莉净油	0.20	乙醇	80.00
灵猫香净油	0.10		

其中合成玫瑰油香精配方为：香茅醛 20.0%，苯乙醇 10.0%，玫瑰草香叶醇 20.0%。玫瑰醇 20.0%，愈创木油 5.0%，丁子香酚 0.5%，α-紫罗兰酮 7.0%，桂醇 50%，苯乙酸 4.0%，苯乙醇 0.3%，三氯苯基甲基甲醇乙酸酯 8.0%，十一烯醛 0.2%。

而红玫瑰香精配方为：苯乙醇 15.0%，玫瑰醇 20.0%，紫罗兰酮 30.0%，桂醇 15.0%，乙酸玫瑰酯 10.0%，三氯苯基甲基甲醇乙酸酯 5.0%，茉莉香精（无色）5.0%。

还有白玫瑰香精配方为：乙酸苯酯 10.0%，苯乙醇 10.0%，鸢尾浸膏 2.0%，α-紫罗兰酮 10.0%，依兰油 5.0%，玫瑰净油 3.0%，甲酸玫瑰酯 7.0%，灵猫香净油 0.5%，羟基香茅醛 2.0%，香薷酮 0.5%，广霍香油 3.0%。苯乙酮 1.0%，檀香油 5.0%，香兰素 1.0%，茉莉香精(无色) 15.0%，合成玫瑰油 25.0%。

⑦ 木兰花香水

木兰花香精	14.00	灵猫香净油 10%	0.10
橙花净油	0.50	龙涎香酊剂 3%	2.00
茉莉净油	0.2	麝香酊剂 3%	3.0
玫瑰净油	0.2	乙醇	80.0

其中木兰花香精配方为：乙酸苯酯 1.0%，松油醇 3.0%，香柠檬油 6.0%，橙花醇 15.0%，胡椒醛 4.0%，丁子香酚 5.0%，依兰油 10.0%，茉莉净油 2.0%，苦橙花油 1.0%，柠檬醛 2.0%，桂醇 10.0%，羟基香茅醛 40.0%，兔耳草醛 0.5%，癸醛（10%）0.5%。

⑧ 兰花香水

兰花香精	14.0	香豆树脂	0.2
茉莉净油	0.5	麝香酊剂 3%	5.0
玫瑰净油	0.2	乙醇	80.0
灵猫香净油	0.1		

其中兰花香精配方为：乙酸苯酯 6.0%，香柠檬油 5.0%，牻牛儿醇（爪哇）20.0%，水杨酸异丁酯 50.0%，香橙油 5.0%，甲基紫罗兰酮 10.0%，苯乙醛 3.0%，香兰素 1.0%。

⑨ 晚香玉花香水

晚香玉花香精	10.00	葵子麝香油	0.10
栀子花香精	4.00	龙涎香酊剂 3%	4.00
茉莉净油	0.60	麝香酊剂 3%	1.00
橙花净油	0.30	乙醇	80.0

其中晚香玉花香精配方为：乙酸苄酯 10.0%，苯甲酸甲酯 4.0%，芳樟醇 7.0%，水杨酸甲酯 4.0%，庚炔羧酸甲酯 1.0%，邻氨基苯甲酸甲酯 20.0%，依兰油 4.0%，晚香玉净油 2.0%，芹菜籽油 0.9%，羟基香茅醛 30.0%，壬内酯 6.0%，吐鲁香脂 2.0%，香兰素 0.1%。

⑩ 水仙花香水

水仙花香精	14.0	灵猫香净油	0.10
水仙花净油	0.40	龙涎香酊剂3%	3.00
茉莉净油	0.30	麝香酊剂3%	2.00
玫瑰净油	0.20	乙醇	80.00

其中水仙花香精配方为：乙酸苯酯20.0%，芳樟醇20.0%，苯乙醇5.0%，橙花醇15.0%，苯乙酸对甲苯酯7.0%，吲哚0.1%，桂醇10.0%，依兰油7.0%，羟基香茅醛10.0%，戊基桂醛1.0%，异丁子香酚4.0%，苯乙醛0.9%。

⑪ 香豌豆花香水

香豌豆花香精	14.00	灵猫香净油	0.10
玫瑰油	0.40	龙涎香酊剂3%	2.00
茉莉净油	0.50	麝香酊剂3%	3.00
橙花净油	0.30	乙醇	80.00

其中香豌豆花香精配方为：乙酸苯酯7.0%，芳樟醇20.0%，苯乙酸异丁酯4.0%，庚炔酸甲酯1.0%，橙叶油（法国）10.0%，邻氨基苯甲酸甲酯8.0%，金雀花净油2.0%，依兰油10.0%，苦橙花油5.0%。甲基苯基（甲）酮5.0%，羟基香茅醛15.0%，十一（碳）烷酸内酯（10%）0.1%，戊基桂醛2.0%，柠檬醛（10%）0.5%，甲基壬基乙醛（10%）0.4%，苯乙醛10.0%。

⑫ 含羞花香水

含羞花香精	14.00	二甲苯麝香	0.10
含羞花净油	0.50	龙涎香酊剂3%	2.00
桂皮净油	0.30	麝香酊剂3%	3.00
茉莉花净油	0.10	乙醇	80.00

其中含羞花香精配方为：甲基代苯乙酮0.4%，松油醇45.0%，苯乙醇0.5%，香柠檬油2.0%，庚炔酸甲酯0.1%，含羞花净油2.0%，胡椒醛3.0%，茴香醛18.0%，邻氨基苯甲酸甲酯0.5%，茉莉香精3.0%，桂醇10.0%，桂皮净油1.0%，羟基香茅醛10.0%。

⑬ 康乃馨香水

康乃馨香精	7.00	安息香树脂	1.00
石竹花香精	4.00	龙涎香酊剂3%	5.00
玫瑰净油	2.00	乙醇	80.00
茉莉净油	1.00		

其中康乃馨香精配方为：乙酸苯酯3.0%，苯乙醇10.0%、水杨酸异丁酯10.0%，玫瑰醇10.0%，胡萝卜籽油1.0%，丁子香酚35.0%，苯基异丁子香酚3.0%，依兰油8.0%，异丁子香酚10.0%，秘鲁香脂10.0%。

而石竹花香精配方为：松油醇4.0%，水杨酸戊酯10.0%，胡椒醛3.0%，丁子香酚50.0%，丁香油10.0%，异丁子香酚10.0%，胡椒油1.0%，秘鲁香酯10.0%，香兰素2.00%。

⑭ 栀子花香水

花香精(1)	5.00	栀子花香精(2)	1.00
灵猫香净油	1.00	乙醇	80.00
麝香酊剂3%	4.00		

其中栀子花香精(1)配方为：橙花醇3.0%，芳樟醇2.0%，香柠檬油4.0%，乙酸苯甲基甲酯2.0%，依兰油5.0%，橙花香精20.0%，茉莉香精2.0%，晚香玉花香精40.0%，康乃馨香精3.0%，甲基壬基乙醛（10%）1.0%。而栀子花香精（2）配方为：乙酸苯酯15.0%，芳樟醇10.0%，水杨酸甲酯0.5%，松油醇6.0%，苯乙醇10.0%，香柠檬油8.0%、乙酸苯甲基甲酯3.0%，邻氨基苯甲酸甲酯1.0%，依兰油7.0%，茉莉花净油3.0%，晚香玉净油(来自花香膏）5.0%，苦橙花油2.0%，甲基苯基甲酮3.0%，羟基香茅醛20.0%，甲基苯基缩水甘油乙酸酯0.5%，戊基桂醛3.0%，癸醛（10%）1.0%，壬内酯1.5%，苯乙醛0.5%。

⑮ 风信子香水

风信子香精(1)	3.50	长寿花净油	0.50
风信子香精(2)	10.00	龙涎酊剂3%	3.00
依兰油	1.00	麝香酊剂3%	2.00
乙醇	80.00		

其中风信子香精（1）配方为：乙酸苄酯17.5%，芳樟醇10.0%，苯乙醇4.0%，胡椒醛18.0%，紫罗兰酮1.0%，桂醇39.0%，异丁子香酚0.5%，苯乙醛10.0%。

而风信子香精（2）配方为：乙酸苄酯15.0%，芳樟醇20.0%，苯乙醇10.0%，古蓬香脂油1.0%，水仙净油2.0%，胡椒醛5.0%，苏合香精油4.0%，丁子香酚3.0%，紫罗兰酮2.0%，玫瑰油1.0%，茉莉净油3.0%，桂醇10.0%，羟基香茅醛20.0%，苯乙醛2.0%。

⑯ 紫丁香香水

欧紫丁香香精	7.00	橙花净油	0.50
铃兰香精	2.0	茉莉净油	1.00
葵子麝香油(10%)	1.00	龙涎香酊剂3%	4.00
兔耳草醛	0.10	麝香酊剂3%	1.00
甲基壬基乙醛3%	4.00	乙醇	80.00
玫瑰净油	0.20		

其中欧紫丁香香精配方为：乙酸苯酯3.5%，松油醇10.0%，苯乙醇24.0%，胡椒醛18.0%，茴香醛1.0%，桂醛13.0%，羟基香茅醛29.0%，异丁子香酚0.5%，苯乙醛(10%）1.0%。

⑰ 铃兰香水

铃兰香精	12.00	灵猫香净油	0.10
欧紫丁香香精	2.00	麝香酮	0.10
茉莉净油	0.40	龙涎香酊剂3%	4.00
玫瑰净油	2.00	麝香酊剂3%	1.00
乙醇	80.0	檀香油	0.20

其中铃兰香精配方为：乙酸苯酯2.5%，芳樟醇3.0%，二甲基苯基甲醇5.0%，香柠檬油2.0%，甲酸香茅酯2.0%，玫瑰醇15.0%，胡椒醛4.0%，依兰油1.0%，桂醇15.0%，羟基香茅醛50.0%，兔耳草醛0.5%。

⑱ 兔耳草花香水

兔耳草花香精	14.00	龙涎香酊剂3%	2.00
玫瑰油	0.30	麝香酊剂3%	3.00
茉莉净油	0.50	乙醇	80.00
桂皮净油	0.20		

其中兔耳草花香精的配方：松油醇 6.0%，香柠檬油 5.0%，辛炔酸甲酯 0.1%，橙花醇 10.0%，甲基紫罗兰酮 15.0%，胡椒醛 10.0%，茉莉净油 3.0%，玫瑰净油 2.0%，月桂醛 0.1%，肉桂醇 10.0%，羟基香茅醛 35.0%，兔耳草醛 0.5%，麝香酮 3.0%，橡苔树脂 0.2%，苯乙醛 0.1%。

⑲ 天芥菜花香水

天芥菜花香精	14.00	甲基壬基乙醛 10%	0.10
鸢尾浸膏	0.10	龙涎香酊剂 3%	2.00
茉莉净油	0.50	麝香酊剂 3%	3.00
玫瑰净油	0.30	乙醇	80.00

其中天芥菜花香精配方为：牻牛儿醇(爪哇) 2.0%，甜橙油 2.0%，胡椒醛 25.0%，茴香醛 2.0%，玫瑰油 1.0%，二甲苯麝香 1.0%，秘鲁树脂 2.0%，香兰素 15.0%，邻苯二甲酸二乙酯 50.0%。

(2) 幻想情绪型香水及香精配方举例（除注明的外，其余配方的比例都是质量分数）

① 东方香型香水

檀香脑	1.2	龙蒿油	0.5
香兰素	1.8	当归油	0.1
麝香酮	0.6	香紫苏油	0.6
合成麝香	0.4	岩兰草油	1.2
龙涎香醇	0.5	沉香醇	0.6
广藿香油	0.4	冬青油	0.04
异丁子香酚	0.7	薰衣草油	0.06
甲基紫罗兰酮	1.0	香豆素	0.3
橡苔	1.2	胡椒醛	0.7
香柠檬油	4.5	依兰油	1.4
茉莉油	0.4	安息香	1.0
玫瑰油	0.3	乙醇	80.0
乙酸肉桂酯	0.5		

② 醛型香水

合成麝香	0.40	岩兰草油	1.20
龙涎香醇	0.50	香柠檬油	5.30
薰衣草油	1.40	苦橙油	4.25
苦橙花油	1.15	醛性檵树油	3.00
长寿花净油	0.50	龙涎香精	3.25
羟基香茅醛	2.70	甲基紫罗兰酮	4.25
檀木香油	0.60	桂醛	3.40
安息香	0.60	茉莉油(法国普罗旺斯产)	3.00
没药树脂	3.00	榄香脂	2.00
橙叶油(法国)	2.20	玫瑰油	2.20
茉莉净油	2.20	灵猫香酊剂	30.60
槐树油	2.80	麝香酊剂	12.45
秘鲁树脂酊剂	5.15	海狸香酊剂	4.00

③ 芳草香水

茉莉油	12.65	苯乙醛二甲缩醛	0.26
茉莉净油	5.60	须芒草油	0.94
紫丁香油	22.90	香豆素	3.70
岩兰草油(爪哇)	2.45	麝香酮	1.20
橙花油	4.95	橡苔净油(超级精油)	3.75
玫瑰油	4.95	苯乙醛	2.45
水仙混合净油	4.95	水仙花油	25.65
肉桂酸甲酯	2.40	古巴香脂	1.20

④ 木香型基剂

灵猫香酊剂	30.60	槐树油	2.80
麝香酊剂	12.45	乙酸芳樟酯	27.00
檀木香油	3.90	香柠檬油	12.35
β-甲基紫罗兰酮	2.70	玫瑰草净油	12.20
苦橙花油	1.95	茉莉净油	6.90
苦橙油	1.95	玫瑰木油(巴西)	6.00
岩蔷薇净油	1.20	紫丁香油	5.70
广藿香油	1.05	铃兰花油	5.25
岩兰油	1.05	香兰素	4.95
超级精橙油	0.90		

⑤ 蔷薇样香精

香茅醇	20.00	老鹤草油	15.00
苯乙醇	20.00	鸢尾树脂	5.00
玫瑰草油中单离的牻牛儿醇	20.00	二甲苯麝香	3.00
檀香油	5.00	马鞭草油	2.00
丁子香油	1.00	岩兰草油	1.00
三氯苯基甲基甲醇乙酸酯	3.00	紫罗兰酮	5.00

⑥ 椰子、橄榄样香精

溴代苏合香烯	5.00	广藿香油	5.00
玫瑰木油	25.00	柏木油	15.00
桂皮油	3.00	橙叶油	10.00
丁子香油	7.00	老鹤草油	15.00
薰衣草油	10.00	二甲苯麝香	5.00

⑦ 白檀样香精

玫瑰木油	10.00	香豆素	7.00
牻牛儿醇(爪哇)	10.00	二甲苯麝香	3.00
丁子香油	3.00	广麝香油	2.00
老鹤草油	5.00	秘鲁树脂	10.00
鸢尾树脂	5.00	檀香油	40.0
岩兰草油	5.00		

⑧ 茉莉样香精

乙酸苄酯	20.0	丁子香油	5.0
玫瑰木油	10.0	灵猫香净油	0.3
橙叶油	8.0	鸢尾树脂	5.0

续表

苯乙醇	10.0	十一内酯	0.2
香柠檬油	10.0	戊基桂醛	4.0
水杨酸戊酯	7.0	古巴香脂	5.0
甜橙油	2.5	二甲苯藤香	3.0
依兰油	10.0		

⑨ 科隆样香精

橙叶油	20.0	邻氨基苯甲酸甲酯	4.0
薰衣草油	5.0	迷迭香油	6.0
香柠檬油	20.0	老鹳草油	10.0
柠檬油	15.0	柠檬醛	10.0
柠檬草油	5.0	甲基苯基(甲)酮	5.0

⑩ 羊齿类植物样香精

水杨酸甲酯	2.0	穗薰衣草油	15.0
黄樟油	3.0	依兰油	6.0
乙酸松油酯	35.0	茴香醛	5.0
二甲基氢醌	5.0	橡苔树脂	4.0
香豆素	5.0	苏合香树脂	10.0
二甲苯麝香	5.0	岩兰草油	5.0

⑪ 针叶树型香精（组成为质量比）

醋酸异龙脑酯	350	柠檬油	30
α-亚甲基-β-甲基己二酸二甲酯	150	甲基紫罗兰酮	20
麝香酮	20	乙酸芳樟酯	100
枯茗油	20	橙叶油	60
绿叶油	10	松叶油	50
β-紫罗兰酮	5	乙酸松油酯	50
β-紫罗兰酮环醚	5	香豆素	30

⑫ 薰衣草样香精（组成为质量比）

香柠檬油	70	安息香树脂	70
牻牛儿醇(爪哇)	50	香豆素	50
白百里香油	20	二甲苯麝香	30
穗薰衣草油	100	橡苔树脂	30
迷迭香油	100	广藿香油	10
丁子香油	10	檀香油	30
鸢尾树脂	130	薰衣草油	30

⑬ Amour 香精

茉莉油	15.0	玫瑰油	10.0
紫罗兰油	3.0	香柠檬油	7.0
无菇甜橙油	7.0	薰衣草油	5.0
广藿香油	2.0	龙涎香	2.0
二甲苯麝香	5.0	香豆素	2.0
其他		42.0	

⑭ Chypre 香精

无萜甜橙油	20.0	玫瑰油	20.0
邻氨基苯甲酸甲酯	5.0	香兰素	7.0
洋茉莉醛	5.0	苯乙醇	10.0
玫瑰鸢尾油	2.0	其他	31.0

⑮ Orlgan 香精

茉莉油	5.0	玫瑰油	8.0
香艾油	1.0	罗勒油	1.0
洋茉莉醛	8.0	香柠檬油	25.0
甜橙油	3.0	麝香酮	1.5
二甲苯麝香	1.5	鸢尾酊 20%	5.0
鸢尾油	1.0	依兰油	1.3
甲基紫罗兰酮	2.0	苯乙醇	1.8
丁香酚	10.0	乙酸辛酯	1.7
海狸香酊	1.0	柳酸苄酯	4.7
异子丁香酚	9.5	其他	6.0

第7章 香料与香精

各种日用化学品虽有不同的使用目的、范围和对象，但一般具有一定优雅舒适的香气。日用化学品的香气是通过在配制时加入一定量的香精所赋予的，而香精则是由各种香料经调配混合而成的。有一些日用化学品的优劣，是否受消费者喜欢，往往与该产品所加入的香精质量有很大的关系，而香精的质量又取决于香料的质量与调香技术，同时还应考虑香精与加香介质之间的配伍性、相容性等。

7.1 概述

7.1.1 基本概念

（1）香料

香料又称为香原料，是能被嗅感嗅出气味或味感品出香味的有机物，是调制香精的原料，一般是单体或混合物。

到目前为止，人们已经发现的香料大约有40万种。“香”包括香气和香味，香气是由嗅觉产生的；香味则是由味觉、嗅觉共同产生的，具有快感的气味称为香味。香料不仅包括香味物质，有时为了调香的需要往往也采用臭味的物质，因此某些臭味的物质也属于香料的范畴。

（2）香精

天然香料和合成香料，由于它们的香气比较单调，多数都不能直接使用。一般要将各种香料调配成香精后才能使用。

香精是由人工调配出来的或由发酵、酶解、热反应等方法制造的含有多种香成分的混合物。香精具有一定香型，例如玫瑰香精、茉莉香精、薄荷香精、檀香香精、菠萝香精、咖啡香精等。

（3）天然香料

天然香料包括动物性天然香料、植物性天然香料、单离香料以及用生物工程技术制备的香料。它们来源于自然界中的动物、植物及微生物。

动物性天然香料常用的目前只有麝香、灵猫香、海狸香、龙涎香和麝鼠香五种；植物性天然香料是以植物的花、叶、枝、皮、根、茎、草、果、籽、树脂等为原料，经水蒸气蒸馏法、压榨法、浸提法或吸收法制取的产品；单离香料是用物理或化学方法，从天然香料中分离出来的单体香料化合物；用生物工程技术制备的香料是指以动物及植物为原料采用发酵等方法制备的香料。

（4）合成香料

合成香料是采用化学合成的方法制取的香料化合物。目前世界上的合成香料已有5000多种，常用的产品有1000多种。

天然级香料是用来源于天然动植物的原料合成的，分子中所有碳、氢原子都来源于天然动植物，其不稳定同位素比例与天然动植物相同的单体香料；天然等同香料是用化学方法合成的、与天然食品香味成分结构相同的单体香料；非天然等同香料是用化学方法合成的在天然食品香味成分中不存在的单体香料。

（5）辛香料

辛香料是指专门作调味用的香料植物及其香料制品。例如花椒、花椒油、花椒油树脂，胡椒、胡椒油、胡椒油树脂等。

（6）香型

香型是用来描述某种香精或加香制品的整体香气类型或格调的，如花香型、果香型、木香型、东方香型、古龙型等。

（7）头香

头香是对香精或加香制品嗅辨中最初片刻时的香气印象，也就是人们首先能嗅感到的香气特征。在香精中起头香作用的香料称为头香剂。

（8）体香

体香是香精的主体香气。体香是在头香之后，立即被嗅觉感到的香气，而且能在相当长的时间内保持稳定和一致。体香是香精最主要的香气特征。在香精中起体香作用的香料称为主香剂。

（9）基香

基香是香精的头香与体香挥发后，留下的最后香气，也称尾香或底香。在香精中起基香作用的香料称为定香剂。

7.1.2 香的原理

香料是一种挥发性的芳香物质，它具有令人愉快舒适的香气。芳香物质的分子量一般在27～300之间，可溶于水、乙醇或其他有机溶剂。其分子中必须含有羟基(—OH)、羰基(—CO—)、羧基(—COO—)、亚氨基(—NH—)、氨基($—NH_2$)、巯基(—SH)、氰基(—CN)等原子团，称为发香团或发香基。这些发香团使嗅觉产生不同的刺激，赋予人们不同的香感觉。

香化学理论比较复杂。近年来，虽有许多学者对香化学理论进行了研究，提出了各种理论，但都存在一定的局限性，都从不同的角度阐明了香与化学结构的关系。卤原子及其化合物分子中的不饱和键(烯键、炔键、共轭键等）对香也有强烈的影响。由于发香团在分子中位置的变化、基团和基团之间的距离之差，以及由于环状化和异构化、分子的立体结构等，也使香味产生明显的差别。如能找出某些化合物的香气与分子结构之间的关系，就有可能通过分子结构的设计，制成欲得的新香气香韵的化合物；在香料合成中，可帮助人们鉴别各步反应是否完全，最终产品是否合格等。

经研究发现，烃类化合物中，脂肪族化合物一般具有石油气息，其中 C_8 和 C_9 的香强度最大。随着分子量的增加香气变弱。C_{16} 以上的脂肪族烃类属于无香气物质。链状烃比环状烃的香气要强，随着不饱和性的增加，其香气相应变强。如乙烷是无气味的，乙烯具有醚的气味，而乙炔则具有清香香气。

醇类化合物中，羟基属于强发香基团，但当分子间以及分子内形成氢键时，香气减弱。C_8 醇香气最强，碳原子数再增加时，出现花香香气。C_{16} 醇几乎无气味。而羟基数量增加时，香气变弱。如果引入双键或三键，则香气增强。

醛类化合物中，脂肪族低级醛具有强烈的刺鼻气味，C_{10} 醛香气最强，C_{16} 则无气味。在芳香醛类及萜烯醛类中，大多具有香草、花香等香气。

酮类化合物中，C_{11} 脂肪族酮香气最强，并且有蕺菜的香气。

脂肪族羧酸化合物中，C_4 和 C_5 羧酸具有酸败的黄油香气、C_8 和 C_{10} 羧酸有不快的汗臭气味。酯类化合物的香气介于醇和酸之间，但均比原来的醇、酸的香气要好。一般由脂肪醇和脂肪酸所生成的酯，具有花、果、草香。C_8 的羧酸乙酯香气最强，C_{17} 的羧酸酯无气味。

7.1.3　香料分类

香料按其来源可分为天然香料和合成香料两大类。天然香料又分为植物香料和动物香料。广义的合成香料称为单体香料，又分为单离香料和合成香料。单离香料由天然香料分离得到。狭义的合成香料是指用一些廉价原料，通过各种化学反应合成的香料。用天然香料和合成香料按一定的配方比例调和成预定香气的产品，称为调和香料或香精。

香料是调配香精的原料，个别的也可直接用于加香产品。香料的分类如下：

- 香料
  - 天然香料
    - 动物性香料
    - 植物性香料
  - 单体香料
    - 单离香料
    - 合成香料
- → 调和香料（香精）
  - 日用香精
  - 食用香精
  - 工业用香精

天然香料是指从天然含香动植物的某些生理器官、组织或分泌物中经加工处理而提取出来的含有发香成分的复杂天然混合物。从动物（如麝鹿、灵猫、海狸、抹香鲸等）的某些生理器官或分泌物中提取出来的香料称为动物性天然香料。自然界中的动物香料只有少数的几种，但在香料中却占有重要的地位，是天然香料中最好的定香剂，许多名贵的香精配方中都含有动物香料。从香料植物（如植物的花、果、叶、枝、根、皮、树胶、树脂等）的组织或分泌物中提取出来的香料称为植物性天然香料。此类香料植物有 3000 多种，其中工业化的有 300 余种，植物香料在我国香料工业中占有重要的地位，我国有丰富的天然植物资源，发展植物香料可以充分利用我国的资源优势。

单体香料即具有某种化学结构的单一香料化合物，包括单离香料和合成香料两类。单离香料是指采用物理或化学的方法从天然香料中分离出来的单体香料化合物；合成香料是指采用各种化工原料（包括从天然香料中分离出来的单离香料），通过化学合成的方法，而制备的化学结构明确的单体香料。合成香料按化学结构与天然成分相比可归纳为两大类：一类是与天然含香成分构造相同的香料；另一类是通过化学合成而制得的自然界中并不存在的化合物，但其香味与天然物质相类似的香料，或者是化学合成而制得的构造、香味均与自然界中的天然香料不同，但却具有令人愉快舒适香气的香料。

调和香料在商业中称为香精，是将数种乃至数十种天然香料和单体香料按照一定的配比调和而成的具有某种香气或香型和一定用途的香料混合物。香料很少单独使用，一般是调配成香精以后，再用到各种加香产品中。

7.1.4 香精配方的组成

由于一种香料很难满足人们对加香产品香气或香味的需要，所以调香师往往根据加香产品的性质和用途，将多种不同的香料按一定的配方配制成香精后再加到各种加香产品中去。配制香精用的各种香料，按照它们在香精中的用途不同，可分为以下几种。

（1）主香剂

主香剂是香精的主体，亦称为香精主剂或打底原料。主香剂是形成香精主体香韵的基础，是构成香精香型的基本原料。

调香师要调配某种香精，首先要确定其香型，然后找出能体现该香型的主香剂。在香精中有的只用一种香料作主香剂，如调和橙花香精往往只用橙叶油作主香剂；但多数情况下，是用多种香料作主香剂。如调和玫瑰香精，常用苯乙醇、香茅醇、香叶醇、玫瑰醇、玫瑰醚、甲酸香叶酯、玫瑰油、香叶油等作主香剂。

（2）辅助剂

辅助剂亦称配香原料或辅助原料。主要作用是弥补主香剂的不足。添加辅助剂后，可使香精香气更趋完美，以满足不同类型的消费者对香精香气的需求。辅助剂可以分为协调剂和变调剂两种。

① 协调剂　又称为和合剂或调和剂。协调剂的香气与主香剂属于同一类型，其作用是协调各种成分的香气，使主香剂香气更加明显突出。例如，在调配玫瑰香精时，常用芳樟醇、羟基香茅醛、柠檬醛、丁香酚玫瑰木油等作协调剂。

② 变调剂　又称为矫香剂或修饰剂。用作变调剂香料的香型与主香剂不属同一类型，它是一种使用少量即可奏效的暗香成分，其作用是使香精变化格调，使其别具风格。例如，在调配玫瑰香精时，常用苯乙醛、苯乙二甲缩醛、乙酸苄酯、丙酸苯乙酯、檀香油、柠檬油等作变调剂。

（3）头香剂

头香剂又称为顶香剂。用作头香剂的香料挥发性强，香气扩散力强。其作用是使香精的香气更加明快、透发，增加人们的最初喜爱感。例如，在调配玫瑰香精时，常用壬醛、癸醛等高级脂肪醛作头香剂。

（4）定香剂

定香剂又称为保香剂。它的作用是使香精中各种香料成分挥发均匀，防止其快速蒸发，使香料香气稳定持久，留香时间长，保持某一香型的气息自始至终不变。适于作定香剂的香料非常多，一般来说，动物性香料、树脂、结晶合成香料等的抑制效果较佳，是常用的定香剂。定香剂大体上可以分类如下。

① 动物性天然香料定香剂　麝香、灵猫香、海狸香、龙涎香、麝鼠香等动物性天然香料，都是最好的定香剂。它们不但能使香精香气留香持久，还能使香精的香气变得更加柔和圆熟，特别是将它们用于高级香水中，可使香水香气具有某种“生气”，更加温暖感而富有情感，深受人们的喜爱。

② 植物性天然香料定香剂　凡是沸点比较高、挥发性较低的天然香料都可以作定香剂。常用的精油、浸膏类定香剂有岩兰草油、广藿香油、檀香油、鸢尾油、岩蔷薇浸膏、橡苔浸膏。常用的树脂、天然香膏类定香剂有安息香树脂、乳香树脂、吐鲁香膏、秘鲁香膏等。

③ 合成香料定香剂　此类定香剂品种很多，包括合成麝香，某些结晶高沸点香料化合物和多元酸、酯类等。

a. 合成麝香类定香剂　二甲苯麝香、麝香酮、葵子麝香、环十五酮、十五内酯、佳乐麝香、吐纳麝香、萨利麝香、万山麝香等合成麝香，均是优良的定香剂，它们不但能使香精香气留香持久，而且使护肤品、香水等加香产品香气更加圆熟生动。

b. 晶体类合成香料定香剂　香豆素、香兰素、乙基香兰素、洋茉莉醛、二苯甲酮、吲哚及其衍生物等，它们除起定香剂作用外，还可作主香剂或辅助剂。

c. 高沸点液体合成香料定香剂　乙酸玫瑰酯、乙酸岩兰草酯、苯甲酸桂酯、苯甲酸苯乙酯、苯乙酸檀香酯、苯乙酸玫瑰酯、水杨酸芳樟酯、椰子醛、羟基香茅醛、兔耳草醛、戊基桂醛、甲基萘基甲酮、苯乙酸、异丁香酚等，它们除作为定香剂外，在香气上也有所贡献。

d. 某些多元酸酯类定香剂　邻苯二甲酸二甲酯、邻苯二甲酸二乙酯、邻苯二甲酸二丁酯、丙二酸二乙酯、丁二酸二乙酯等，它们香势很弱，对香精香气几乎没有贡献，但可以起定香剂、香精溶剂或稀释剂的作用。

7.1.5　香料的评价和安全性

评价一种香料的优劣，目前主要是通过人的嗅觉和味觉等感官来进行香的检验。对香料的评价按对象不同可分为对香料、香精和加香制品的评价。香料的评价需能辨别出其香韵、香型、香气强度、扩散程度、留香能力以及真伪、优劣、有无掺杂等。香精和加香制品则要能够嗅辨和比较其香韵，头香、体香和基香之间的协调程度，留香能力，与标样的相像程度，香气的稳定性等，并通过适当的调整达到要求。作为食用和日用品的香料的质量和安全非常重要，一般要进行安全性检验，确保其对人们健康的绝对安全。

7.1.5.1　香料的评价

（1）单体香料的评价

单体香料的评价包括三个方面：香气质量、香气强度和留香时间。

① 香气质量评价　采用香料纯品或稀乙醇溶液的单体香料，直接闻试或者通过评香纸进行闻试之后判断质量如何；或者采用将单体香料稀释到一定浓度（溶剂主要是水），放入口中，香气从口中通过鼻腔进行香气质量评价。多数由于香气质量随浓度不同而变化，有时要从浓度与香之间的关系评价香气质量。

② 香气强度评价　香气强度常用阈值或最少可嗅值表示。通过嗅觉能感觉到的有香物质的界限浓度，称为有香物质的嗅阈值。能辨别出其香的种类的界限浓度称为阈值。阈值不

仅与有香物质的浓度有关，而且与该物质在嗅觉上的刺激能力和嗅觉的灵敏度有关。阈值虽然可以用一个数值表示，但由于嗅辨者的主观因素的影响，也很难达到非常客观的定量表示；另外单体香料中微量杂质的存在，对其阈值的影响也是不容忽视的。对于同一种香料，有时会出现两个或更多的阈值。

阈值的测定，可以采用空气稀释法、水稀释法测定。阈值愈小，表示香气强度愈强；阈值愈大，表示香气强度愈弱。

③ 留香时间评价　单体香料中，有些品种的香气很快消失，但也有些香料的香气能保持较长时间，香料的留香时间就是对该特征的评价。一般是将香料沾到评香纸上，再测定香料在评香纸上的香气保留时间，也即从沾到评香纸上到闻不到香气的时间。保留时间越长，留香性能越好。

（2）天然香料的评价

天然香料的评价方法和单体香料一样，也是从香质量、香气强度和留香时间三方面进行评价的。但是天然香料一般是多成分的混合物，所以香的评价又不同于单体香料。在同一评香纸上要检验出不同阶段香的变化，即头香、体香和基香三者之间的合理平衡，是天然香料香评价的重点。

（3）香精的评价

香精就其香质量和香气强度来看，评价方法和单体香料、天然香料大致相同。由于香精一般也是多成分的混合物，所以在同一评香纸上要检验出头香、体香和基香三者之间的香气平衡，对香精香评价非常重要。如果头香不冲，香气的扩散性就较差；如果体香不和，香气就不够文雅；如果基香不浓，则留香不佳，留香时间不长。另外还要考虑基香与标样的相像程度，有无独创性、新颖性等。

（4）加香制品香的评价

当香精加入加香制品中后，同一种香料或香精在不同的加香介质中，其香气、味道等会有所差别，如果强度不足或香气平衡被破坏等，并随着放置时间的延长，会导致香气劣化。所以当制品中加入香料并对香气和香味进行仔细观察评价之后，还必须考虑到加香制品的性质、冷热考验等，观察其香气、香韵、介质的稳定性、色泽的稳定性等，以便作出最终评价。

7.1.5.2　香料的安全性

香料根据其用途可以分为食用香料和日用香料两大类，但大多数香料既是食用香料又是日用香料，只有少数香料只有一种用途。除个别场合外，香料不能直接用于消费品，只有配成香精后才能用于食品、化妆品等。香精是由多种香料和附加物（如溶剂、载体、抗氧化剂、乳化剂等）构成的混合物。根据其用途一般也分为食用香精和日用香精。

由于食用香精和日用香精都是混合物，应用场合不同，流行趋势不同，香精的配方千变万化。香精的安全性取决于所用原料的安全性。只有构成香精的各种原料符合法规要求，它的安全性才是有保证的。一般不要求也不可能对每种香精的安全性一一进行评价。香精是科学和艺术结合的产物，每种香精的创新要花费大量的人力物力，故香精配方属知识范畴，具有保密性。各国的法规都不要求在产品标签上标示香精的各种组分。

日用香料和食用香料确有一定安全性问题。日用香精和食用香精的安全性完全取决于原料，只要把好原料的安全关，香精的安全就有保证，因为这是一种物理混合过程。不必也不可能对无法计数的香精进行安全试验或评价。

加强我国的标准化工作，多制定一些食用香料和日用香料的标准，让企业有所依据，也为检测工作创造条件。

香料香精行业是个小行业，但已是一个全球化的行业。增强与国际组织的沟通，及时了解国外立法和管理信息是搞好我国香料香精工业立法和管理的必要条件。尽管目前存在各种各样困难，但要努力创造条件，保障香料的安全性，以保护人们的生命安全。

7.2　香料与香精的生产

香料工业是由合成香料、天然香料和香精生产三部分组成的。香料与人们的生活水平息息相关，其重要性体现在它是社会物质文化生活富裕的标志，伴随着社会富裕程度的不断提高，对香精的需求也不断增加，对香精质量的要求也日益提高。现代文明人高质量的生活离不开香精，没有香精，化妆品就失去了魅力，巧克力就失去了吸引力，香烟就失去了诱惑力，香水就失去了魔力。香精是各种加香产品活的灵魂，“生活中不能没有香精，就像不能没有太阳”一样。

7.2.1　天然香料的生产

大自然的香味总是短暂的，为了获得持久的芳香，人们最早是从植物和动物中提取香料。从薄荷、丁香、玫瑰中提取薄荷油、丁香油和玫瑰油；从雄麝鹿的腺囊里取得麝香酮；从抹香鲸身上取得龙涎香等。14 世纪，药剂师便开始用蒸馏芳香植物得到的芳香油来治病，最初主要有迷迭香、香紫苏、苦杏仁、芸香和肉桂等。古代妇人所用的化妆品，都是加有芳香物的碎粉，涂抹起来很不方便，有了芳香油就好多了。后来，芳香油又被用作香皂和食品的香料添加剂，用途不断扩大，单靠野生资源已不能满足需要，于是人们栽培了大量芳香作物，建立了许多芳香油的加工作坊。在法国南部的库拉斯镇充满了浓郁的花香，人们用最古老的方法制造香料，如在玻璃板上涂上牛油，再在上面铺上花瓣，花香传到了牛油中(花香的成分被牛油萃取)，这就是最早的发蜡。再用酒精冲洗这种发蜡，香味又传到酒精中，这就是古代欧洲的香水。

芳香油具有挥发性，还具有能随水蒸气蒸发的特性，可利用蒸馏法提取芳香油。法国香水业作为一种工业生产，最初就是通过蒸馏香花获得芳香油的。后来人们又用压榨法、萃取法提取芳香油。蒸馏法要用金属制的蒸馏锅和冷凝器等设备，把芳香植物的花、茎、叶、枝、树皮、果实等放进锅内，再加入适量水，加热蒸馏几小时，蒸气经过冷凝器冷却为油状液体。玫瑰油、薄荷油、肉桂油、薰衣草油、檀香油等主要由蒸馏法获得。压榨法是利用机械压力榨出芳香油。橘子油、柠檬油、甜橙油等都是用压榨法制得的。萃取法是用低沸点的有机溶剂如乙醚、苯、石油醚等，把新鲜的香花浸泡在溶剂里，几小时后，取出花渣，蒸去溶剂，留下含蜡的膏状物。茉莉浸膏、桂花浸膏、白兰花浸膏、玳瑁花浸膏等都是用萃取法制成的。

目前世界上已知的植物性天然香料约有 3000 多种，以植物性香料为主，商业性生产的香料有 300 多种，年产量在 2 万吨以上。植物性天然香料不仅能使调香制品保留着来自天然原料的优美浓郁的香气和口味，而且长期使用安全可靠，所以在调香中，主要用作增加天然感的香料。

7.2.1.1 动物性天然香料

(1)麝香

麝香是雄麝鹿的生殖腺分泌物。传统的方法是杀麝取香，现代科学的方法是活麝刮香。主要产于印度及我国的云南、西藏、青海、新疆、东北三省等。目前世界上麝香的年产量约为400kg。

麝香经干燥后呈红棕色至暗棕色的粒状物质，几乎无香气放出，用水润湿后有令人愉快的香气。当它与硫酸奎宁、樟脑、硫黄、高锰酸钾、小茴香等相混时，香气消失；但用氨水润湿时，香气则恢复；如用碳酸钠盐类处理可增强香气。一般制成酊剂使用。麝香的主要香成分是麝香酮，其分子式为$C_{16}H_{30}O$，结构式为：

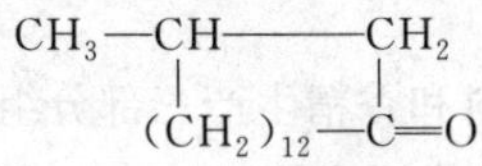

麝香本身属于高沸点难挥发物质，在调香中常用作定香剂，使各种香成分挥发均匀，提高香精的稳定性，同时也赋予了诱人的动物性香韵。由于其香气强烈，扩散力强且持久，因此为高级化妆品的重要加香香料之一。在医药中作为通窍剂、强心剂、中枢神经兴奋剂，内治中风、昏迷、抽风等症，外治跌打损伤等症。

(2)灵猫香

灵猫香是灵猫的囊状分泌腺所分泌出来的褐色半流动体。传统的方法是杀死灵猫刮取香囊，现代方法是饲养灵猫，采取活灵猫定期刮香的方法。主要产于非洲埃塞俄比亚，亚洲的印度、缅甸、马来西亚，以及我国云南、广西等地。目前世界上灵猫香的年产量约为380kg。

新鲜的灵猫香为淡黄色黏稠液体，与空气接触易被氧化成棕褐色膏状。浓时具有不愉快的恶臭，稀释后有强烈而令人愉快的香气。常制成酊剂使用。

灵猫香的主要香成分是灵猫酮，其分子式为$C_{17}H_{30}O$，结构式为：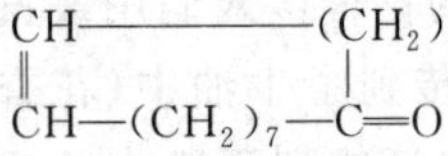。灵猫香的香气比麝香更为优雅，常用作高级香水、香精的定香剂。在医药中它具有清脑的功效。

(3)海狸香

海狸香是从海狸生殖器附近的梨状腺囊中取得的分泌物。主要产于亚洲、美洲以及欧洲北部，主要产地是加拿大和西伯利亚等地。

新鲜的海狸香为奶油状，经日晒或干燥后呈红棕色的树脂状物质。海狸香不经处理有腥臭味，稀释后则有令人愉快的香气。海狸香的香气比较浓烈而且持久，主要用于东方型香精的定香剂。由于受产量、质量等的影响，其应用不如其他几种动物性香料广泛。

海狸香的成分比较复杂，研究结果表明，随海狸的年龄、生长环境及采集时间不同，其成分也不相同。海狸香的主要香成分是生物碱和吡嗪等含氮化合物，其中几种主要香成分如图7-1所示。

(4)龙涎香

龙涎香是在抹香鲸胃、肠内形成的结石状病态产物，目前主要来自捕鲸业。龙涎香从海

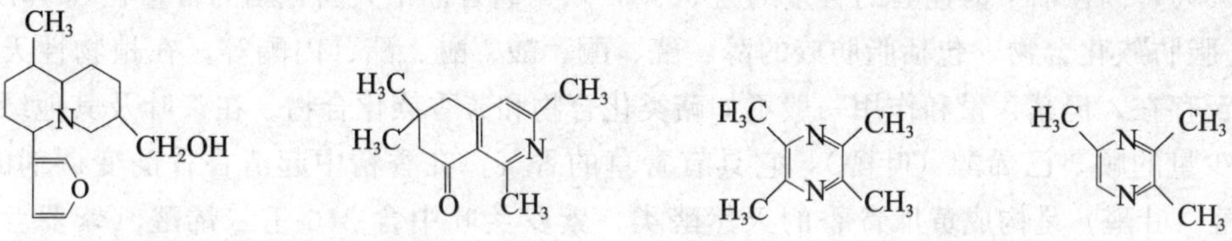

海狸胺　　喹啉化合物　　吡嗪化合物

图 7-1　海狸香中的含氮化合物

面上漂浮而来，因而常无一定产区，在抹香鲸生存的海域常有发现，多产于南非、印度、巴西、日本等，我国南部海岸也时有发现，但产量极少。

龙涎香是灰白色或棕黄或深褐色的黏稠蜡样块状物质，其香气不像其他几种动物香料那样明显，但如配在香精中，经过 1～3 年时间的成熟，则会使香气格外诱人，其留香性和持久性是任何香料都无法比拟的。龙涎香的留香能力比麝香强 20～30 倍，可达数月之久。

龙涎香的主要成分是龙涎香醇和甾醇。龙涎香具有清灵而温雅的特殊动物香韵，在动物性香料中是腥臭气最少的香料，其品质最高，香气最优美，价格最昂贵。在高档的香精中，大多含有龙涎香。

7.2.1.2　植物性天然香料

植物性天然香料是从芳香植物的花、叶、枝、干、根、茎、皮、果实中提取出来的有挥发性、成分复杂的芳香有机物的混合物。大多数呈油状或膏状，少数呈树脂状或半固态。由于植物性天然香料的主要成分是具有挥发性和芳香气味的油状物，它们是植物芳香的精华，因此也把植物性天然香料统称为精油。它们的含量不但与物种有关，同时也随着土壤成分、气候条件、生长季节、生成年龄、收割时间、贮运情况不同而异。

我国是生产天然香料历史较早的国家之一，现已能生产 150 种以上，其中小花茉莉、白兰、树兰等是我国的独特产品。

（1）植物性天然香料的化学成分

从香料植物不同含香部分分离提取的芳香成分，常代表该香料植物部分的香气。无论是用何种方法提取的精油、浸膏以及树脂等，都是由多种成分构成的混合物。玫瑰油系由 275 种芳香成分构成；草莓果提取物有 160 余种成分。精油的芳香成分为数极多，从天然香料植物分离出来的有机化合物有 3000 多种，根据它们的分子结构特点，大体上可分为如下四大类：萜类化合物、芳香族化合物、脂肪族化合物和含氮含硫化合物。

① 萜类化合物　萜类化合物广泛存在于天然植物中，它们大多是构成各种精油的主体香成分。在一些精油中，某些萜类的含量非常高，如松节油中蒎烯的含量达 80%左右，甜橙油中柠檬烯的含量大于 90%，芳樟油中芳樟醇的含量为 70%～80%，山苍子油中柠檬醛的含量为 60%～80%，薰衣草油中含乙酸芳樟酯 35%～60%等。根据碳原子骨架中碳的个数分为单萜（C_{10}）、倍半萜（C_{15}）、二萜（C_{20}）、三萜（C_{30}）、四萜（C_{40}）。根据化学结构分开链萜、单环萜、双环萜、三环萜、四环萜。按官能团分萜烃类、萜醇类、萜醛类、萜酮类等。

② 芳香族化合物　在天然植物性香料中，芳香族化合物的存在仅次于萜类。例如，玫瑰油中的苯乙醇含量约为 10%，香荚兰豆中的香兰素含量约为 2%，苦杏仁油中的苯甲醛含量为

85%～95%，肉桂油中肉桂醛的含量约为90%，八角茴香油中大茴香脑的含量在80%以上等。

③ 脂肪族化合物　包括脂肪族的醇、醛、酮、酸、醚、酯、内酯等，在植物性天然香料中也广泛存在，但其含量和作用一般不如萜类化合物和芳香族化合物。在茶叶及其他绿叶植物中含有少量的顺3-己烯醇（叶醇），它具有青草的香气，在香精中起清香香韵变调剂的作用。2-己烯醛（叶醛）是构成黄瓜青香的天然醛类，紫罗兰叶中含2,6-壬二烯醛（紫罗兰叶醛），在茉莉油中含有20%左右的乙酸苄酯，以及玫瑰油中的玫瑰醚、苦橙叶油中的香叶醚等。

④ 含氮和含硫化合物　含氮和含硫类化合物在天然植物性香料中存在的含量很少，但在肉类、葱蒜、谷物、豆类、咖啡等食品中常有发现。如大花茉莉中含有25%左右的吲哚，花生中含有2-甲基吡嗪和2,3-二甲基吡嗪，姜油中含有二甲基硫醚，大蒜油中含有二烯丙基二硫等。虽然它们含量很少，但由于气味极强，所以不可忽视。

（2）植物性天然香料的生产方法

在原料选择方面，凡具有异香的植物都可以提取芳香油。植物性天然香料的生产常用的方法有蒸馏法、压榨法、浸取法、吸收法和超临界萃取法五种。

① 蒸馏法　含于树皮、树干或茎叶中的香料，受热不变的花香，皆可用此法提取。但水溶性香料则不宜采用此法。提取时，首先开蒸汽加热，待蒸馏器内的水沸腾时再开通蒸汽。蒸汽通过多孔隔板进入金属网篮内的植物料层，带出挥发性油分，一道进入冷凝器被冷凝成液体，流入油水分离器，芳香油浮在上层再流入接收器，蒸馏过程一直进行到冷凝液中不再有油滴为止。如果有些芳香油在100℃时不易随水蒸气带出，则可把蒸馏器内的水改用饱和食盐水，以提高沸腾温度，使其带出芳香油。根据需要，由水蒸气蒸馏法所提取的芳香油还可作进一步的加工处理，如精密分馏、溶剂萃取、分步结晶等。

在植物性天然香料的生产方法中，水蒸气蒸馏法是最常用的一种。该法的特点是设备简单，操作容易，成本低，产量大。

② 压榨法　压榨法为一般的制油法，即以强大压力压榨植物的皮或果实使油流出的方法。如直接取生种实加以压榨（冷压法），所得香料质佳但少；如将果实加热（蒸或炒）后压榨（热压法），所得的油品质低而量多。小规模制作以采用螺旋压榨机为宜。该法适用于含油丰富的原料，主要用于红橘、甜橙、柠檬、柚子等柑橘类精油的生产。

③ 浸取法　水蒸气蒸馏法虽然比较简单，但不适于受热易分解或变质的香料。芳香油能溶于多数有机溶剂中，如酒精、乙醚、石油醚等。若将含香油的花浸入这类溶剂中，香油就会移入溶剂中。若溶剂为酒精，即已成香水；若为其他溶剂，可于低温度下加热使溶剂蒸发，而余存香油。此法所制香油常含有植物碱和脂肪等，如欲精制可用水蒸气蒸馏法蒸馏。

④吸收法　吸收法系采用精制后的无味的牛油、猪油或两者的混合物等，将花撒在油脂上进行吸收，所得的半固体物质称为香脂。若加温至60～70℃为热吸法；常温吸收则为冷吸法。此法所加工的原料，大多是芳香成分容易释放，香势强的茉莉花、兰花、晚香玉、水仙等名贵花朵。冷吸法加工过程温度低，芳香成分不易破坏，产品香气质量最佳；但由于手工操作多，生产周期长，生产效率低，一般不常使用。

⑤ 超临界萃取法　超临界流体萃取是一种较新的萃取工艺。它是利用超临界流体在临界温度和临界压力附近具有的特殊性能而进行萃取的一种分离方法。

超临界流体萃取分离的原理是在超临界状态下，将超临界流体与待分离的物质接触，使其选择性地萃取其中一组分，然后借助减压、升温的方法，使超临界流体变成普通气体，被萃取物质则完全或基本析出，从而达到分离提纯的目的。所以超临界流体萃取过程是由萃取和分离组合而成的一种方法。在香料的提取过程中，超临界二氧化碳是最常用的萃取剂，如啤酒花的萃取。

（3）生产实例

① 橘子油　主要原料为橘子皮。橘子油为白色透明油状物，呈橘香味，主要用于食品、医药等方面。

生产方法：先将橘子皮洗干净，捣成碎粒，放入足量水，进行蒸馏。馏出物遇冷凝锅底部即成液滴，沿锅底流出，流至双液桶，再经油水分离器，将水分离除去，即为产品。鲜橘子皮出油率为 1%～15%，干橘子皮出油率为 4%～6%。

② 山苍子油　主要生产原料为鲜山苍子。山苍子油为浅黄色黏性物质，有强烈的柠檬香气，含柠檬醛 60%～80%，是提炼月桂酸、硬脂酸、油酸、月桂烯酸、甘油等的主要原料。

生产方法：将新鲜的山苍子（如已晒干需将籽略压碎）放入蒸锅内隔水蒸馏。馏出物冷却后经油水分离，即得浅黄色的山苍子油。鲜籽出油率为 3%～5%，干籽出油率为 4%～8%，山苍子经蒸馏后，其籽尚可压榨脂肪油，剩下的残渣还可作肥料。

③ 桂皮油　主要生产原料为肉桂树枝、叶。桂皮油为黄色或黄棕色透明液体，有桂皮的特殊香气，辛而甜，含桂皮醛 75%～95%。

生产方法：肉桂树的枝叶应随采随蒸，否则其香料成分容易损失。提取前，先将肉桂树枝叶略加斩切，然后按与加工橘子油相同的方法蒸馏。鲜枝叶出油率为 0.3%～0.4%。

④ 八角茴香油　八角茴香油为无色或淡黄色透明液体，有茴香气味，茴香脑含量为 80%～90%。主要生产原料为八角茴香树的枝叶或其八角果实。采八角茴香的幼枝及叶进行蒸馏，原料也应新鲜。如用八角果实，则需轧碎后加工，加工方法与加工橘子油方法相同。鲜叶出油率为 0.3%～0.5%，干果出油率为 8%～10%。

⑤ 樟脑油　主要生产原料为樟树的枝叶、树干、树根。樟脑油为无色或黄红色油状液体，有强烈的樟脑气味。主要成分为樟脑、黄樟脑、桉树脑、樟脑烯、丁香酚和桂醛等。将枝叶或树干、树根刨成木片，用蒸汽蒸馏即可得樟脑油；树干、树根出油率均为 2%～3%。

7.2.2　合成香料

由于提取天然香料往往受自然条件的限制及加工等因素的影响，造成产量和质量不稳定，不能满足加香制品的需求。利用单离香料或有机化工原料通过有机合成的方法而制备的香料，生产不受自然条件的限制，具有化学结构明确，产量大、品种多、价廉等特点，而且有不少产品是自然界不存在而具独特香气的，因而既弥补了天然香料的不足，又增大了香物质的来源，所以取得了长足发展。

目前合成香料据文献记载有 4000～5000 种，其中具有商业价值的约有 700 种。在各种精油中，我国生产的蓝桉油（尤加利油）、薄荷油、桂皮油、天竺葵油、香茅油等在世界市场上占有重要地位，是国际市场上的主要供应品种。

合成香料的分类方法主要有两种：一种是按分子中碳原子骨架分类，如萜烯类，芳香类，脂肪族类，含氮、硫、杂环和稠环类，合成麝香类等；另一种是按官能团分类，一般分为烃类、卤代烃类、醇类、醚类、酚类、醛类、酮类、缩羰基类、酸类、酯类、内酯类、杂原子化合物、腈类、杂环类、麝香类等。

国内目前能生产的合成香料有400余种，其中经常生产的有200余种。代表性的合成香料如下：

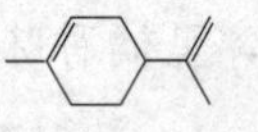

烃类（香料名为柠檬烯，具有类似柠檬或甜橙的香气）

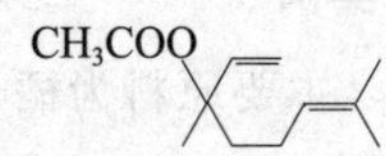

脂肪酸酯（香料名为乙酸芳樟酯，具有香柠檬、薰衣草似的香气）

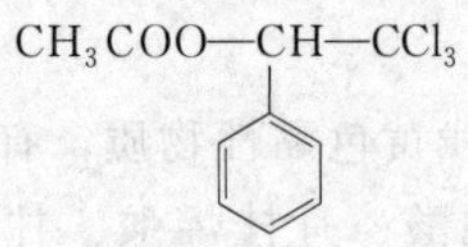

卤代烃类（香料名为结晶玫瑰，具有玫瑰花香，并有淡的甜润香气）

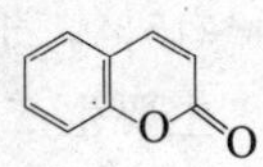

芳香族羟基酸内酯（香料名为香豆素，具有新鲜的干草香气）

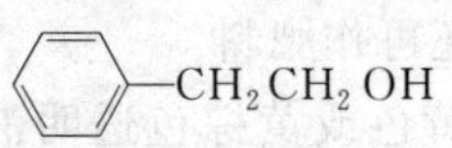

芳香族醇（香料名为β-苯乙醇，具有玫瑰似的香气）

$CH_3CH_2CH_2SH$

杂原子化合物（香料名为丙硫醇，具有甜的洋葱和甘蓝样的香气）

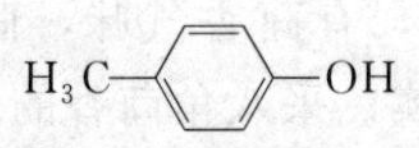

酚类（香料名为对甲酚，具有类似苯酚的香气）

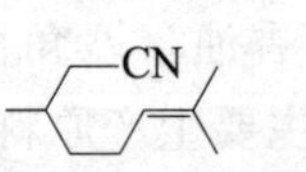

腈类（香料名为香茅腈，具有柠檬果香-青茶香气）

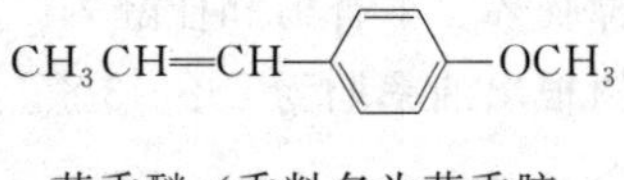

芳香醚（香料名为茴香脑，具有茴香香气）

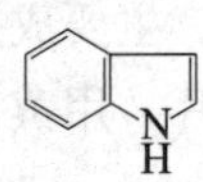

杂环类（香料名为吲哚，在极度稀释时具有茉莉花样的香气）

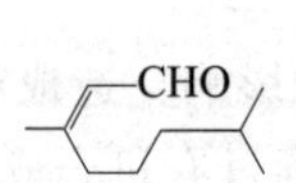

萜类醛（香料名为柠檬醛，具有柠檬似的香气）

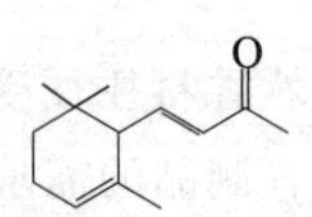

脂环族酮（香料名为α-紫罗兰酮，具有强烈的花香，稀释时有类似紫罗兰的香气）

$$\begin{array}{l} HO—CH—COOH \\ \quad\ \ | \\ \quad CH_2—COOH \end{array}$$

酸类（香料名为苹果酸，具有特殊的水果香气）

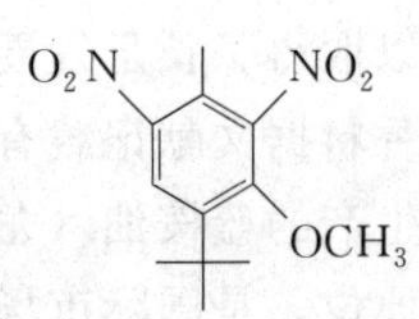

麝香类（硝基衍生物，香料名为葵子麝香，具有类似天然麝香的香气）

香料合成采用了许多有机化学反应，如氧化、还原、水解、缩合、酯化、卤化、硝化、加成、转位环化等。合成香料生产所用原料非常丰富，其来源主要分为农林加工产品、煤炭化工产品和石油化工产品三类。按原料来源不同，将合成香料的生产分类介绍如下。

（1）用农林加工产品生产合成香料

在合成香料中，可利用很多农林产品得到的精油和油脂为原料，生产出大量的合成香料。农林产品首先通过物理或化学的方法从这些精油中分离出单体，即单离香料，然后用有机合成的方法，合成出价值更高的一系列香料化合物。如松节油（主要成分是萜烯类化合物）经空气氧化、氯化氢处理，制取薄荷醇，再经催化氢化、氧化合成芳樟醇；山苍子油（主要成分是柠檬醛）与丙酮反应生成假紫罗兰酮，再用浓硫酸处理，环合，可制取优美的紫罗兰香气的 α-紫罗兰酮和 β-紫罗兰酮；香茅油（主要成分是香茅醛、香叶醇、香茅醇），可制取具有百合香气的羟基香茅醛和具有西瓜香气的甲氧基香茅醛；蓖麻油（主要成分是蓖麻酸的甘油酯），可制取十一烯酸、1,1-氧杂十六内酯麝香香料、椰子醛等；菜籽油可制取环十五酮等。

（2）用煤炭化工产品生产合成香料

煤炭在炼焦炉炭化室中受高温作用发生热分解反应，除生成炼钢用的焦炭外，还可得到煤焦油和煤气等副产品。这些焦化副产品经进一步分馏和纯化，可得到酚、萘、苯、甲苯、二甲苯等基本有机化工原料。利用这些基本有机化工原料，可以合成出大量芳香族和硝基麝香等有价值的常用合成香料化合物。如以苯酚为原料可合成大茴香醛，间二甲苯与氯代叔丁烷反应，再硝化可制取二甲苯麝香等。

（3）用石油化工产品生产合成香料

从炼油和天然气化工中，可以直接或间接地得到大量有机化工原料，如苯、甲苯、乙炔、乙烯、丙烯、异丁烯、丁二烯、异戊二烯、乙醇、异丙醇、环氧乙烷、环氧丙烷、丙酮等。利用这些石油化工产品为原料，除可以合成脂肪族醇、醛、酮、酯等一般香料外，还可合成芳香族香料、萜类香料、合成麝香以及一些其他宝贵的合成香料。由于工艺的不断完善和技术水平的不断提高，以廉价的石油化工产品为基本原料的香料化合物的全合成，已成为国内外香料工业开发的重要领域。如异戊二烯与氯化氢反应，生成异戊烯氯，再与异戊二烯反应，则可制取香叶醇和薰衣草醇；以乙炔和丙酮为基本原料，经一系列反应可得到芳樟醇、香茅醇等。

7.2.3　香精

香精的生产有调香、发酵、酶解、热反应等方法。调香就是调配香精的简称，是指将几种乃至数十种香料（天然香料和合成香料）通过一定的调配技艺，配制出酷似天然鲜花、鲜果香或幻想出具有一定香型、香韵的有香混合物，然后再加入到各类加香产品中。这种有香的混合物称为调和香料，习惯上称为香精。调香法是传统的方法，也是至今应用最多的一种方法，是香精生产的基础，其他方法往往也要与调香相配合才能使生产的香精更完美。

7.2.3.1　香精的生产工艺

（1）液体香精的生产工艺（见图 7-2）

熟化是香料制造工艺中应该注意的重要环节之一。目前普遍采取的方法是把制得的调和香料在罐中放置一定时间令其自然熟化，其目的是使调和香料达到终点时的香气变得和谐、圆润、柔和。熟化是一个复杂的化学过程，目前还不能用科学理论完全解释。

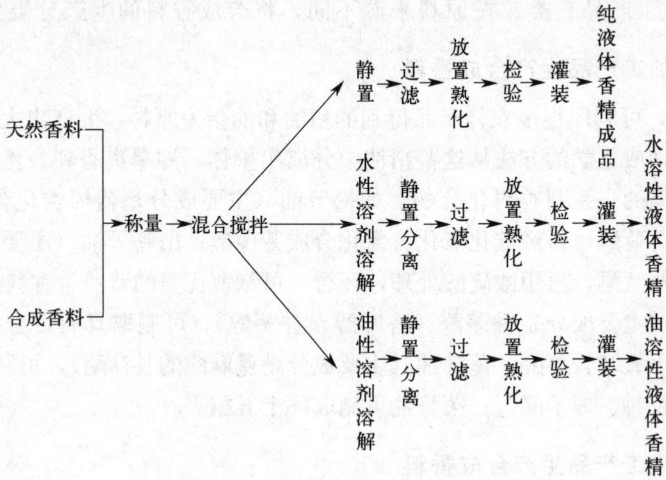

图 7-2　液体香精的生产工艺

水溶性香精溶剂常用 40%～60%的乙醇水溶液，一般占香精总量的 80%～90%；油溶性香精溶剂，常用的是精制天然油脂，一般占香精总量的 80%左右，亦可用丙二醇、苯甲醇、甘油三乙酸酯等替代天然油脂。

（2）乳化香精的生产工艺（见图 7-3）

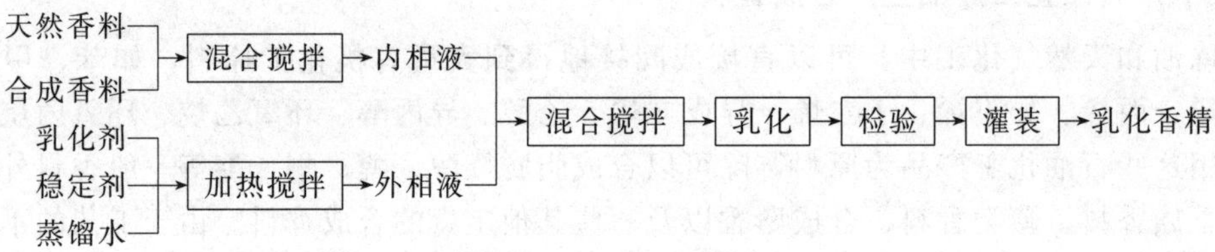

图 7-3　乳化香精的生产工艺

常用的乳化剂有单硬脂酸甘油酯、大豆磷脂、二乙酰蔗糖六异丁酸酯等。常用的稳定剂有阿拉伯树胶、果胶、明胶、淀粉、羧甲基纤维素钠等。胶体粒度：分散粒子的最佳粒度直径一般为 1～2μm。

（3）粉末香精的生产工艺

① 粉碎混合法　如果所用的香料均为固体，采用粉碎混合法是制造粉末香精最简便的方法。以粉末香草香精为例介绍其配方和生产工艺，如图 7-4 所示。

② 熔融体粉碎法　把蔗糖、山梨醇等糖质原料熬成糖浆，把香精混入后冷却，待凝固成硬糖后，再粉碎成粉末香精。由于在加工过程中需加热，香料易挥发和变质，吸湿性也较强，应用上受到限制。粉末香精熔融体粉碎法的生产工艺如图 7-5 所示。

图 7-4　粉末香精粉碎混合法的生产工艺

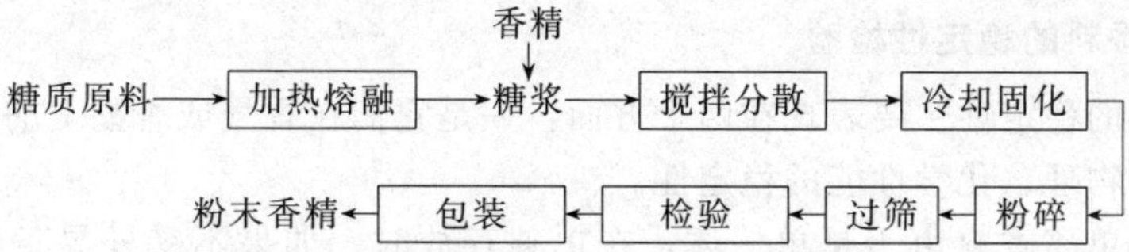

图 7-5　粉末香精熔融体粉碎法的生产工艺

③ 载体吸收法　制造粉末化妆品所需的粉末香精，可用载体吸收法来制备。根据用途不同常用变性淀粉、精制碳酸镁粉末、碳酸氢钙粉末等作载体。粉末香精载体吸收法的生产工艺如图 7-6 所示。

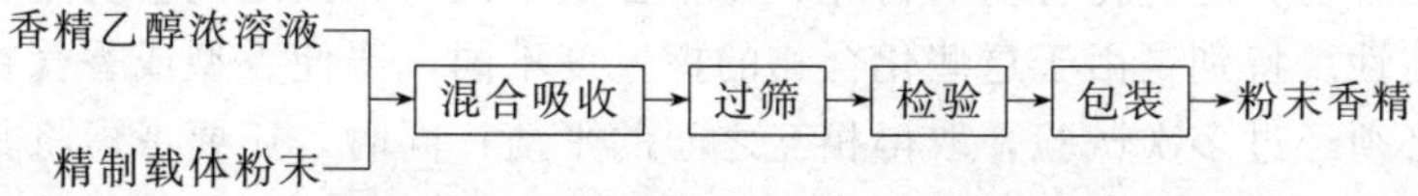

图 7-6　粉末香精载体吸收法的生产工艺

④ 微胶囊型喷雾干燥法　使香精包裹在微型胶囊内形成粉末状香精。由于具有香料成分稳定性好、香气持续释放时间长、贮运使用方便等优点，在方便面汤料、鸡精、粉末饮料、混合糕点、果冻等食品中以及在加香纺织品、工艺品、医药和塑胶工业中已广泛应用。

能够形成胶囊皮膜的材料称为赋形剂。可作赋形剂的主要有明胶、阿拉伯树胶、变性淀粉等天然高分子物质和聚乙烯醇等合成高分子物质。微胶囊粉末香精工业化生产最常用的是喷雾干燥法。

以甜橙微胶囊粉末香精制备为例，其配方和生产工艺如图 7-7 所示。

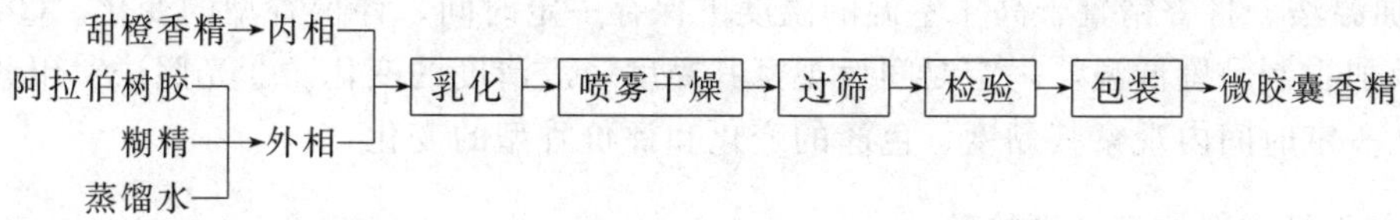

图 7-7　微胶囊粉末香精的生产工艺

7.2.3.2　香精香料的检验

（1）香精香料的行业标准与遵循原则

由于香精是含有多种香成分的混合物，同一种香型的香精，可以有成百上千种不同的配方，不同配方的香精其香气、香味特性的差别是客观存在的，不可能有统一的配方标准和统一的香气、香味特性标准。迄今为止，香精的行业标准在香气、香味特性方面都是以各生产厂商封存的标样为依据的。各生产厂商在拟定企业标准时除了应符合行业标准外，还应遵守以下原则。

① 调配香精时所使用的香料，必须符合安全、质量标准。必须在国家已经公布的允许使用或暂时允许使用香料范围内选择。

② 香精质量检验由生产厂家检验部门进行检验，生产厂应保证出厂产品都符合质量标准要求。每批出厂产品都应附有质量合格证书，内容包括：生产厂名、产品名称、商标、生产日期、批号、净重和标准编号。

③ 香精质量检验标准及检验方法必须依据相关的国家标准或行业标准。与香精有关的中华人民共和国国家标准（GB）、中华人民共和国轻工业行业标准（QB）、中华人民共和国烟草行业标准（YC）等，请参阅相关材料，本章不阐述其相应标准。

（2）香精香料的稳定性检验

香料、香精的稳定性主要表现在两个方面：一是它们在香气或香型上的稳定性；二是自身或在制品中的物理、化学性能的稳定性。

合成香料和单离香料由于是单一体，在单独存放时，如果不受外界条件（光、热、空气、污染）等影响，其香气的稳定性相对来说是较好的。

天然香料是多种成分的混合物，这些成分的分子量大小不一，物理化学性质不同，特别是挥发度的不同，相对来说其香气的稳定性差一些。

香精是由合成香料、单离香料以及天然香料等所组成的，往往含有数十种甚至上百种不同分子结构的化合物。这些化合物的物理、化学性质不同，相互之间会发生复杂的变化，影响着香精的稳定性。特别是由于这些化合物的挥发度不同，要使香型或香气在整个挥发过程中保持一致，必须经过多次试验，取得相互之间的平衡；同时，还要考虑将其加入加香制品后以及使用过程中，香型和香气是否稳定、持久，整个挥发过程中能否保持一致，是否会影响制品的外观和应用性能等。影响香精不稳定的因素可归纳为如下几个方面：

① 香精中某些香料分子之间发生化学反应，如酯交换、酯化、酚醛缩合和醇醛缩合等反应。

② 香精中某些分子，如醇、醛、不饱和键等分子和空气之间发生氧化反应。

③ 香精中某些分子，如某些醛、酮、含氮化合物等遇光照后发生物理化学反应。

④ 香精某些成分与加香制品中某些组分之间难以配伍或发生物理、化学反应，如受酸碱度的影响而发生水解反应等。

⑤ 香精中某些成分与加香制品或包装容器材料之间的反应等。

为了尽快地了解某香精在加香制品中的稳定性，常用一些快速的方法进行检测。

① 加温法。将香精置于高于室温的温度下保存一定时间，评价香型的变化。②冷冻法。将香精及加香制品置低温，一定时间后观察其黏度、澄清度的变化。③光照法。用紫外线照射香精，一定时间内观察其黏度、色泽的变化和评价香型的变化。

（3）香精香料的安全性检验

香精的应用范围日益扩大，使得人们在生活中与它接触的机会越来越多。许多加香制品，如食品、化妆品，前者直接入口，后者长时间与皮肤接触，其安全性是至关重要的，而加香制品的安全性又与所用原料的安全性密切相关。因此，香料香精作为加香制品的主要成分之一，其安全性直接影响着制品的安全性。有关香料的安全性，国际日用香料香精协会（The International Fragrance Association，IFRA）要求对每一香料要从如下六个方面做试验：①急性口服毒性试验；②急性皮肤毒性试验；③皮肤刺激性试验；④眼睛刺激性试验；⑤皮肤接触过敏试验；⑥光敏中毒和皮肤光敏化作用试验。并公布了在日用香精中禁用或限用的香料。

总之，香料与香精的稳定性和安全性，关系到香精及加香制品的质量和使用效果，是不容忽视的重要问题。

7.3 实用香精配方

（1）水质类化妆品香精

水质类化妆品香精主要依据所含香精的多少来区分，一般包括香水、花露水、古龙水和化妆水等。它们均以精制酒精、蒸馏水为溶剂，所以称为水质类化妆品，又称为香水类日用香精。由于它们大多具有浓郁的芳香，所以也称为芳香类化妆品。它们之间的区别主要在于所用香精的质量、香精的用量、酒精的用量、使用目的和使用对象的不同。最名贵者当属香水。

① 香水　香水的主要成分是香精和酒精。有时根据特殊需要，还加入微量的色素、抗氧剂、杀菌剂、甘油、表面活性剂等添加剂。香水中香精用量较高，一般为10%～20%，常用的酒精浓度为95%，香水香精的香原料选择一定要考虑在酒精中的溶解度。

下面列举玫瑰香水的配方实例。

a. 玫瑰香水香精配方（质量分数，%）

苯乙醇	10.0	依兰依兰油	5.0
乙酸苄酯	10.0	香兰素	1.0
紫罗兰酮	10.0	玫瑰油	3.0
茉莉香基	15.0	麝香酮	1.0
香茅醇	9.0	香叶油	3.0
檀香油	5.0	玫瑰香基	25.0
苯乙醛	1.0	鸢尾油	2.0

b. 玫瑰香水配方（质量分数，%）

玫瑰香水香精	14.0	茉莉净油	0.2
灵猫香膏	0.1	玫瑰净油	0.5
麝香酊 3%	5.0	酒精 95%	80.0
玫瑰油	0.2		

② 古龙水　亦称科隆香水。古龙水与香水的主要区别在于，古龙水中香精用量少，酒精浓度低，香气比较清淡，多为男士所用。古龙水的主要成分是香精、酒精和纯净水。在多数古龙水所用香精中，都含有柠檬油、香柠檬油、橙花油、薰衣草油、迷迭香油等。柠檬香为基本香型，此外，还有琥珀香型、龙涎香型、三叶草型、含羞草型等。

古龙香水香精配方（质量份）示例：

香柠檬油	5.0	酸橙油	0.5
甜橙油	0.25	橙叶油	2.5
枸杞油	0.25	迷迭香油	1.0
薰衣草油	1.25	庚醚溶液	0.02
橙花浸液	100	麝香葵子浸剂	10.0
调和灵猫香液	5.0	龙涎香浸剂	2.5
柠檬油	1.25	酒精	400.0

③ 花露水　一般家庭必备的夏令卫生用品，多在沐浴后使用。具有消毒、杀菌、解痒、除痱的功效，还有清香、凉爽、提神、醒脑、祛除汗臭的作用。香气芬芳，浓郁持久，深受人们的喜爱。花露水主要成分是香精、酒精和水。辅以微量的螯合剂柠檬酸钠、抗氧剂二叔丁基对甲酚、酸性湖蓝、酸性绿、酸性黄等颜料。对酒精和水的质量要求与古龙水相似。

（百花香型）花露水香精配方（质量分数，%）示例：

甜橙油	16.0	玫瑰草油	2.0
玫瑰油	2.5	薰衣草油	12.0
橙叶油	16.0	桂皮油	2.0
百里香油	2.5	柠檬油	8.0

续表

调和玫瑰	14.0	麝香酊 3%	2.0
丁香油	2.0	橙花油	8.0
调和茉莉	13.0		

④ 化妆水　亦称盥洗水，根据功能不同分类主要有美容化妆水、爽肤化妆水、修面化妆水等。化妆水所用香精比较多，花香型、果香型、幻想型香精均可使用，如玫瑰、茉莉、丁香、薰衣草、琥珀薰衣草、百花香、柠檬香等。

（茉莉香）化妆水用香精配方（质量分数,%）示例：

乙酸苄酯	25.0	调和茉莉	4.0
香柠檬油	8.0	苯乙醇	6.0
芳樟醇	15.0	灵猫香酊(3%)	1.0
红橘油	7.0	乙酸芳樟酯	5.0
依兰依兰油	4.0	异茉莉酮	0.5
α-戊基桂醛	15.0	月桂醛(10%)	1.5
丙酸苄酯	8.0		

（2）膏霜类化妆品香精

在膏霜类产品香型的选择上，应具有舒适、愉快的香气，整体香气要细腻、文雅，留香时间长，香型要轻、新鲜，如玫瑰型、茉莉型、兰花型、铃兰型等。在膏霜类化妆品日用香精中大量使用醇类和酯类化合物，香精的用量一般在1%左右。

玫瑰型雪花膏用香精配方（质量分数,%）示例：

香茅醇	23.0	甲基紫罗兰酮	3.0
香叶油	13.0	松油醇	5.0
苯乙醇	13.0	邻氨基苯甲酸甲酯	1.0
愈创木油	6.0	羟基香茅醛	5.0
香叶醇	12.0	结晶玫瑰	1.0
卡南加油	1.5	洋茉莉醛	6.0
乙酸苄酯	10.0	异丁香酚	0.5

（3）香粉类化妆品香精

香粉类化妆品主要有三种类型：香粉、爽身粉、痱子粉。

香粉主要用于面部化妆。香粉的组成必须体现出极强的遮盖、涂展、附着和滑爽的性质。粉质必须洁白、无味、光滑、细腻。一般为白色、肉色、赭黄色或粉红色。其作用在于使颗粒极细的粉质涂敷在面部，以遮盖皮肤上的某些缺陷，亦可吸收过多的皮脂而消除油光，化妆成满意的皮肤颜色。香粉类香精的用量为0.5%～2.5%。

爽身粉不是用于化妆的，主要用于浴后、剃须后撣扑于皮肤表面；痱子粉主要供幼儿在炎热的夏天使用。它们都有吸收汗液、滑爽皮肤、防痱的功效。因此在香料的选用上，要选持久性好，不易被空气氧化，对人体皮肤无过敏和刺激作用，不影响粉基介质色泽的香料。爽身粉、痱子粉香精的用量为0.2%～1.0%。

橙花爽身粉香精配方（质量分数,%）示例：

肉豆蔻酸乙酯	10.0	茉莉油	5.0
α-紫罗兰酮	40.0	紫罗兰叶油	3.0

续表

甲基紫罗兰酮	15.0	金合欢油	4.0
鸢尾酮	5.0	鸢尾油	2.0
乙酸芳樟酯	10.0	紫罗兰油	3.0
佳乐麝香	3.0		

(4) 美容化妆品香精

美容化妆品可分为胭脂、唇膏、眉笔、眼黛和指甲油五大类。其中胭脂、唇膏对香精的质量要求最高，其化妆品所用香精大多为花香型。眉笔、眼黛和指甲油一般不用添加香精。胭脂类化妆品主要品种有胭脂块、胭脂膏、胭脂乳、胭脂水等，其香精的用量为 1%～3%。唇部化妆品主要品种有唇膏（俗称口红）、唇脂等，其香精的用量为 0.8%～2.0%。

胭脂类化妆品用茉莉香精配方（质量分数,%）示例：

茉莉净油	15.0	橙花醇	5.0
羟基香茅醛	3.0	吲哚	0.2
水杨酸苄酯	8.0	α-紫罗兰酮	3.0
乙酸苄酯	15.0	α-戊基桂醛	30.0
丁酸丁酯	2.0	橙叶油	5.0
苄醇	4.8	橙花油	2.0
苯乙醇	7.0		

(5) 发用化妆品香精

发用化妆品品种繁多，主要有护发用品、洗发用品、整发用品和染发用品四大类。香精主要用在护发用品和洗发用品中。选用香精时，要求对毛发、肌肤无刺激性，能掩盖介质的不良气味，并且要有较好的油溶性而又不导致介质变色或产生沉淀。香精用量一般为 0.5%左右。护发用品主要有发蜡、发油、发乳、发水等品种。常用的香精有玫瑰、茉莉、紫罗兰、香石竹、栀子花、薰衣草、三叶草等香型。洗发用品按其形态不同可分为液体香波、膏状香波和固体香波三大类。花香型、果香型、草香型、清香型香精均可用于洗发香波中。

茉莉香型发蜡用香精配方（质量分数,%）示例：

芳樟醇	7.0	α-松油醇	2.0
乙酸苄酯	25.0	二氢茉莉酮 10%	1.0
邻氨基苯甲酸芳樟酯	5.0	α-戊基肉桂醛	18.0
乙酸对甲酚酯 10%	1.0	羟基香茅醛	5.0
苯乙醇	17.0	卡南加油	5.0
依兰依兰油	5.0	精制水	余量

(6) 口腔卫生用品香精

口腔卫生用品主要有牙膏、牙粉和含漱水等。口腔卫生用品属于日用化学品，尽管不是食用品，但口腔卫生用品香精所用香料必须是允许在食品中使用的香料，口腔卫生用品香精的安全性要求也按食用香精标准执行，所配制的香精应具有清凉爽口、口感好、防腐消毒、清神醒脑的作用。所用香精有留兰香、薄荷香、茴香、冬青、桉叶、橘子、柠檬、菠萝等。牙膏和牙粉的香精用量一般为 0.5%～2%，含漱水的香精用量一般为 0.2%～1.0%。

薄荷型牙膏用香精配方（质量分数,%）示例：

椒样薄荷油	38.0	柑橘油	2.0
肉桂油	1.0	香豆素	0.5
薄荷油	30.0	香兰素	0.5
茴香油	5.0	水杨酸甲酯	20.0
柠檬油	3.0		

（7）洗涤用品香精

洗涤用品可以分为日用品、工业用品、卫生用品和其他专门用途的洗涤用品。它包括肥皂和洗涤剂两大类。在这些制品中大多数是要求加香的。加香的目的主要是人们在使用产品的过程中能嗅到和感到令人舒适的香气；另一方面，加香也是为了掩饰或遮盖制品中某些组分所产生的令人不愉快的气味。

洗涤用品的香型多种多样，不同用途的产品有各自不同的香型特征。洗涤剂用香精香型有杏仁型、香茅型、草香型等；香皂用香精香型更为广泛，如花香型、草香型、木香型、麝香型、幻想型等。香精用量一般为1%左右。

茉莉洗涤剂用香精配方（质量分数,%）示例：

乙酸苄酯	45.0	苄基异丁香酚	3.0
柑橘油	3.0	乙酸芳樟酯	5.0
依兰依兰油	1.0	乙酸对甲酚酯	2.0
α-戊基桂醛	20.0	丙酸苄酯	5.0
芳樟醇	16.0		

第8章

其他日用化学品

8.1 鞋油

皮鞋油是人们日常生活用品之一，它是涂擦在皮鞋及皮革表面的皮革保护剂和上光剂。具有防水、护革、增强皮革表面光泽的作用，对皮革表面还有洁净美观和加色补色的作用。

制造皮鞋的皮革的种类有很多，通常采用动物的皮革如黄牛皮、水牛皮、猪皮、马皮、羊皮、狗皮以及人造皮革和合成革等。由于各种皮革质地性能有所不同，故制作皮鞋用的皮革也需根据不同鞋种而有所选择。

皮革需要经常保养，擦过油的皮鞋，才具有良好的性能，如颜色鲜艳，光亮度强，并有一定的柔软性和坚固性，力学性能得到增加，从而体现出皮鞋保温、透气、防水等特点。鞋油是人们在日常生活中不可缺少的保护皮鞋的用品。

按结构来分，鞋油有溶剂性硬膏体鞋油、乳化型软膏体鞋油和液体鞋油三种。从外包装看，溶剂性鞋油采用铁盒包装，乳化型鞋油采用软管包装，液体鞋油用塑料瓶或玻璃瓶包装。鞋油的颜色有黑、棕、黄、红、蓝和白色等多种。

我国鞋油的生产始于20世纪30年代，现在皮鞋油工业得到了较快的发展。近年来液体鞋油发展较快，大有流行趋势。随着我国人民生活水平的不断提高，皮鞋油的需要量以及新的花色品种将会大幅度地增加，并且向使用方便、效果良好的方向发展。

8.1.1 溶剂性鞋油

该产品呈硬膏状。皮鞋油所用的原料是蜡，如巴西棕榈蜡、脱色蒙旦蜡、蜂蜡、矿地蜡和石蜡等；有机溶剂主要是松节油和石脑油；染料是油溶性的或碱性的物质；还有其他助剂。溶剂性鞋油是最早生产的皮鞋油，具有光亮度好、防水性强的特点，在市场上一直占有相当的份额。

溶剂性鞋油具有保护和光亮皮鞋的作用。用时先擦去皮鞋上的尘污，用毛刷蘸取少量鞋油均匀地涂擦在皮鞋上，稍等片刻，让溶剂挥发掉，再用刷子或软布揩擦即可。也可用于其他皮革制品上。

溶剂性鞋油配方（质量分数,%）示例：

松节油	75.9	硬脂酸	1.7
地蜡	12.7	粗褐煤蜡	4.4
油溶苯胺黑	0.9	巴西棕榈蜡	4.4

制法：在带有搅拌装置的容器中将巴西棕榈蜡和粗褐煤蜡加热溶解，边搅拌边依次加入硬脂酸和油溶苯胺黑，熔融混合后加入地蜡，继续搅拌，然后再加入松节油，充分搅拌，冷却至60℃即可灌装。工艺流程如图8-1所示。

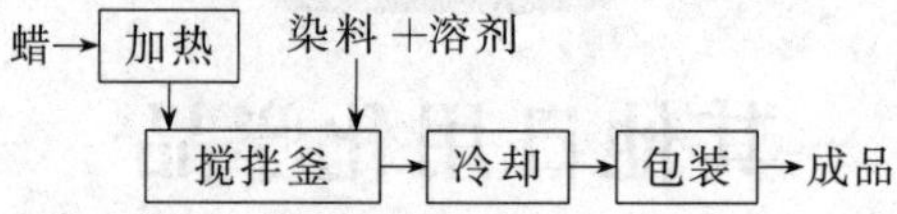

图8-1　溶剂性鞋油的生产工艺流程

8.1.2　乳化型鞋油

该产品为乳化软膏，是将蜡、有机溶剂、染料、水、乳化剂及其他助剂等原料乳化而形成的鞋油。乳化型鞋油可以减少溶剂用量或不用溶剂，溶剂用量减少可减轻对环境的污染。可分为油包水型（W/O）和水包油型（O/W）两种。常用的是油包水型，它具有使用方便，不易干缩，光亮度较好的特点。

乳化型鞋油所用的乳化剂一般是蜡中易皂化的组分，该组分经皂化成为乳化剂，有时用硬脂酸、油酸和妥尔油酸皂化作乳化剂，这样的乳化剂价格便宜，效果好。调节蜡含量多少、溶剂量，可将乳化鞋油生产为膏状和稠度很低的乳状液。该产品供保护和光亮皮鞋之用。这种鞋油使用时，先将尘土擦净，然后用干净的布或刷子将鞋油抹上一擦即可，省时省力，可达到清洁、光亮皮鞋的目的。也可用于其他皮革制品上。

乳化型鞋油配方（质量分数,%）示例：

卡偌巴蜡	6.5	染料	5.0
石蜡	4.5	有机溶剂	36.0
蜂蜡	5.0	精制水	30.0
乳化剂(AEO-9)	13.0		

制法：将各种蜡、有机溶剂、染料、水和乳化剂分别加热溶解，然后混合搅拌，制好后冷却即可灌装。

工艺流程如图8-2所示。

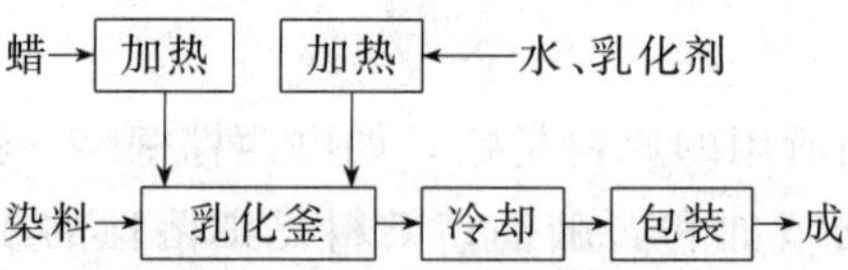

图8-2　乳化型鞋油的生产工艺

8.1.3　液体鞋油

该产品为乳化型液体。主要成分有蜡、树脂、有机溶剂、水、乳化剂和染料。液体鞋油使用方便，擦去鞋上的尘土，喷上或涂抹上即可，无须再用布擦拭，故又称为自亮型鞋油，该产品尤其适合于旅行者使用。液体鞋油的特点是含水量高，大约占60%～80%，再就是其中含有天然的高分子树脂。

制造液体鞋油的乳化剂为苏打、松香皂、马赛皂、硬脂酸盐等。先将皂类溶于水，加热到沸腾，加入蜡及树脂，形成均匀的乳液后，冷却、过滤，加入染料及防腐剂，再充分搅拌即可。对不易乳化的树脂，则需要添加溶剂。

液体鞋油具有保护和光亮皮鞋的作用。使用时，先将皮鞋上的尘土擦净，将瓶口倒转，刷头按在鞋面上往返涂刷均匀，不需再用布擦，就会发出光泽。也可用于其他皮革制品上。

液体鞋油配方（质量分数,%）示例：

巴西棕榈蜡	8.0	松香皂	3.0
丙烯酸树脂乳液	3.5	防腐剂	0.1
蜂蜡	5.0	颜料	适量
脂肪醇聚氧乙烯醚	4.8	精制水	余量
醇醚磷酸单酯	4.5		

制法：在带搅拌和加热装置的容器中加入巴西棕榈蜡和丙烯酸树脂乳液，加热熔融，澄清后加入乳化剂脂肪醇聚氧乙烯醚和醇醚磷酸单酯、松香皂，使之分散，再加入水及防腐剂，充分搅拌后加入颜料分散后即可。配方中巴西棕榈蜡和蜂蜡作为蜡质原料，丙烯酸树脂乳液作成膜剂，松香皂作催干剂，颜料用于调颜色。本产品有免擦、自亮及使用方便的特点。

8.2 皮革用日化产品

（1）皮革去污剂

皮革去污剂配方（质量分数,%）示例：

蜂蜡	15.0	硬脂酸	4.0
卡偌巴蜡	12.0	棕榈酸异丙酯	4.0
地蜡	21.0	Span 80	4.0
液体石蜡	20.0	精制水	20.0

制法：除将水另行加热外，其余组分一起加热熔融，在 75℃时，将水倒入这些组分中予以迅速搅拌，当温度降至 65℃时停止搅拌，将其灌装于软管中。此剂为 W/O 型膏体，它能使皮革表面的油溶性污渍和水溶性污渍分别溶于油相与水相中，然后再经过软布的摩擦，极易除去，从而使去污后的皮革具有光泽且有一定的防水性。本品适用于皮革表面的污渍擦洗，效果佳。

（2）皮革上光剂

传统的上光剂一般为糊状乃至固体状的上光剂，使用中将上光剂涂于皮革表面或家具表面后必须反复用力擦拭才可擦亮，上光过程相当麻烦，且易弄脏衣服和手。现在新型上光剂则可以避免这样的问题，使用中只需向皮革或家具表面喷射后简单擦拭，即可提高皮革或家具的光亮度，而且也有利于改善皮革、家具的耐水性能，尤其是大大降低了保养皮革或家具的劳动强度，从而得到了广大消费者的青睐。上光剂通常可分为皮革上光剂、家具上光剂等。

新型皮革光亮剂配方（质量分数,%）示例：

异链烷烃(溶剂)	20.5	羊毛脂乙醇聚乙二醇醚	0.5
微晶石蜡	0.8	香精	0.1
硅油	2.4	防腐剂	0.1
Tween(吐温)	0.5	去离子水	75.1

制法：首先将石蜡、硅油及表面活性剂 Tween 和羊毛脂乙醇聚乙二醇醚加热到 90℃熔融至混合均匀，将其加入溶剂水中，特别是在与水混合后需迅速进行搅拌乳化，然后再加入香精和防腐剂，即可得到油包水型（W/O 型）乳化液。此外，还可将质量分数为 70%的乳化液和 30%的液化石油气加入气溶胶罐内，即可制成气溶胶制品。

这种新型皮革光亮剂既起清洁去污作用，又能保护皮革，修饰皮革制品。因为油包水型光亮剂对皮革面很容易亲和渗透，易除去油污污染，起到光亮的作用；同时溶剂蒸发后转换为水包油型，又能除去水性污染。

8.3 家具上光剂

家具上光剂配方（质量分数,%）示例：

蜡(熔点 90℃)	5.0	硅酸钠	10.0
脂肪酸乙醇酰胺	0.5	三氯化铝溶液(5%)	1.5
烷基硫酸钠	5.0	精制水	47.8
氯化镁	30.0	香精	0.2

制法：将熔点为 90℃的蜡加热至熔化，在另一容器中加入精制水，在搅拌下将脂肪酸乙醇酰胺（作保护胶体）、烷基硫酸钠、氯化镁、硅酸钠、三氯化铝溶液等组分逐步加入，并不断升温使其全部溶解，当温度为 90℃时，再将已熔化的蜡加入，充分搅拌混合均匀后，体系温度降至 40℃时，将香精加入并搅拌均匀即可。

本品具有抗静电性，易于清除家具表面的污垢，能保持家具表面的光洁。

8.4 除臭剂

（1）人体除臭剂

人体除臭剂配方（质量分数,%）示例：

乙醇	50.0	烷基苄基二甲基氯化铵	2.0
山梨糖醇	5.0	蒸馏水	43.0

制法：将乙醇、山梨糖醇、杀菌剂烷基苄基二甲基氯化铵混合后充分搅拌并溶解，然后加入蒸馏水，搅拌至透明即可。

本品涂于腋下，有杀菌和除臭的作用。

（2）人体抑汗剂

人体抑汗剂配方（质量分数,%）示例：

聚硅氧烷油(SF-1202)	55.0	碱式氯化铝(止汗剂)	22.0
十八烷醇	20.0	滑石粉(325 目)	1.0
山梨醇三油酸酯	2.0	香精	适量

制法：将聚硅氧烷油、十八烷醇、山梨醇三油酸酯混合搅拌并加热至 70℃，当温度降至 45℃时加入碱式氯化铝和滑石粉，最后加入香精，搅拌均匀即可包装。

本品中碱式氯化铝含量高，抑汗效果良好。

（3）鞋子除臭剂

鞋子除臭剂能除去鞋内异味，并具有一定的杀菌作用，它对于易出脚汗、穿着球鞋和旅游鞋的人来讲尤为适宜。

鞋子除臭剂配方（质量分数,%）示例：

乙醇	54.0	十二烷基硫酸钠	4.7
六氯苯(杀菌剂)	0.2	苯并噻唑	0.1
三氯化铝	30.0	香精	1.0
丙二醇	10.0		

（4）厕所用除臭清洁剂

厕所用洗涤剂应具有清除污垢和除臭等功能，还必须考虑使用方便、安全卫生等问题。

厕所用除臭清洁剂配方（质量分数,%）示例：

二氯异氰脲酸钠	3.5	纤维素树胶	2.0
过硫酸钠	12.0	去离子水	73.5
烷基苯磺酸钠	4.0	香精	2.0
环状糊精	2.0	色料	1.0

制法：将上述物料加热后充分混合搅拌均匀即注入模型，急剧冷却成型。

本品是供具有水箱的抽水马桶和坐便器使用的。它在水中能自动释放出清洗组分和除臭成分，从而达到清洗和除臭的效果。

8.5 空气清新剂

室内空气清新用品，常用于居室、宾馆、车厢中，它可以不断散发清香，使人身心愉快，乐而忘倦。当用于浴室、厕所时，可消除臭味，保持环境幽雅、清净。空气清新剂有许多类型，有固体型、乳液型、凝胶型、气溶胶型等。气溶胶型一次能喷出较大剂量，可使环境突然香化。固体凝胶型可以连续不断地散发清香，能创造一个持续幽雅的气氛。常用的空气清新剂香型有薰衣草香型、柠檬香型、玫瑰花香型等。

固体型空气清新剂配方（质量分数,%）示例：

熟石膏	87.3	去离子水	11.4
羟丙基纤维素粉(HPC)	0.5	薰衣草香精溶液	适量
合成硅酸钙	0.8		

制法：将熟石膏、羟丙基纤维素粉、硅酸钙混合均匀后，加入水中制成浆料，随后注入艺术品模型中，一天后取出，在 80～90℃烘箱中干燥 2h 后，再置于薰衣草香精溶液中吸附

一定时间取出即可。

本石膏艺术品置于房间中，可持续散香半年以上。

8.6 玻璃防雾剂

玻璃防雾剂是一种透明液体，其主要成分为表面活性剂、高聚物、防冻剂和其他助剂。它具有防雾、防尘、清洁的功能。

玻璃防雾剂配方（质量分数,%）示例：

二乙醇	30.0	二乙醇酰胺	1.0
异丙醇	30.0	去离子水	37.0
脂肪醇聚氧乙烯醚	2.0		

制法：将配方中各组分均匀混合即可。

本品可用于汽车挡风玻璃、穿衣镜、眼镜的防雾。涂上防雾剂后，在正常情况下可保持10天左右不生雾结霜；并有防雾、防尘之用。

8.7 干洗剂

全毛和丝绸等高级衣料与服装用水洗涤会引起皱缩、变形，可采用干洗。所使用的干洗剂应具有去除油渍、污渍迅速，并易挥发，不损坏衣料，不需漂洗，不留下清洗痕迹的性能。干洗剂是由有机溶剂和表面活性剂等组成的，其中有机溶剂能除去衣物上的重垢油污，而表面活性剂能防止溶于溶剂中的污垢再沉淀，使之分散于有机溶剂中。

干洗剂配方（质量分数,%）示例：

四氯化碳	58.0	三氯甲烷	1.0
汽油	40.8	香精	0.2

制法：将四氯化碳、汽油、三氯甲烷在充分搅拌下混合均匀，再于缓慢搅拌下加入香精即可包装。

将本品涂于衣物污垢处，待溶剂挥发后，用干净纱布轻轻擦拭。本品有良好的去污能力。

8.8 杀虫剂

（1）灭蚊剂

灭蚊香的配方示例：

除虫菊花粉	10	品绿色料	0.4
粘水粉	85.5	淡黄色料	0.3
火硝	3.5	液体麝香	0.3

制法：先将火硝及色料分别用热水溶解，液体麝香用水浴加温溶解。然后把除虫菊花粉与粘水粉充分混匀，依次加入上述溶液中。充分混合均匀后于压模机上压制成型，低温烤干或晾干即得本品。

电热灭蚊片的配方（质量份）示例：

右旋丙烯菊酯	10	香精	0.5
胡椒基丁醚	5	蓝色着色剂(1-甲氨基-4-邻甲苯蒽醌)	0.07
二丁基羟基甲苯(BHT)	2	己烷	100

制法：按配方配成药液，然后把 35mm×20mm×3mm 的纸片浸渍于药液（一般为 1mL）中，取出后让溶剂挥发后密封包装即可。

（2）灭蝇剂

粘蝇纸的配方（质量份）示例：

松香	10	菜籽油	5
蜂蜜	1	松节油	5

制法：将原料投入容器中，加温溶化并搅拌均匀，然后将其涂于已上胶的纸上即成本品。

（3）杀蟑螂剂

杀蟑螂剂的配方（质量份）示例：

稻糠	15.3	牛奶	1.7
面粉	1.9	硼酸	3
鸡蛋	15.1		

制法：先将多孔颗粒（如锯屑）放在甘油（或大蒜提取物）中浸渍，然后将制成的混合物包衣造粒即得本剂。本剂高效，且特效期长，成本低。

（4）灭蚁剂

白蚁防治剂的配方（质量份）示例：

粉状硼酸	100	蜂蜜	200
木屑	400	热水	300

制法：将粉状硼酸加到热水中，然后与其余两种组分混合，混合物经浓缩、干燥即得本剂。

白蚁驱杀剂的配方（质量份）示例：

钼酸钠或钼酸钾	5.3	去离子水	100

制法：将钼酸钠或钼酸钾溶于水中即成。

用法：将朽木浸入上述溶液，朽木的气味能引诱白蚁增进食欲。1个月以后，白蚁死亡率达95%以上。

特性：白蚁在体内进行固氮生成蛋白质过程中，微量钼是不可缺少的，但是，若摄取量超过一定限度，就会蓄积在外壳的内侧脂肪层上，引起新陈代谢失调，最终死亡。

(5) 灭跳蚤、臭虫剂

杀跳蚤剂的配方(质量份)示例:

豆油	50	凡士林	10
松香末	100		

制法:先把豆油、凡士林混合加热,然后再将松香末加入,搅拌均匀,待冷却后涂于16开的白纸上即成本剂。

灭臭虫剂的配方(质量份)示例:

倍硫磷	2	滑石粉	50
重碳酸钙	48		

制法:将各组分充分混匀成粉剂,装入纱布袋内,撒布于床板、地面、窗台及墙角处,或将粉剂加水调成糊状,用毛刷或排笔蘸药液涂刷在床和墙的缝隙中。

特性:本品的特点是高效、长效,对人、畜毒性低。一般于施药3天内臭虫大部分死亡,7天内杀死全部成虫和幼虫,并可维持2～4个月的残效期。

第9章

日用化学品主要生产设备

本章简单介绍日用化学品主要生产设备的结构、原理、特点和应用。

9.1 液体和乳液产品主要生产设备

9.1.1 搅拌釜

液态非均匀介质的混合与乳化设备主要是搅拌釜。搅拌釜由搅拌机构和搅拌釜壳所组成。搅拌机构包括传动机构、轴和搅拌器。通常，搅拌机构安装在釜盖上，也可装在独立组装的构件上，或是可移动的。搅拌釜的壳体多数是圆筒形的，如果在搅拌釜内还要完成换热过程，通常应设换热器。如果换热器置于外面，则做成夹套式，如果换热器放在釜内，则可用蛇管。此外，搅拌釜内还可装设内件、反射挡板、压料管、鼓泡器等。

（1）立式搅拌釜

立式搅拌釜是应用最广泛的搅拌釜，如图 9-1 所示，其特征是电动机变速器轴的中心线和搅拌轴的中心线相重合。通常，搅拌釜壳体材料用钢制成，但是如果搅拌釜用于酸、碱或酸碱交替的介质，则可用搪瓷或不锈钢制作。搪瓷搅拌釜壳体内表面涂搪瓷，该搪瓷层具有耐酸碱（高浓度碱除外）或其他腐蚀性介质的作用。

（2）卧式搅拌釜

壳体中心线呈水平方向的搅拌釜称卧式搅拌釜。采用卧式搅拌釜的目的在于降低搅拌釜的总高度，提高搅拌机构轴的振动稳定性，改善悬浮条件。

（3）轻便型搅拌机构

轻便型搅拌器是一种特殊机构，如图 9-2 所示，它装在各种开式容器上构成搅拌液态介质的搅拌釜，适用于小批量生产使用。

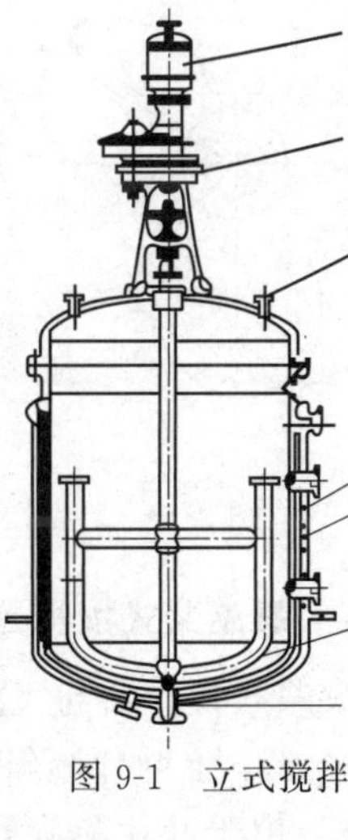

图 9-1 立式搅拌釜

9.1.2 搅拌器

对于搅拌液态介质的搅拌釜来讲，搅拌器是其主要元件之一。搅拌器可分为高速和低速两大类，高速搅拌器是指在湍流状态下搅拌液态介质的搅拌器，适宜于低黏度液体的搅拌，比如叶片式、螺旋桨式和涡轮式搅拌器。低速搅拌器是指在滞流状态下工作的搅拌器，适宜于高黏度流体和非牛顿型流体的搅拌，如锚式、框式和螺旋式搅拌器。

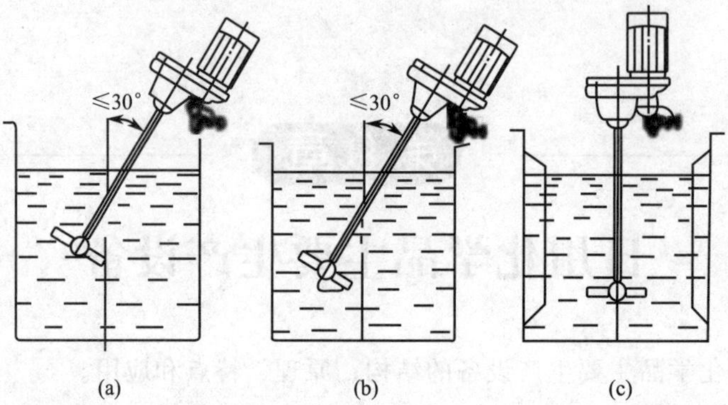

图 9-2　轻便型搅拌器

(a) 倾斜地固定在搅拌罐的壳体上；(b) 倾斜地固定在辅助结构上；(c) 垂直地固定在辅助结构上

(1) 叶片式搅拌器

叶片式搅拌器是最简单的一种搅拌器。叶片由金属平板制成，一般为 2～4 片，总长约为搅拌釜内径的 1/3～2/3，通常叶片和旋转平面成45°倾角，称桨叶式搅拌器。若叶片和旋转平面垂直，则称其为直叶片式搅拌器，如图 9-3 所示。若轴套上焊三个平板叶片，且每个叶片和搅拌器旋转平面呈 24°倾角，则称其为三叶片式搅拌器，如图 9-5 所示。倾斜角的存在，有利于被搅拌液体的轴向流动。

叶片式搅拌器的转速不太高，对流体的搅动程度不激烈，若液层较深时，可以在搅拌轴上安装数排叶片。由于叶片式搅拌器结构简单，制造方便，故应用广泛。

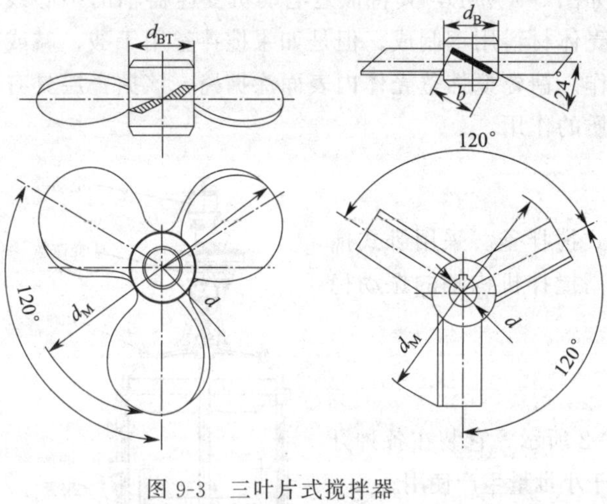

图 9-3　三叶片式搅拌器

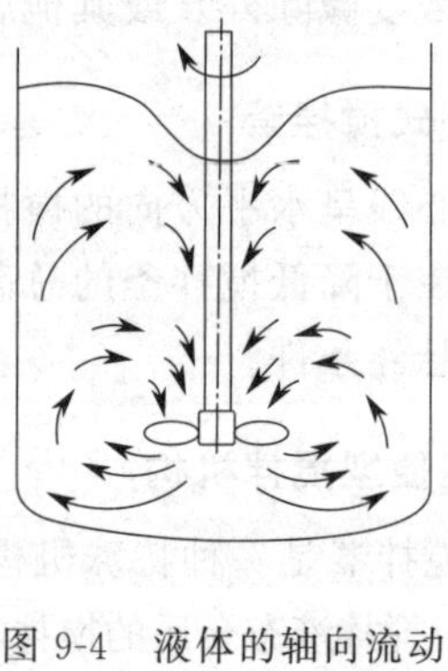

图 9-4　液体的轴向流动

(2) 螺旋桨式搅拌器

螺旋桨式搅拌器与飞机和轮船用的螺旋桨式推进器的形状相同，如图 9-6 所示，其特征是在直径 d_{BT} 上叶片倾斜角 β 大于直径 d_M 上的叶片倾斜角 α。叶片也可以做成机翼形状，如图 9-7。由于叶片和旋转平面构成倾斜角，故当桨叶高速转动时（最高可达 300r/min），由于螺旋桨的推进作用，使液体在搅拌罐中心附近向下流动，而在靠近壁面处向上流动，形成一个上、下间激烈的流体循环运动，如图 9-7 所示，所以搅拌效果较好，被广泛用于要求剧烈搅拌的场合。

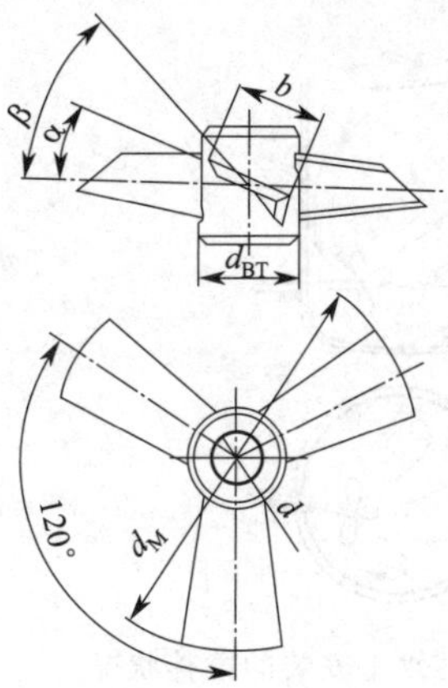

图 9-5　螺旋桨式搅拌器

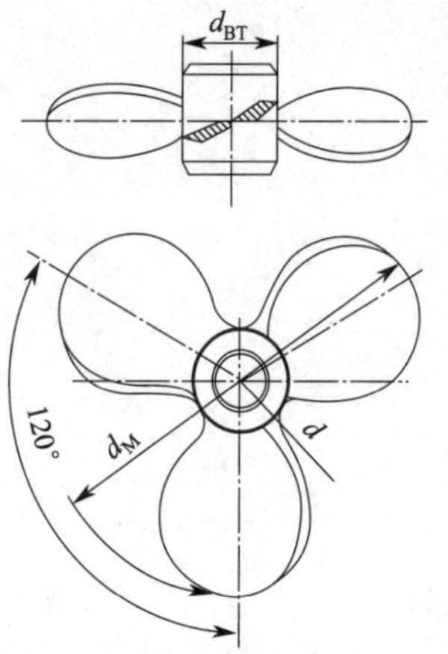

图 9-6　具有机翼型叶片的螺旋桨式搅拌器

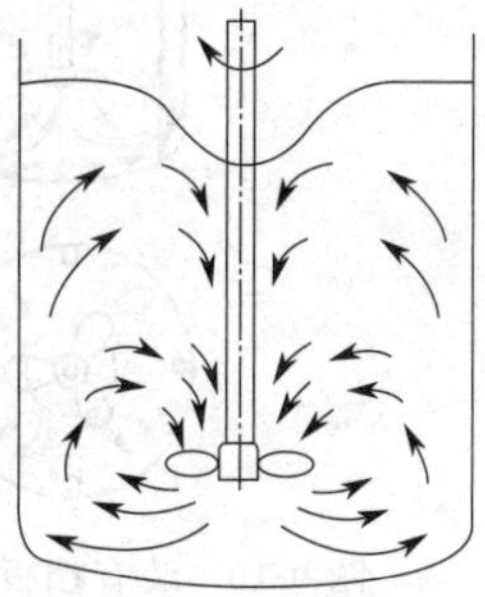

图 9-7　螺旋桨式搅拌器的搅拌状态

（3）涡轮式搅拌器

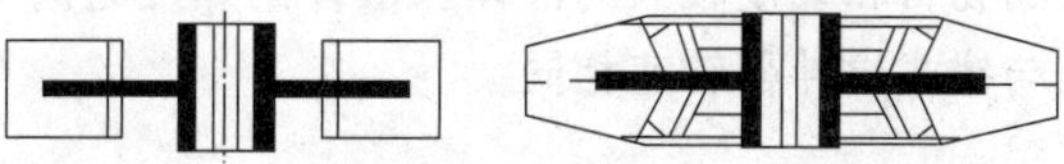

(a) 开启叶片涡轮式　(b) 闭叶片涡轮式

图 9-8　涡轮式搅拌器

涡轮式搅拌器有多种形式，最简单的一种形式是在一水平圆盘上，沿圆周均匀固定六块平板叶片，这种形式称为开启叶片式涡轮搅拌器，也可用轮盘盖上叶片，做成闭式结构，称闭叶片涡轮式搅拌器，如图 9-8（a）和（b）所示。

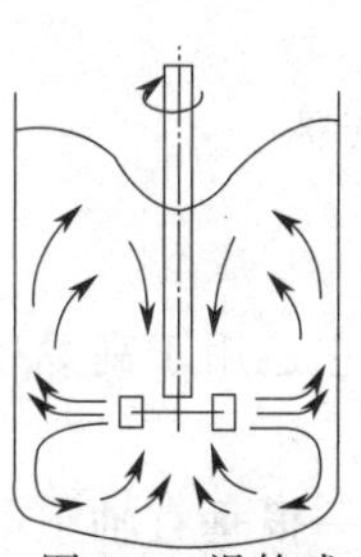

图 9-9　涡轮式搅拌器的搅拌状态

涡轮式搅拌器的作用和结构类似于离心泵。当轮叶以高速旋转时，液体由轮心吸入，同时借离心作用由轮叶间通道沿切线方向抛出，从而造成液体的激烈搅拌，如图 9-9 所示。它适宜于处理大量液体的搅拌，能搅动 $4\sim6m^3$ 的液体，还能将含固体达 60%的沉淀物搅拌起来。与螺旋桨式相比，涡轮式搅拌器所造成的总体流动回路较为曲折，出口的绝对速度很大，桨叶外缘附近造成激烈的旋涡运动和较大的剪切力，可将液体微团分散得更细。但涡轮搅拌器在搅拌釜内有两个回路，对易于分层的物料不太适合。一般可将它装于底部，使径向液体折向上，卷起沉于底部的沉淀颗粒，有利于大容量、较高黏度液体的搅拌与乳化。此外，也可根据需要采取一些措施来改善搅拌效果。最常用的措施是在搅拌釜内安装挡板和采用偏心或偏心倾斜安装的方法。

搅拌釜内安装挡板，如图 9-10 所示，可将液体的旋转运动变成轴向运动，有利于消除液面凹落，提高混合效果。而偏心水平安装见图 9-11，其作用是破坏了循环回路的对称性，增加了旋转运动的阻力，这样可有效地阻止圆周运动，增加湍动，提高混合效果，清除液面凹陷现象。

（4）锚式搅拌器

锚式搅拌器结构如图 9-12 所示，其外形很像轮船上用的锚，故而得名。锚式搅拌器的总体轮廓与搅拌釜下半部分内壁的形状一样，内壁与搅拌器之间的间隙很小，为 5mm 左右，所以它除了起搅拌作用外，还可刮去搅拌釜器壁上的沉淀物。它的转速不大，为 15～80r/min，主要用于黏度大、有沉淀和搅动程度要求不高的场合。

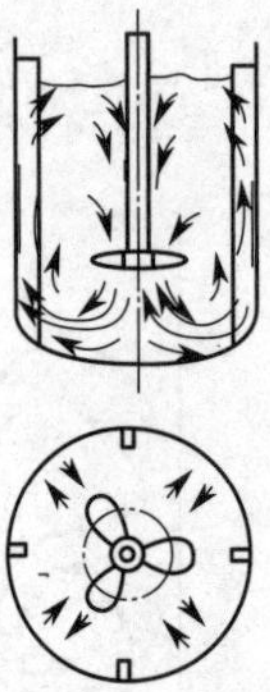

图 9-10　装有挡板的流动状况

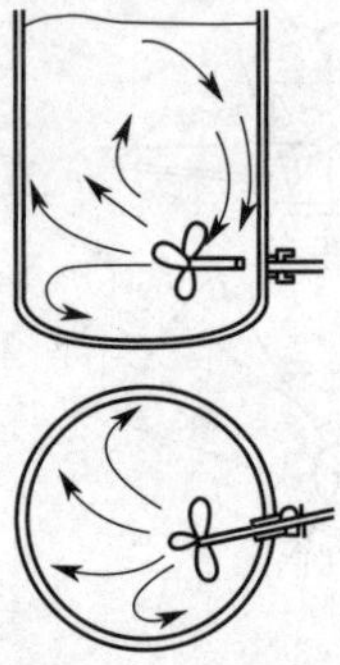

图 9-11　偏心水平安装的搅拌状况

（5）框式搅拌器

框式搅拌器结构如图 9-13 所示。由于搅拌器为刚性框式结构，比较牢固，可搅动较大量的物料和黏度较大的液体。液体的黏度越高，则中间的横梁越多。通常其转速较低，大体上与锚式搅拌器转速相同。

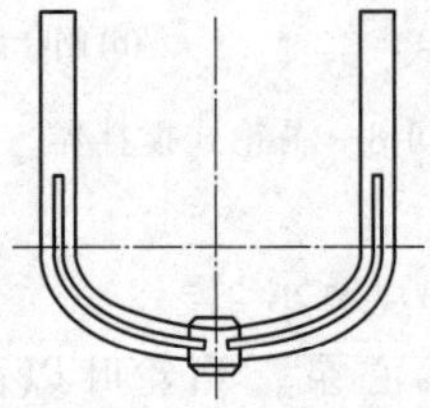

图 9-12　锚式搅拌器

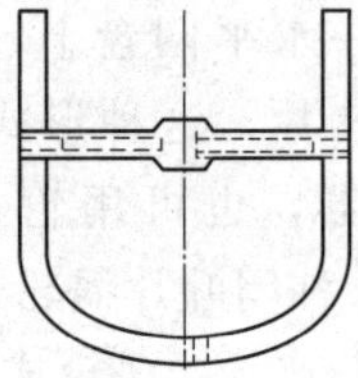

图 9-13　框式搅拌器

（6）螺旋式搅拌器

螺旋式搅拌器是在轴上焊上螺旋形平板叶片而构成，如图 9-14 所示，它适用于高黏度流体的搅拌，转速较低。

此外，还有一种慢速搅拌器是螺带式搅拌器，如图 9-15 所示，它是在一根垂直轴上等距地装设一些圆柱形轮毂，然后在每一个轮毂上焊接两个圆柱形径向支撑杆，在径向支撑杆外端接两条螺带叶片而构成。由于螺带叶片使物料上下翻动、混合，因此它适宜于搅拌黏度很大的流体及带有较多固体粉料的混合物。

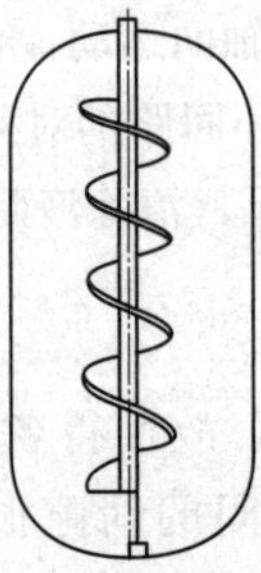

图 9-14　螺旋式搅拌器

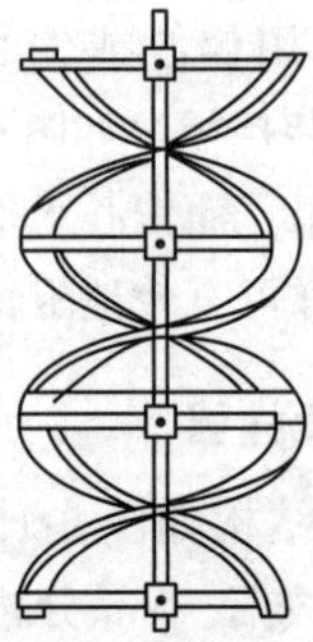

图 9-15　螺带式搅拌器

上述六种搅拌器，如果按叶片形状来分，实际上只有三种，其中叶片式、锚式和框式应统称为桨式均质搅拌器，螺旋桨、螺旋式和螺带式应称为螺旋式均质搅拌器和涡轮型均质搅拌器。

9.1.3　均质乳化搅拌设备

（1）直高剪切均质机

高剪切均质机是一种具有较强剪切、压缩和冲击等作用的高效搅拌机械，主要应用于液体的乳化，固、液两相物料的粉碎、均质分散，混合，如图 9-16 所示。其结构为一对精密配合的定子、转子及相应的特殊结构，转轴与转子之间通过三根筋条相连接。当转子以 1000～10000r/min 的速度做高速旋转时，由于在转子的上、下两边产生压力差而使物料被吸入筋条与转子之间形成的空间，随转子的高速转动，物料受离心力作用而被迫从转子的小孔内进入转子与定子之间的高剪切区。由于受到由高速旋转的转子通过定子所产生的强力剪切、压缩、混合和冲击等的共同作用，物料可在极短的时间内被均匀地混合、乳化与分散，然后从定子中甩出。

（2）胶体磨

胶体磨是一种剪切力很大的乳化设备，可以迅速地同时对液体、固体、胶体进行粉碎、微粒化及均匀混合、分散、乳化等处理。其主要部件为一固定的磨盘（定盘）和一高速旋动的磨盘（动盘）所组成。磨盘的形状为两只套合的截锥体，如图 9-17 所示。当动盘以 1000～10000r/min 的转速高速旋转时，物料被迫通过定盘和动盘之间大约 0.025mm 的间隙，此间隙大小可以调节。由于动盘高速旋转，因此动盘通过定盘对经过动盘和定盘间隙的物料在极短的时间内进行强力的剪切、研磨、混合、冲击，从而使物料被迅速地粉碎、微粒化和均匀地分散、混合、乳化。经过处理的物质细度可以达到 0.01～5μm，所以胶体磨是一种具有强大分散能力和混合均匀的高效乳化设备，可以制得相当稳定的乳液。

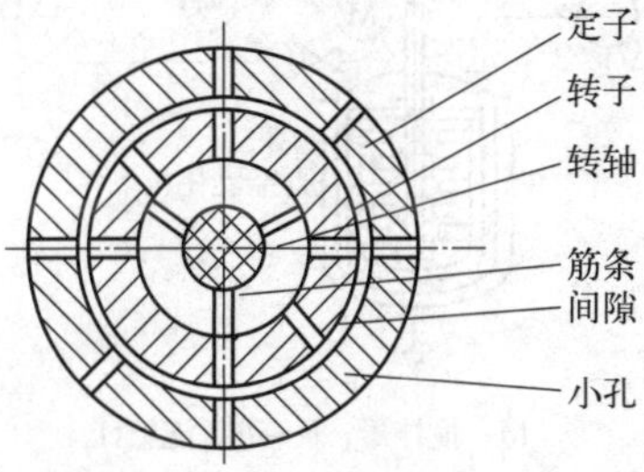

图 9-16　高剪切均质机工作原理结构图

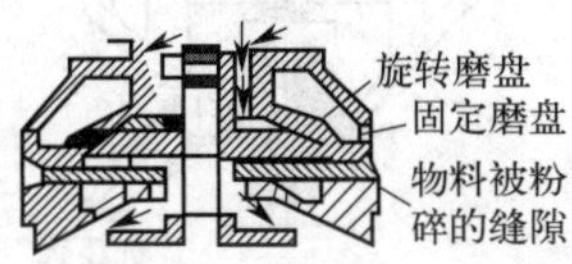

图 9-17　胶体磨

（3）超声波乳化

声波是指振动频率超过人类听觉上限（约为 20000Hz）的振动波。其特点是能量集中、强度大、振动剧烈、破坏性强。在乳化剂生产中通常采用簧片式超声发生器，其主要部件为较狭的矩形喷嘴缝隙和与之相对的两端呈尖劈形状的平板（或单面刀片）振动元件，如图 9-18 所示。当油水混合液以一定的压力冲击尖劈刃口时，在尖劈刃口附近就产生强大的振动，其强度足以使油水两相在短时间内进行强烈的混合、分散和乳化。粗制的乳液经过数次循环，可以得到相当稳定的乳液。即使在无乳化剂存在的情况下，油水两相经过超声波乳化处理后也可达到数十天不分离。此外，由于超声波在液体内产生空穴作用，使液体内的微生

图 9-18　簧片式超声发生器

物细胞受到破坏，故也具有一定的杀菌消毒作用。

图 9-19 为簧片式液体超声乳化装置。油和水分别通过流量计按一定的比例流经齿轮泵，并以较高的压力从喷嘴喷出进行连续乳化，打开两容器中间的连通阀可进行多次循环乳化。

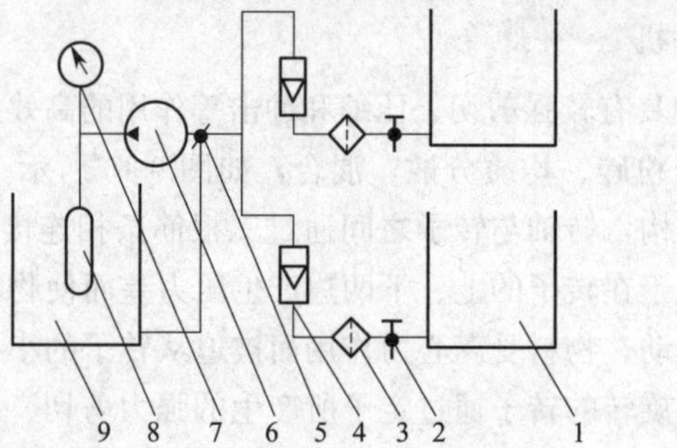

图 9-19　超声乳化装置示意图

1—油水加热器；2—阀；3—过滤器；4—转子流量计；5—三通阀；6—泵；7—压力表；8—超声发生器；9—乳化锅

(4) 连续喷射式混合乳化机

连续喷射式混合乳化机由可旋转的锥形转体和固定的斗形筒体组成，如图 9-20 所示。这种混合乳化机可制成油包水型或水包油型的乳液，适用于制造乳状化妆品。

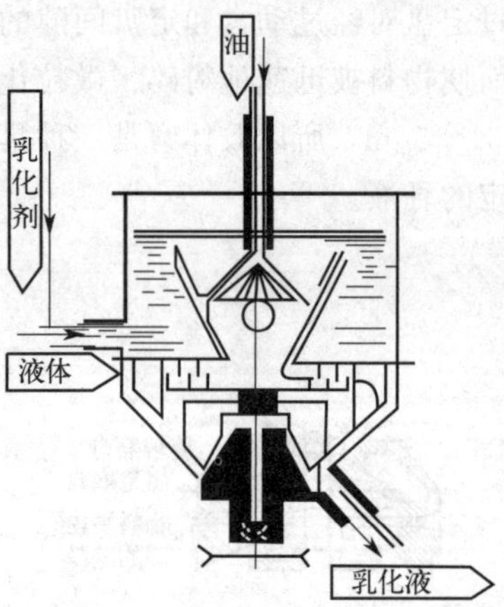

图 9-20　连续喷射式混合乳化机

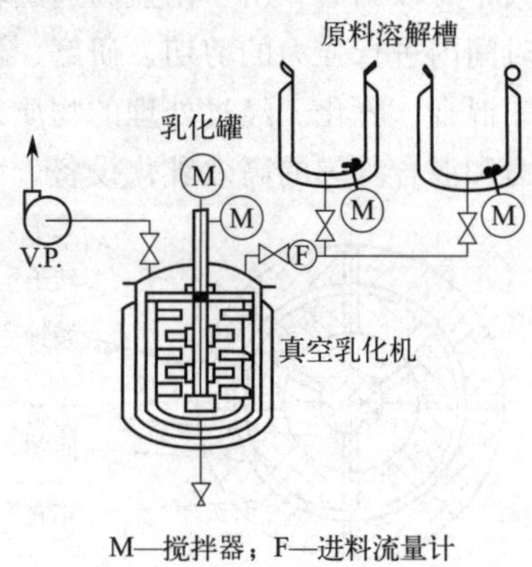

图 9-21　真空乳化机

(5) 真空乳化机

真空乳化机在密闭的容器中装有搅拌叶片，在真空状态下进行搅拌和乳化，如图 9-21 所示。它配有两个带有加热和保温夹套的原料溶解罐，一个是溶解水相，另一个是溶解油相，都备有搅拌桨叶。这种设备适用于制造乳液化妆品。特别适用于制造高级化妆品时采取无菌配料操作使用的设备。

9.2　粉类制品主要生产设备

9.2.1　粉碎设备

粉碎设备有很多种，一般可按被粉碎物料在粉碎前后的状态划分为四类：①粗碎设备：

典型的有颚式破碎机和锥形破碎机。②中碎与细碎设备：主要有滚筒破碎机和锤击式粉碎机。③磨碎和研磨设备：主要有球磨机、棒磨机等。④超细碎设备：主要有气流粉碎机、冲击式超细粉碎机等。日用化学品粉类制品的生产主要用到研磨和超细粉碎设备。

（1）球磨机

球磨机主要由钢制筒体和装在筒体内的研磨体组成，如图 9-22 所示。当筒体由电动机通过减速器带动做回转运动时，装在筒体内的研磨体由于和筒体的摩擦作用而被带着升高到一定高度后下落。筒体不断地做回转运动，则研磨体就被不断地升高和回落，结果使物料不断地在下落的研磨体的撞击力及研磨体与筒体内壁的研磨作用下而被粉碎。

球磨机的筒体有圆筒形、长筒形和圆锥形三种，均为卧式，分别称为圆筒球磨机、管形球磨机和锥形球磨机。而研磨体可以是球形，也可以是棒形或其他形状，前者称为球磨机，后者称为棒磨机。

球磨机的优点是可以进行干磨，也可以进行湿磨，其粉碎程度较高，可得到较细的颗粒，特别是粉碎或研磨易爆物品时，筒体内可以充惰性气体以防爆。由于其进行密闭研磨，故减少了粉尘飞扬。

球磨机的缺点在于体积庞大、笨重，运转时有强烈的震动和较高的噪声，因此必须有牢固的基础。此外，粉料内易混入研磨体的磨损物，会污染产品。

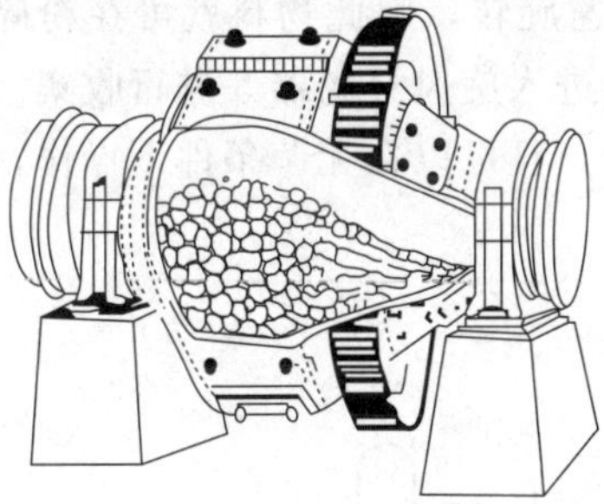

图 9-22 锥形球磨机

图 9-23 双筒式振动磨

（2）振动磨

振动磨是利用研磨体在磨机筒体内做高频振动，将物料磨细的一种超细磨设备。其结构为一卧式圆筒形磨机，筒体里面装有研磨球和物料，在筒体中心装有一回转主轴，轴上装有不平衡重物，如图 9-23 所示。当主轴以 1500～3000r/min 的速度旋转时，由于不平衡物所产生的惯性离心力使筒体产生高频振动。筒体支持在弹簧上，这样借筒体的高频振动，物料就可不断地被研磨体撞击而粉碎。

（3）微细粉碎机

微细粉碎机主要用来生产 200～300 目的超细粉末。当粉料通过送粉机械进入粉碎室后，由于室内装有特殊的齿形衬板，因此，在高速回转的大小叶轮带动下，粉料就可不断地受特殊齿形衬板的影响而发生相互撞击，产生微细的粉末。粉粒的细度一般可达到 5～10μm。

（4）气流粉碎机

气流粉碎机结构如图 9-24 所示，它是利用高压气体从喷嘴射出形成高速流，从斜的方向向粉碎室内壁喷射，使粉碎室内的物料做高速旋转，造成物料粒子互相撞击，从而达到粉碎的目的。粉碎后的粉料通过旋风分离器，将粗粉送入粉碎室继续粉碎，细粉则进入收集器。通常气流粉碎机可以使物料粉碎到几个微米。

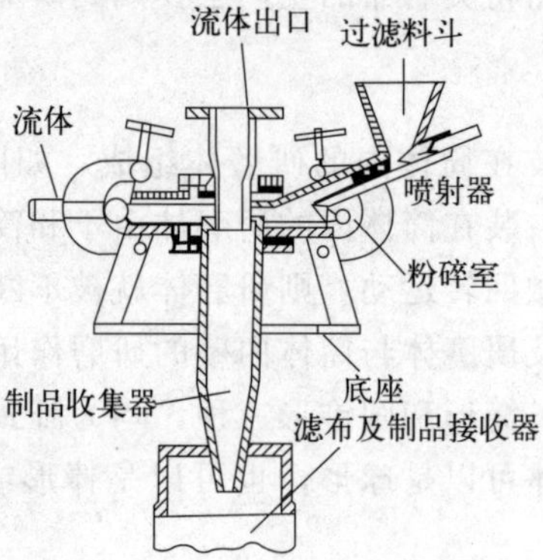

图 9-24 气流粉碎机

（5）立式气流磨

立式气流磨也是利用高速气流，促使固体物料自行相互击碎的超细粉碎设备，如图 9-25 所示。物料自料斗 6 经过喷嘴喷射后进入粉碎管 2、3、4，高压气体从管道 10 进入喷嘴 5 射入粉碎管，由于高压气体在粉碎管内带动物料做高速旋转，因此物料就可在粉碎管内通过撞击、剪切而被粉碎。已粉碎的细粉在上弯管 2 排出进入旋风分离器 8 进行收集。立式气流磨可以制得粒度微细而均匀的成品，成品的纯度较高，且可以在无菌条件下操作，适宜于热敏性及易燃、易爆物料的粉碎。

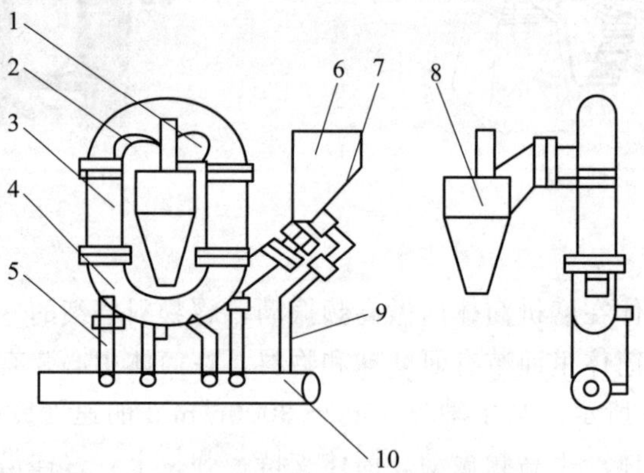

图 9-25 立式气流磨

1—粉粒出口；2—上弯管；3—直管；4—下弯管；5—喷嘴；6—料斗；7—加料喷嘴；8—旋风分离器；9—喷嘴气管；10—压力气体总管

（6）冲击式超细粉碎机

冲击式超细粉碎机结构如图 9-26 所示，主要由叶轮、粗碎叶片、分级机构、定子和自身循环回路所组成。当物料进入粉碎机后，即受到高速旋转叶片的撞击及叶轮和安装在周围的定子之间的强力剪切而被粉碎。粉碎后的物料在充分分散的状态下通过分级机构进行分级，细粉被取出机外，而粗粉则通过与供料口相通的自身循环回路进行再次粉碎。

9.2.2　筛分设备

固体原料经粉碎后颗粒并非完全均匀，故需要将颗粒按大小分开才能满足不同的需要。这种将物料颗粒按大小分开的操作称为筛分。筛分可能用机械离析法，也可用空气离析法，前者的设备称机械筛，如栅筛、圆盘筛、滚筒筛、摇动筛、簸动筛、刷筛及叶片筛；后者的设备称风筛，如离心分筛机、微粉分离器。

（1）滚筒筛

滚筒筛又称回转筛，主体为稍作倾斜的滚筒，筒面上为筛网，如图 9-27 所示。当物料经加料斗加入旋转着的滚筒后，其中的细料即可穿过筛孔排出作为成品落入料仓，而粗料则沿滚筒前移，在滚筒的另一端排出，重新进粉碎机粉碎。

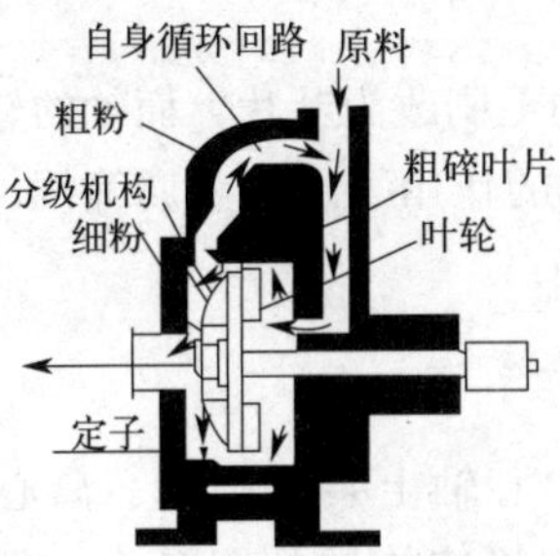

图 9-26　冲击式超细粉碎机

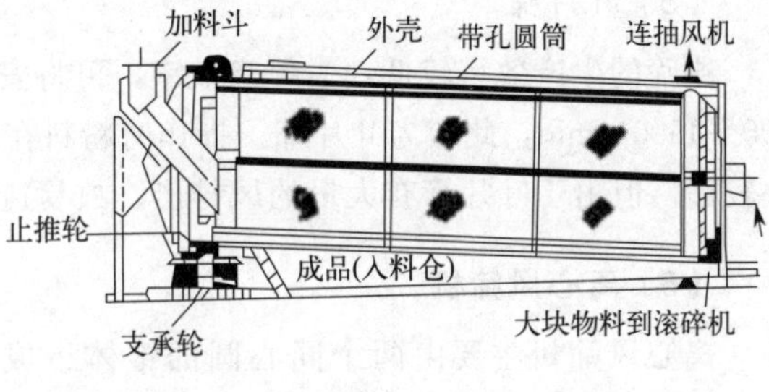

图 9-27　圆筒形的滚筒筛

（2）摇动筛

摇动筛如图 9-28 所示，筛子水平或倾斜放置，通过连杆和偏心轮相连接。当电动机带动偏心轮转动时，偏心轮即通过连杆摇动筛子，使筛子做往复运动。筛上的物料中，可筛过物经筛孔落到下方，而未筛过物则顺筛移动，落到粉碎机中。

摇动筛可以做成多层，在这种筛中，物料先加入具有最大筛孔的上层筛板上，未筛过的大块物料由此筛层分出，筛过物料则落到下层筛板上。下层筛板上的筛孔较小，这层的筛过物又落到下层更细筛孔的筛板上。依此类推，即可同时筛分出颗粒大小不同的若干种产品。因此摇动筛是一种效率很高的筛分设备，广泛应用于细物料的筛分。

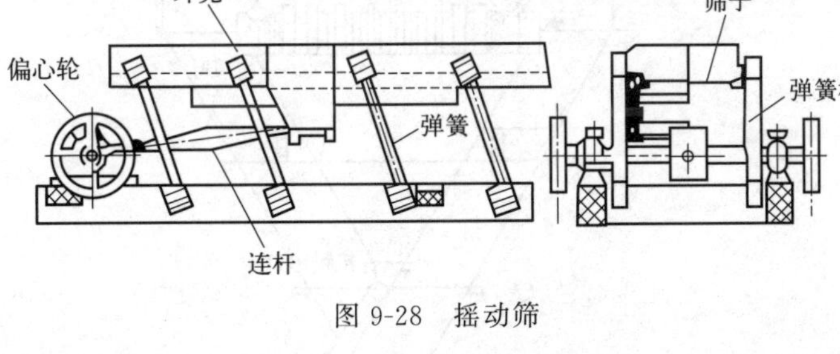

图 9-28　摇动筛

（3）簸动筛

簸动筛由外壳、筛子和振动机构组成。外壳的支承为弹性支承，筛网略呈倾斜。由于振动机构引起筛子上下簸动，使进入到筛子上的物料也做上下颠簸运动，这样就可以使细料通过筛子下落而未筛过物则逐渐沿着筛面向前移动到筛的另一端，重新进入粉碎机粉碎。由于振动物料颗粒不易堵塞筛孔，故其筛分效率较高。

（4）刷筛

刷筛结构如图 9-29 所示，是一个 U 字形容器，在容器的底部装一固定的半圆形金属筛网，容器两端侧面的圆心上有两个轴承座，其上安装一支转轴，轴上安装有交叉的毛刷，毛刷紧贴金属筛网，容器盖上有一加料斗。当毛刷以 30～100r/min 的速度旋转时，渐渐将粉料从加料斗加入容器内，由于毛刷紧贴着筛网做回转运动。因此，筛网上的物料就可按粗细不同被筛分，筛过物即为产品，未筛过物重新去粉碎。

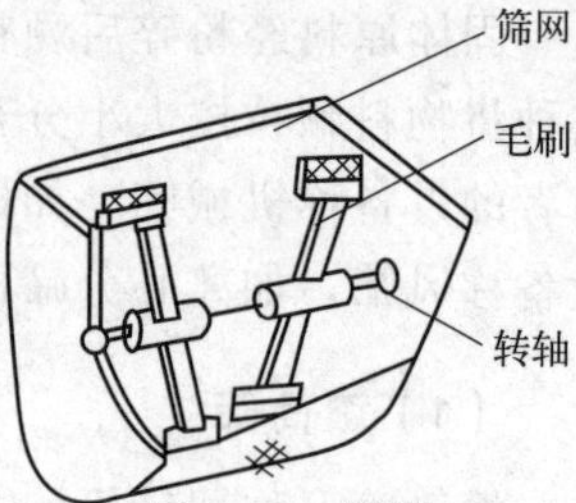

图 9-29 刷筛

（5）叶片筛

刷筛的生产效率较低，为提高效率，可将安装在轴上的毛刷改为叶片，而轴的转速提高到 500～1500r/min，此即为叶片筛。操作时粉料在叶片离心力的作用下通过金属筛网，故生产效率较高。但由于叶片筛有大量的风排出，故易造成环境污染。

（6）离心风筛机

离心风筛机主要由两个同心圆的锥体组成，内锥体中心轴上装有圆盘、离心翼片及风扇，如图 9-30 所示。被粉碎物料从上部加料口进入，落到迅速旋转的圆盘上，借离心力将粉状物料甩向四周。圆盘四周有上升气流将粉状物料吹起来，使细粉浮动，而粗颗粒因离心力大而碰到内锥筒壁落下，中等颗粒的物料浮起不高，遇到旋转着的离心翼片，被带着向内锥筒壁运动，撞到内锥筒壁而下落，从粗料出口管流回粉碎机或其他容器内。能够浮动到离心翼片以上的细料，则随气流被风扇吹送到内外锥筒的夹层中，在这里空气速度骤减，从下端的细料出口处排出。与细料分离的空气经倾斜装置的折风叶重新进入内锥筒内。

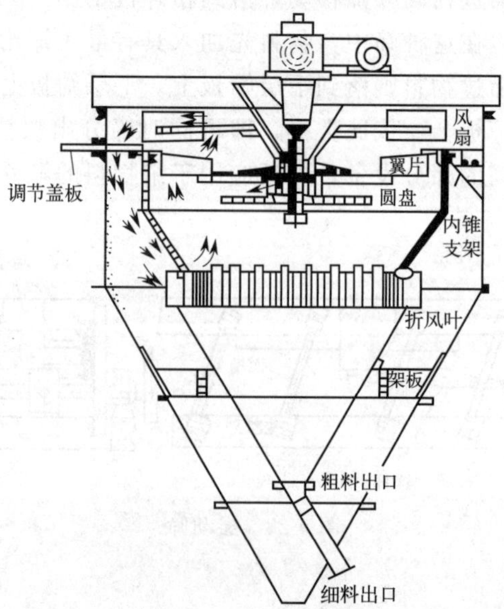

图 9-30 离心风筛机

通常在内锥筒的上端周围装有调节盖板，通过伸缩盖板、增减离心翼片数目及倾斜度或变更主轴的转速等都可调节物料被分离的粗细程度。一般分离细料时，离心翼片可多至 48 个，最少为 6 个；而分离粗料时，有时可以不用离心翼片。

（7）微粉分离器

微粉分离器也是利用空气流使物料的颗粒能够粗细分离的设备，其结构如图 9-31 所示。含有粉尘的气流从底部进料管 1 送入分离室 5，室内装有一具有电动机驱动的转子，转子支承于转轴 12 上，并以高速旋转。当含粉气流穿过转子时，悬浮的粉料受到转子的离心力作用而改变运动方向，沿筒壁 5 下降至出口 7 的锥面上时，被进风管 8 的旋转气流再次提升夹带下细粉，从而提高了分离效果，不符合细度的粉末则通过集粉管 4 从排粉口 13 排出。

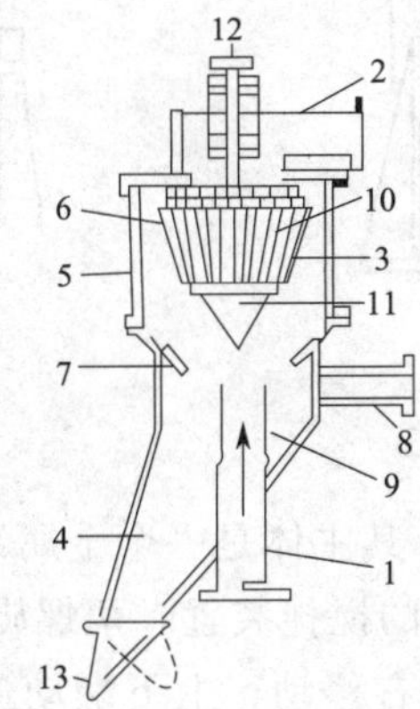

图 9-31　微粉分离器

1—进料管；2—排风管；3—转子；4—集粉管；5—分离室；6—转子上的空气通道；7—节流环；8—二次风管；9—喂料位置调节环；10—扇片；11—转子锥底；12—转轴；13—活络排粉口

9.2.3　混合设备

混合设备主要用于固体与固体的混合操作。

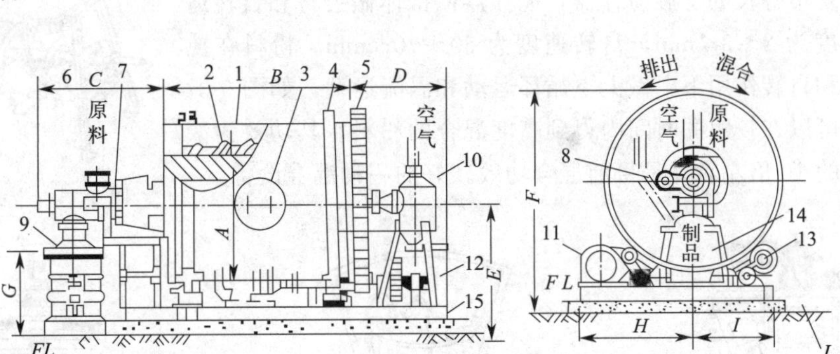

图 9-32　滚筒型混合机结构

1—滚筒；2—搅拌叶；3—入孔；4—轮箍；5—滚筒齿轮；6—螺旋送料器；7—螺旋送料器用齿轮；8—离合器；9—集尘盖；10—分离器；11—齿轮传动电机；12—传动轴；13—支撑滚轮；14—推力轮；15—机座

（1）滚筒型混合机

滚筒型混合机是通过滚筒的转动而将筒内的物料进行混合的设备。这种设备结构简单，适宜于干粉的混合，如图 9-32 所示。

（2） V形混合机

V形混合机是由两个圆形筒组成的V形混合筒，如图 9-33 所示。由于V形混合筒不断回转，发生重力和离心力的作用，故筒内被混合的物料沿着交叉的两个圆筒移动，从而在V形筒的尖端地方重复冲撞、混合。这种设备适用于干粉的混合。

与V形混合机混合原理相似的另一种混合机为双圆锥形混合机，如图 9-34 所示，同样它也适宜于干粉的混合。

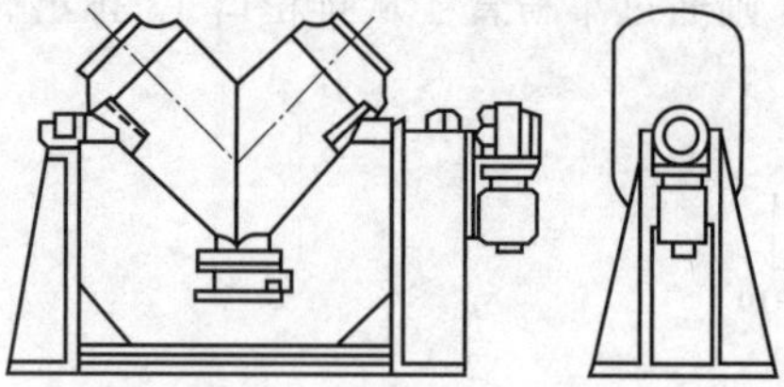

图 9-33 V形混合机

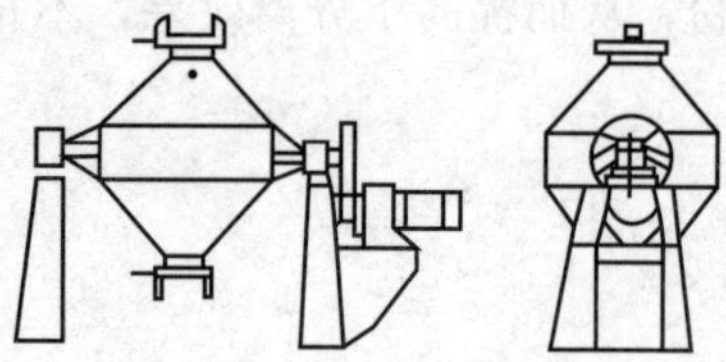

图 9-34 双圆锥形混合机

（3）带式混合机

带式混合机结构如图 9-35 所示，其主体是一个金属制成的U形水平容器，中心装置是回转轴，在轴上固定两条带状螺旋形的搅拌装置，两螺旋带的螺旋方向相反。当中心轴旋转时，由于反向螺旋的作用，粉料向左右移动、上下翻动进行充分混合，在U形容器的底部开有出料口，粉料可以在搅拌后放出。在某些特殊需要的场合，U形容器可以做成夹套，进行加热或冷却。容器也可抽真空，进行真空拌粉等操作。通常混合器的装载量为U形容器体积的40%～70%，拌粉轴的转速为20～300r/min。

（4）双螺旋锥形混合机

双螺旋锥形混合机结构如图 9-36 所示，其外形为一圆锥筒，筒内装有两支不等长的螺旋搅拌器，搅拌器依锥体做公转和自转运动。公转速度为2～3r/min，自转速度为60～70r/min。粉料在搅拌器的公转和自转作用下，做上下循环运动和涡流运动，如图 9-37 所示。因此可以在较短的时间内得到高度混合的粉料，其功效为滚筒式混合机的10倍左右，是目前混合功效较好的一种混合设备。

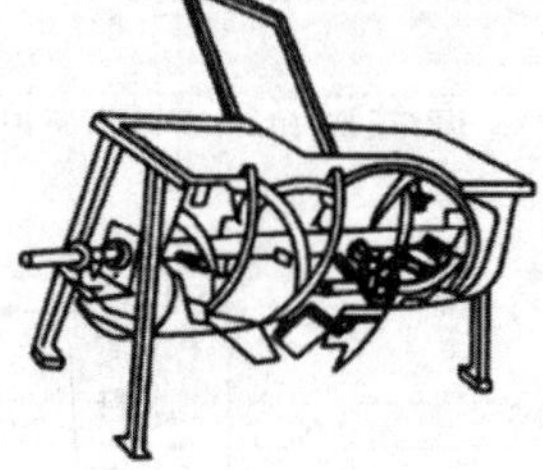

图 9-35 带式混合机

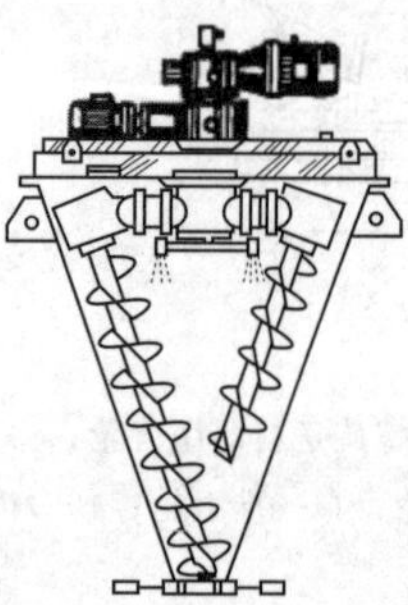

图 9-36 双螺旋锥形混合机

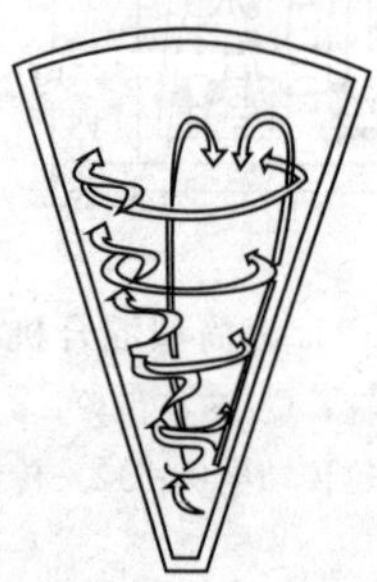

图 9-37 粉料运动图

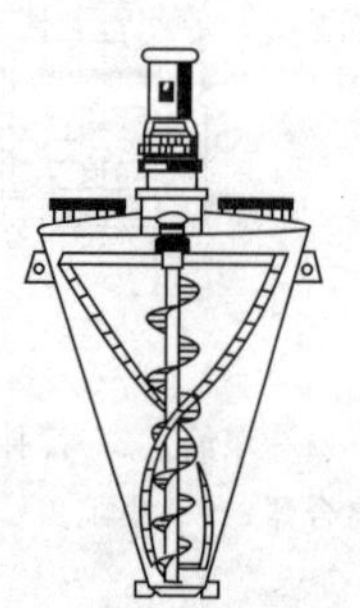

图 9-38 螺带式锥形混合机

（5）螺带式锥形混合机

螺带式锥形混合机的结构如图9-38所示，其搅拌器采用螺旋搅拌器和外部螺带式锥形搅拌器相组合的形式。搅拌时，可以造成粉料的剪切、错位、扩散、对流等全方位的运动，从而获得均匀混合物。它也是目前混合效果较好的混合机之一。

（6）高速混合机

高速混合机是一种高效混合设备，结构如图9-39所示。它具有一圆筒形夹壁容器，在容器底部装置一转轴，轴上装有搅拌桨叶，转轴可与电动机用皮带连接，也可直接与电动机连接，在容器底部开有一出料孔，在容器上端有平板盖，盖上有一挡板插入容器内，并有一测温孔用于测量容器内粉料在高速搅拌下的温度。当启动电动机后，粉料在高速叶轮的离心力作用下互相撞击粉碎，进行充分的混合。由于粉料在高速搅拌下运动，因此粉料温度在极短的时间内显著升高，极易使粉料变质、变色，故在使用前必须先在混合机夹层内通入冷却水进行冷却，同时在运动时也须经常观察温度的变化。该混合机可在真空下操作，也可在小于245.5kPa的压力下操作，一般其适宜的装载量为容器容积的60%～70%，叶轮的转速控制在500～1500r/min之间。

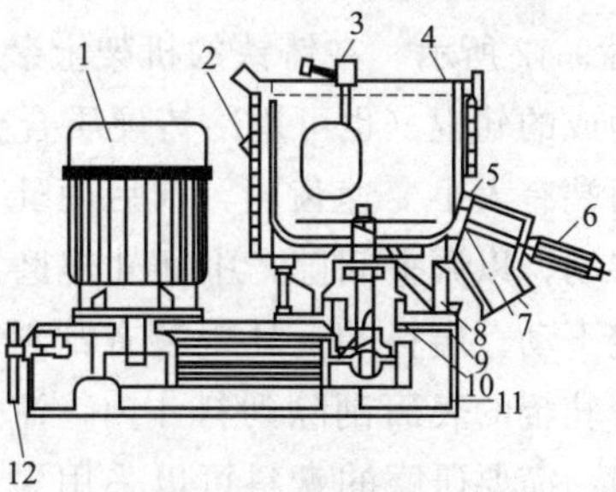

图9-39　高速混合机

9.3　膏霜类制品主要生产设备

9.3.1　捏和设备

固体物料和少量液体物料的混合或固体物料与黏稠液体物料的混合操作称为捏和。由于所处理的物料基本上都是非牛顿型流体，所以需要通过强有力的捏和作用，才能使物料不断地被剪切、压延、折合，产生连续变形，从而达到较好的混合效果。

（1）双腕式捏和机

双腕式捏和机的结构主要由两个腕形叶片组成。当捏和机操作时，两个腕形叶片以相反的方向旋转，从而使物料进行充分地捏和。腕形叶片的形状有很多，典型的两种形式如图9-40所示，它们适用于半干燥、半塑性的物料和膏状物料的混合。

(a) 切线形　(b) 重叠形

图9-40　双腕式捏和机的叶片形状

（2）密闭式捏和机

密闭式捏和机是由混合箱和重量锤构成，如图9-41所示。在混合箱内装有两个特殊形状的叶轮，互相向相反的方向旋转，对物料进行捏和。混合箱的外部夹层通蒸汽加热或通冷却水冷却，在上部装有用压缩空气驱动的重量锤，将物料压入叶轮中间进行定时捏和，成品从底部的活动放料口排出。叶轮是空心的，可通蒸汽或冷却水以调节温度。它适用于高黏度物料的捏和。

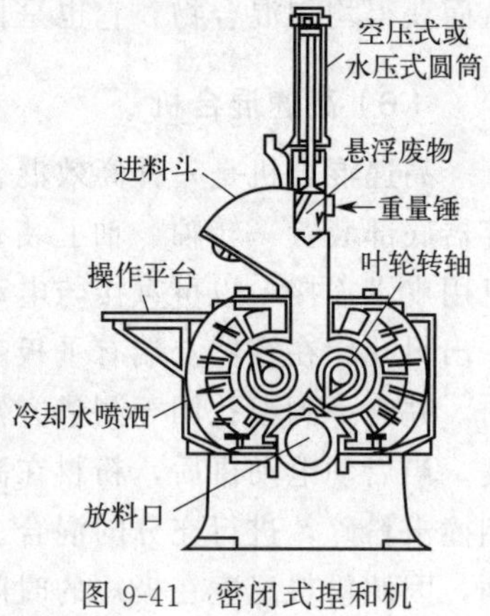

图 9-41 密闭式捏和机

9.3.2 三辊研磨机

三辊研磨机主要用于牙膏、霜类产品的生产，其结构如图 9-42 所示。在铸铁的机架上装有三只不同转速的用花岗石制成的轧辊（也可用冷铸硬质合金钢的金属轧辊）。在辊轴的两端有大小变速齿轮，前后两轧辊在手轮的调节下可以前后移动，以调整间隙，中间轧辊磨好的膏料沿着轧辊的位置固定不动。出料的前轧辊装有刮料刀片，可将研磨好的膏料沿着轧辊的表面刮除到料斗内，流入料筒并用泵输送到储存器内。需要研磨的膏料可以采用泵或人工送入后辊和中辊的两块夹板之间。夹板必须与辊的表面密合，以防止膏料向两端泄漏。膏料通过紧贴而旋转方向相反的轧辊以及两辊的速度差所产生的剪切力和研磨作用而获得细腻的膏料。

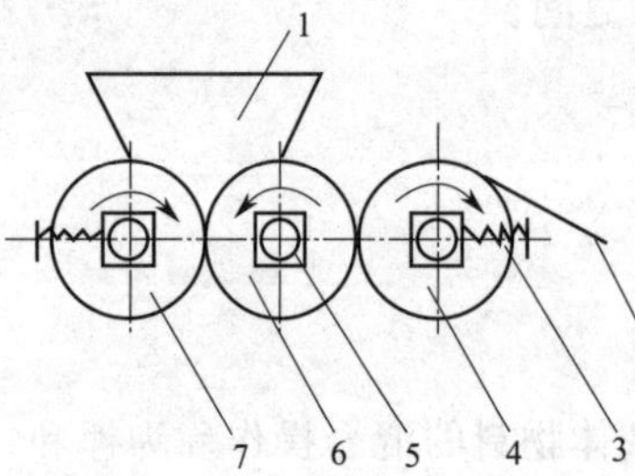

图 9-42 三辊研磨机

1—料斗；2—铲刀；3—调节器；

4—前辊；5—轴承；

6—中辊；7—后辊

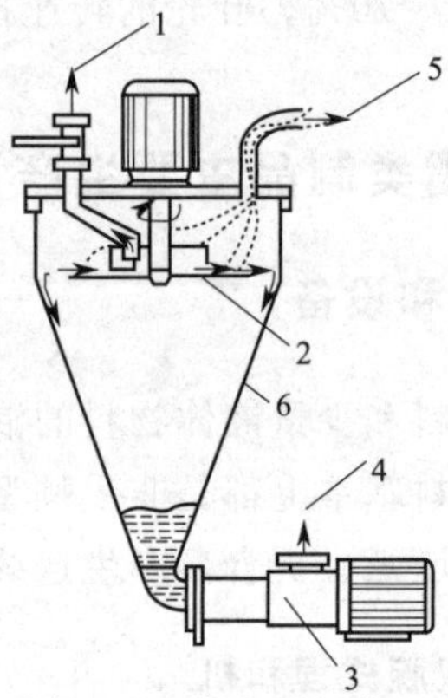

图 9-43 真空脱气装置

1—产品入口处；2—甩料盘；

3—泵；4—产品出口处；

5—真空泵；6—筒身

9.3.3 真空脱气设备

很多膏霜类产品在生产过程中不可避免地会混入很多空气，影响了产品的质量，为此需用真空脱气设备脱除此类产品中的气体。常用的真空脱气装置如图 9-43 所示，它是由一只圆锥形筒身和高速旋转的甩料盘组成。操作时，用抽气管（接真空泵 5）排出筒内空气，以使筒内保持一定的真空度。物料从进料口 1 送入，在高速旋转的甩料盘的离心力作用下，呈薄膜料体被甩至筒壁，并沿着筒壁滑下，在此过程中料体内的空气被排除。经过脱气后的物料通过泵 3 从料口 4 排出。

9.4 灭菌和灌装用主要生产设备

9.4.1 灭菌设备

工业生产中常用的灭菌方法有高温灭菌、紫外线灭菌及放射线灭菌。无论哪一种灭菌方法，都必须具有以下特点：①高效有力的杀菌能力；②低毒或无毒，安全可靠；③操作过程方便。

(1) 高温灭菌

高温灭菌是将要灭菌的物品装入密封性能较好的贮器（柜或烘箱）内，关闭好贮器，然后开蒸汽（或电源）以加热散热器，并用风机将贮器内的空气循环吹经散热器后使空气温度加热到120℃左右，时间60min，也可达到灭菌效果。

(2) 紫外线灭菌

波长为250～390nm的紫外线具有很强的杀菌作用，如果把物料放入一封闭箱内用紫外线照射一定时间，就可达到灭菌的效果。生产上的紫外线灭菌也可采用连续式方法，即在移动的输送带上安装罩壳，罩壳进出口上用软性物质作垫子，由于臭氧几乎能吸收全部290nm的紫外线，故罩壳顶上用引风机将紫外线灯产生的臭氧排出。这样，紫外灯产生的紫外线就可对输送带上的物料进行灭菌操作。

(3) 气体灭菌

常用的灭菌气体主要有甲醛和环氧乙烷。由于两者都是易燃易爆气体，爆炸极限分别为7%～73%（体积分数）和3.6%～78%（体积分数），故使用前需用二氧化碳气体稀释，以降低它们的易燃易爆性。气体灭菌设备如图9-44所示。

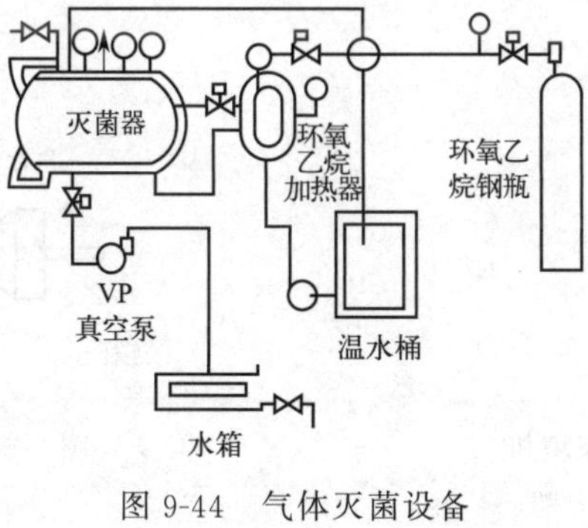

图9-44 气体灭菌设备

当物料送进灭菌器后，关闭容器盖子，使其密封，然后开动真空泵，对灭菌器进行抽真空。当灭菌器达到完全真空后，通入灭菌气体环氧乙烷或甲醛，保持一定的压力（表压为19.64～98.2kPa），并维持1～2h，即可达到灭菌效果。然后再用真空泵将灭菌器内的灭菌气体抽出并排入水槽内（环氧乙烷和甲醛均能溶于水），待抽尽后方可通入经过灭菌处理的空气，从而完成对物料的灭菌操作。

(4) 放射线灭菌

放射线灭菌是将放射性物质（一般是钴60）安装在特殊结构的容器内，灭菌时，只需将要进行灭菌的物品通过其照射即可达到灭菌的效果。

9.4.2 罐装设备

9.4.2.1 膏霜类产品充填设备

经常使用的有立式活塞式充填机，它们主要是利用活塞在缸内产生的压差将乳剂吸入，产生的推力将乳剂送出，同时利用活塞的行程来控制容积的大小，达到对出料量的调节。

（1）立式活塞式充填机

立式活塞式充填机由缸体、活塞、颈圈、三角形阀与活塞杆相连成一体，如图 9-45 所示。当活塞杆向上移动时，三角形阀门同步地向上移动，此时三角形阀门与活塞之间的密封面开始分离，待阀门全都开启后，在活塞杆上固定的颈圈与活塞下端面接触，活塞开始被颈圈向上推进，乳剂通过阀门间隙流入缸体内。当活塞杆向下移动时，三角形阀门同步地向下移动，阀门与活塞接触密闭，活塞杆继续向下移动，则活塞被三角形阀门迫使下行，乳剂被压缩，迫使向外排出，活塞杆往复一次，即完成一次乳剂吸入与排出的工作循环。

（2）卧式活塞式充填机

卧式活塞式充填机由卧式缸体、活塞及旋转阀门组成，如图 9-46 所示。旋转阀门的结构是在阀芯的两对面切去大于 90°的槽面，用作乳剂的进出通道。而未被切去的部分，则用作乳剂进口与出口的密封。当活塞向后移动时，乳剂通过阀芯的槽被吸入缸体内，此时排出口被阀芯封闭。在活塞后移到将近终点位置时，阀芯迅速地转动 90°，则进料口被阀芯封闭，出料口开启。活塞向前推进，乳剂被压缩，并通过阀芯槽向出口排出。如此不断地往复运动，就可不断地完成乳剂的吸入和排出，使充填工作连续进行。

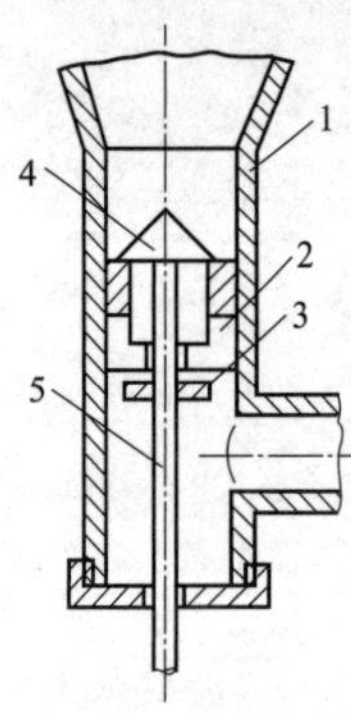

图 9-45 立式活塞式充填机

1—缸体；2—活塞；3—颈圈；4—三角形阀；5—活塞杆

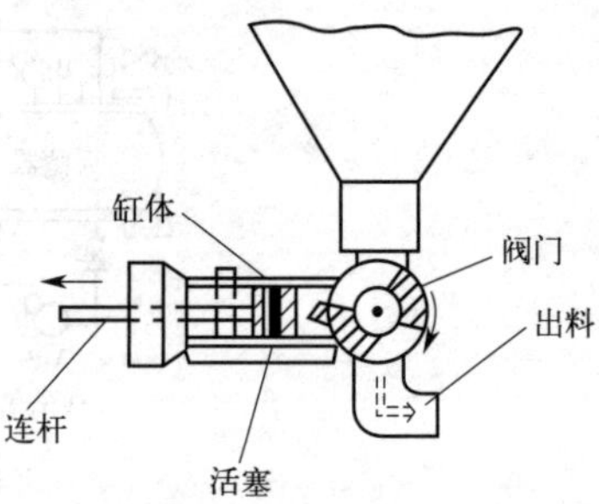

图 9-46 卧式活塞式充填机

9.4.2.2 液体产品充填设备

（1）定量杯充填机

定量杯充填机结构如图 9-47 所示。在充填器下面设有灌装瓶时，定量杯由于弹簧的作用而下降，浸没在贮液柜中，此时定量杯内充满液体。当瓶子进入充填器下面后，瓶子向上升起，上升机构用凸轮或压缩气缸均可，此时瓶口被送喇叭口内，压缩弹簧，使定置杯上升超出液面。这时杯内的液体通过容量调节管进入到阀体的环形槽内，由于进液管的上下两段是隔开的，因此在下段管子上的小孔进入阀体的环形槽内后，液体方可进入进液管的下段流入瓶内，瓶内空气则由喇叭口上的排气孔中逸出。定量杯中的容量增减，是通过调节容量调节管的高低，以调节容量杯内液体的容量。

（2）真空充填器

真空充填器结构如图 9-48 所示，主要由壳体、真空接管、液体进入管接口、密封填料和真空吸管组成。当瓶口与密封填料接触密封后，瓶内的空气通过真空吸管从真空接管抽出，瓶内减压，这样就使液体在大气压力的作用下，液体进入管并送入瓶内。瓶内液面的罐装高度，可由真空吸入管的长度调节控制。多余的液体可通过真空吸管流入中间容器内回收。

日用化学品的生产设备较多，还有很多辅助生产设备，就不再赘述了。

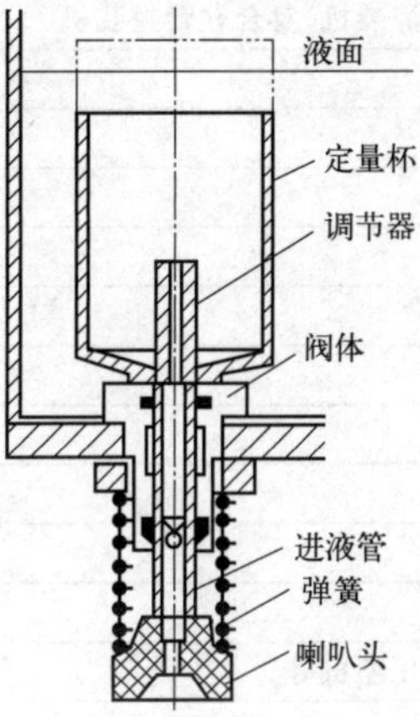

图 9-47　定量杯式罐装机构

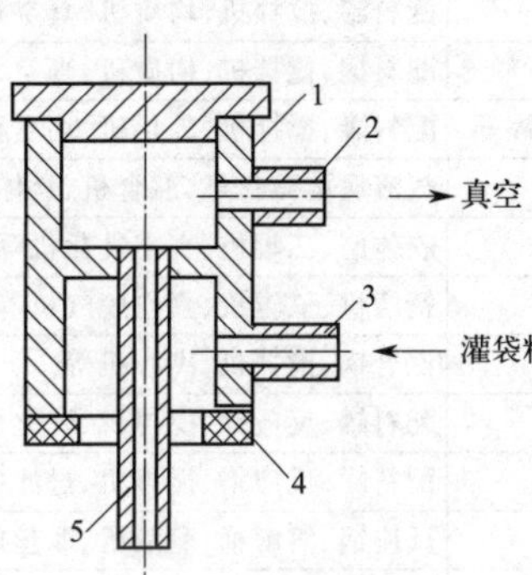

图 9-48　真空充填器

1—壳体；2—真空接管；3—液体进入管口；4—密封填料；5—真空吸管

9.5　日用化学品生产设备举例

9.5.1　洗涤用品生产设备举例

一些洗涤用品的生产设备见表 9-1。

表 9-1　一些洗涤用品的生产设备

洗涤用品	生产设备
肥皂	反应锅、搅拌机、切块机、冷却槽、真空压条机等
香皂	反应锅、搅拌机、分离器、冷却辊筒、真空干燥器、双螺杆压条器等
透明皂	反应锅、搅拌机、冷却辊筒、胶体磨等
洗衣粉	配料罐、搅拌机、过滤器、离心脱气机、胶体磨、喷雾干燥塔等
液体洗涤剂	配料(乳化)罐、反应锅、均质机、冷却罐、过滤器等
香波	反应锅、搅拌机、双搅拌香波锅、过滤器等
浴剂	反应锅、搅拌机、均质机、过滤器等
干洗剂	反应锅、搅拌机、均质机等
餐具洗涤液	配料罐、搅拌机、均质机等
餐具清洁粉	配料罐、研磨机、干燥机等

续表

洗涤用品	生产设备
厨房清洁剂	配料罐、研磨机、搅拌机、均质机等
卫生间清洁剂	配料罐、搅拌机、均质机等

9.5.2 化妆品生产设备举例

一些化妆品的生产设备见表9-2。

表9-2 一些化妆品的生产设备

化妆品	生产设备
护肤膏	均质机、胶体磨、乳化机、磁力电热搅拌器、真空制膏机、自动灌装机、复合软管封装机
洁肤霜	配料罐、搅拌机、均质机、真空泵、灌装机等
防晒剂	配料罐、搅拌机、均质机、真空泵、灌装机等
面膜	配料罐、搅拌机、均质机、真空泵、灌装机等
功能性护肤品	配料罐、搅拌机、乳化机、均质机、真空泵、灌装机等
胭脂块	气流涡旋微粉机、混合机、膏体灌装机等
胭脂膏	胶体磨、三辊机、真空乳化机等
唇膏	精磨机、三辊机、真空脱气机等
指甲油	混合锅、搅拌机、离心机等
护发化妆品	配料罐、反应锅、搅拌机、乳化机、过滤器、灌装机等
生发用品	配料罐、反应锅、搅拌机、过滤器、溶解桶、灌装机等
染发化妆品	反应锅、溶解桶、灌液机、摩丝瓶压盖机、摩丝瓶充气机、空气压缩机等
烫发化妆品	配料罐、搅拌机、过滤器、溶解桶、灌装机等

9.5.3 口腔卫生用品生产设备举例

一些口腔卫生用品的生产设备见表9-3。

表9-3 一些口腔卫生用品的生产设备

口腔卫生用品	生产设备
间歇法制牙膏	预混罐、制胶釜、拌膏机、胶体磨、脱气釜、贮膏釜、膏体输送泵、真空泵等
真空法制牙膏	预混罐、制胶釜、真空制膏机、贮膏釜、膏体输送泵、粉料输送机、粉料贮釜、粉料计量罐、粉料罐、液料罐、电热器、空气压缩机等
程序法制牙膏	制膏锅、程序控制器等
漱口剂	预混罐、均质剂、灌装机等

参考文献

[1] 王慎敏．日用化学品化学——日用化学品配方设计及生产工艺．哈尔滨：哈尔滨工业大学出版社，2001.

[2] 谢明勇．日用化学品实用生产技术与配方．南昌：江西科学技术出版社，2002.

[3] 黄元森．新编日用化学品的开发配方与工艺手册．北京：化学工业出版社，2003.

[4] 李东光．精细化学品配方（一）．南京：江苏科学技术出版社，2004.

[5] 史江恒．新编实用化学配方手册. 北京：中国建材工业出版社，2004.

[6] 杨晓东．日用化学品生产技术．北京：化学工业出版社，2008.

[7] 屈小英．化妆品与洗涤剂产品的分析检测．北京：科学技术文献出版社，2009.

[8] 李东光．新编实用化工产品配方与制备：洗涤剂分册．北京：中国纺织出版社，2021.

[9] 喻敏．香精香料绿色化将是未来重要的发展趋势．中国化妆品，2021，(3)：34-41.

[10] 张天翼．全球视野看洗涤用品行业发展趋势．中国洗涤用品工业，2023，(5)：49-50.